国家社会科学基金一般项目
“俄罗斯当代技术哲学转向问题研究”
（项目批准号：12BZX022）研究成果

俄罗斯科学技术哲学文库 | 孙慕天◎主编

The Turn of Contemporary Russian Philosophy of Technology

俄罗斯当代技术哲学的转向

白夜昕/著

科学出版社

北京

内 容 简 介

苏联技术哲学因其特色在世界技术哲学界独成一派，如今俄罗斯当代技术哲学与苏联技术哲学呈现错综复杂的关系。本书以“俄罗斯当代技术哲学转向”为关键词，在分析苏联技术哲学成绩与不足的基础上，重点梳理俄罗斯当代技术哲学发生转向的主要表现，揭示转向背后的深层社会原因。

全书主要内容包括：分析研究俄罗斯当代技术哲学转向的理论基础；揭示俄罗斯当代技术哲学发生转向的历史背景；梳理俄罗斯当代技术哲学在指导思想、研究主题、研究视角和价值取向四个方面发生转向的重要表现；揭示俄罗斯当代技术哲学发生转向的深层社会原因；勾勒俄罗斯技术哲学转向的动态图景；总结俄罗斯当代技术哲学的二元性特征及其为我国技术哲学提供的反思与启示。

本书可供从事自然辩证法研究的专业人员、科学技术哲学和外国哲学专业的教师和研究生阅读，也可供对哲学、历史和科学技术有着浓厚兴趣的人员参考阅读。

图书在版编目（CIP）数据

俄罗斯当代技术哲学的转向 / 白夜昕著. —北京：科学出版社，2022.3
（俄罗斯科学技术哲学文库）
ISBN 978-7-03-071912-6

Ⅰ.①俄… Ⅱ.①白… Ⅲ.①技术哲学-研究-俄罗斯-现代 Ⅳ.①N02

中国版本图书馆CIP数据核字（2022）第043475号

丛书策划：侯俊琳 刘 溪
责任编辑：邹 聪 陈晶晶 / 责任校对：韩 杨
责任印制：徐晓晨 / 封面设计：有道文化

科学出版社出版
北京东黄城根北街16号
邮政编码：100717
http://www.sciencep.com
北京九州迅驰传媒文化有限公司印刷
科学出版社发行 各地新华书店经销
*
2022年3月第 一 版 开本：720×1000 1/16
2022年3月第一次印刷 印张：16
字数：260 000
定价：118.00元
（如有印装质量问题，我社负责调换）

总　序

不知不觉间，21 世纪也已经快过去六分之一了。20 世纪虽然渐行渐远，但是，人们对这 100 年的评价却大相径庭，褒之者誉之为非常伟大的世纪，贬之者嗤之为极端糟糕的世纪，两种观点各有理由，倒是霍布斯鲍姆（E. Hobsbawm）的说法最接近历史的辩证法："这个世纪激起了人类最伟大的想象，同时也摧毁了所有美好的设想。"

苏联 69 年的社会主义理论和实践，无疑是 20 世纪最重大的历史事件之一，只不过它是最大的历史悲剧，以美好的憧憬开始，却以幻梦的破灭告终。在 20 世纪初叶，得到普遍认同的观点是"十月革命开启了人类历史的新纪元"；而在 20 世纪末叶，流行的观点却是"苏联的解体是社会主义道路的终结"。苏联解体和十月革命一样震撼世界，无论是在那片土地上，还是在整个世界，人们都在思考这一最富戏剧性的历史事变。当然，站在不同的立场上，人们对苏联共产党的失败和苏联的崩解所持的态度各自不同。有的欢呼雀跃，认为是"历史的终结"，如美国学者弗朗西斯·福山（Francis Fukuyama）认为，这表明，"测量和找出旧体制的缺陷，原来只有一个一致的标准集：那就是自由民主，亦即市场导向的经济生产率和民主政治的自由"；有的则呼天抢地，哀叹这是"历史的大灾难"，如曾任苏联部长会议主席的尼古拉·伊万诺维奇·雷日科夫惊呼，他们留给后辈的是"一个四分五裂的国家""一副沉重的担子"。从国际共产主义运动的角度说，苏联的兴亡史的确是比巴黎公社所包含的内容和提供的教训要丰富和深刻得多，对共产主义抱有信心的研究者应当珍视这笔巨大的财富，认真地进行反思和总结。现在，苏联的继承者——俄罗斯已经走上了新的发展轨道，继续谱写一个伟大民族国家的新篇章。这段波澜壮阔的时代交响曲正在引起越来越多的关注，对过去的反思，对未来的前瞻，是当代学人不可推卸的历史责任。

中国是对苏联模式的弊端最早抱有清醒认识的社会主义国家，在这方面，从主流思想说，我国的领导层和学术界是有共识的。其实，早在20世纪50年代中期，对苏联教训的警惕和分析就已经开始了，而特别值得注意的是，对此具有先导和示范作用的恰恰是科学哲学领域。早在1950年，当苏联在自然科学领域大搞政治批判，对摩尔根遗传学进行“围剿”的时候，中国共产党的领导人就指出其错误的思想倾向。1956年召开的青岛座谈会，则反其道而行之，对科学和哲学、科学和政治做了明确的划界。著名科学哲学家龚育之先生从新中国成立开始，就致力于苏联科学技术哲学的研究，先是总结列宁对“无产阶级文化派”的批判，后又具体分析了苏联哲学界用哲学思辨取代科学实证研究的重大案例。20世纪60年代，他致力于介绍苏联持正确观点的哲学家和科学家的学术成果，坚持对苏联科学技术哲学进行系统研究。1990年，他正式出版了《历史的足迹——苏联自然科学领域哲学争论的历史资料》一书，奠定了我国苏联科学技术哲学研究的基础。可以说，我国的俄（苏）科学技术哲学研究从一开始就有很高的起点，通过认真总结苏联的经验教训，为我国正确处理科学技术与政治的关系、制定合理的科学技术政策提供了重要鉴戒，也有力地推动了有中国特色的科学技术论的建设。

改革开放初期，在龚育之先生等老一辈学者的直接推动和指导下，一批中青年学者怀着新的目标热情地投入这项研究中。当时，在长期的文化锁国之后，学术界开始面对世界各种新的思潮，而西方科学哲学中的一些理论流派，如波普尔的证伪主义、库恩的范式论等，因为与思想解放的潮流有某种契合，一时成为学术热点，相应地，苏联学者如何评价西方科学哲学就成了学界亟待了解的学术动向。恰在此时，苏联也在“新思维”的旗号下热推改革，而以“六十年代人”为代表的苏联科学哲学家，早已率先从理论上向僵化的教科书马克思主义发起了挑战。所有这一切，都引发了学者们的强烈兴趣，于是，国内的苏联科学技术哲学研究自然成了改革理论的一翼。

历史地看，苏联科学技术哲学研究一直活跃在我国学术的前沿。龚育之先生当年提出的方针是：“前事不忘，后事之师，研究历史，是为了现在。”在那个时代，遵循这样的方针是现实的要求，有其历史必然性。从20世纪80年代开始，30多年过去了，世界形势发生了根本变化，中俄两国的社会背景和学术语境也今非昔比。我们虽然不应当也不能够丢弃先驱者优秀的历史传统，但是，一代人有一代人的责任：如果说那时的研究主要是像鲁迅先生所说，是借了别人的火来煮自己的肉；那么，今天我们可以进入更广阔的学术空间，立场更客观，认识更理性，视野更开阔，主题更宽泛。一方面必须继续深入总结苏联悲剧的历史教训，另一方面更应当密切注视新俄罗斯发展的未来趋势，只有如此，才能科学地认识世界，认识中国。这表明，我们这一代俄罗斯科学技术哲学研究者有太多的工作要做。

恩格斯说过："因为各种不同的民族性所占的（至少是在近代）地位，直到今天在我们的历史哲学里还很少阐述，或者更确切些说，还根本没有加以阐述。"俄（苏）科学技术哲学是科学技术哲学的国别研究，唯其属于苏联，属于俄罗斯，才有了无可替代的学术价值。个性和共性、特殊和一般、相对和绝对的关系是认识论的基本问题，也是唯物辩证法的精髓。俄（苏）科学技术哲学是人类科学技术、哲学理论、思想文化的丰富资源，其中包含了社会发展的宝贵经验和教训，蕴藏着精神文明进步的潜在生长点，它的独特优势当然是这项研究的着力点。但重要的是与时俱进，形势的发展要求我们站在新的历史高度重新思考俄（苏）科学技术哲学研究的进路。

苏联科学技术哲学是马克思主义哲学导向的理论流派，新俄罗斯[①]的科学技术哲学虽然不再将马克思主义作为统一的指导思想，但苏联时期的传统仍然在一定程度上延续下来。简言之，在学科的划界、问题的设立、范式的规定、体系的建构、概念的定义、理论的解释、成果的评价，一言以蔽之，在科学技术哲学的整个研究域，苏联和俄罗斯的学者都展示了与西方迥然不同的思想进路和研究模式，是科学技术哲学发展的另一个维度，为研究者提供了一个可以比较和选择的参考系。

应当特别指出，苏联科学哲学一度是以本体论研究为中心的，尤其重视自然界各种物质运动形式的客观辩证法，相应地，所谓自然辩证法研究的主体则定位于各门实证科学中的哲学问题。在科学史上，苏联科学家是最自觉地运用哲学世界观和方法论指导具体科学研究的群体，如美国学者格雷厄姆（L. R. Graham）所说："我确信，辩证唯物主义一直在影响着一些苏联科学家的工作，而且在某些情况下，这种影响有助于他们实现在国外同行中获得国际承认的目标。"自然界是辩证法的试金石，深入研究苏联科学家在实证科学研究中应用唯物辩证法的功过得失，具体分析那些重大的案例，不仅对正确认识苏联科学技术哲学，而且对检验和发展马克思主义哲学，以至对全面评价整个科学技术哲学学科都具有重大的意义。格雷厄姆已经意识到这一点，他在谈到上面所说的研究主题时说："所有这一切对一般科学史——而不单单是对俄罗斯研究——都是重要的。"当年，我们曾大力介绍苏联自然科学哲学研究的具体成果，但是新

① "新俄罗斯"指的是 1992 年建立的俄罗斯联邦，以区别于苏联成立之前的旧俄罗斯。——编辑注

时期以来，这方面的研究完全中断了，现在，对这项研究应该有新的认识。

语境主义已经成了后现代科学哲学的共识，其实对科技进步的语境分析和历史唯物主义的科学编史学，是有互文性和一定程度的契合性的。关于斯大林主义的社会主义模式对苏联科技进步的灾难性破坏，在西方，早已成为苏联学（Sovietology）的首选主题，在俄罗斯和中国也是俄（苏）科学技术史和科学技术哲学研究的重大关注焦点，各种文献汗牛充栋。问题是，即使在那样的语境中，仍然有一批学者拒绝附和斯大林学者对马克思主义哲学的歪曲，而是坚持正确阐释和发展辩证唯物主义，并自觉地用唯物辩证法指导科学研究。如果说，对改革派科学哲学家的研究已经得到较多的重视，那么在同样语境下坚持正确哲学路线并继续以辩证法指导科学研究工作的科学家，却被忽略了。哈佛大学俄罗斯研究中心教授鲍尔（R. A. Bauer）指出："才能卓越、成就斐然的那些苏联知识分子认为，历史的和辩证唯物主义的自然解释，在概念基础上是令人信服的。施密特、阿果尔、谢姆科夫斯基、谢列德洛夫斯基、鲁利亚、奥巴林、维果茨基、鲁宾斯坦等杰出的苏联学者，都强调马克思主义思想对他们的创造性活动的启发意义，而且在被要求做与马克思主义有关的陈述之前，他们就已经这样做了。"显然，这是今后俄（苏）科学技术哲学研究必须填补的空白。

科学技术哲学与俄（苏）特殊历史语境的关联还有许多未被触及的方面，如斯拉夫文化传统对俄（苏）科技进步的影响就值得深入探索。旧俄罗斯（沙皇俄国）被称作第三罗马，"正教、君主制、民族性"是斯拉夫文化传统的核心，其主流思维方式属于出世的理想主义应然范畴，而不是入世的功利主义实然范畴。集中而不是发散，醉心于信仰，强烈的民族主义，都深植于民族文化精神的本底，所有这些不仅一直支配着俄（苏）公众的社会心理，也全面规范了俄（苏）哲学乃至科学技术哲学的特质。格雷厄姆在谈到苏联科学家时说过一句话："他们中最明智的一些人甚至会同意，哲学唯物主义与其说是一种可以证明的理论，不如说是多数学者赞同的一种信仰。"行文至此，使人联想起马克思在致查苏利奇的著名复信草稿中对俄国社会基础的研究，他认为俄国作为欧洲唯一保留农业村社并将其作为社会基础的国家，其特征就是"它的孤立性"，"保持与世隔绝的小天地"，而"有这一特征的地方，它就把比较集权的专制制度矗立在公社的上面"。我们不能不承认，俄（苏）科学技术哲学发展的曲折过程及其内在的诸多矛盾，正是折射出俄罗斯社会文化语境的结构性特质。苏联解体后，俄罗斯官方有意扶植和依托东正教，旧俄时代的索洛维约夫、别尔嘉耶夫等的宗教哲学思想大有主流化的趋势，对新俄罗斯的科学技术哲学研究也有不容忽视的影响。这就是说，从文化语境上研究俄（苏）科学技术哲学，还有许多需要深入挖掘的地方。

在整个苏联哲学中，也许还可以说，在整个苏联文化中，科学技术哲学占据十分特殊的地位。第一，相对于其他部门，相对于政治和官方意识形态，科学技术哲学受的负面干扰较少，始终保持自己的学术独立性；第二，科学技术哲学率先举起反官方教条主义的旗帜，成为苏联社会改革的思想先驱；第三，科学技术哲学是整个苏联时期意识形态领域始终保持连续性的学科部门，即使在苏联解体后的新俄罗斯时期，原来的许多研究结论仍然得到肯定，一些研究方向仍在继续向前推进；第四，俄（苏）科学技术哲学所取得的成就是举世瞩目的，完全可以和西方同行相媲美，而且得到了国际学术界的承认。我曾把上述事实称作“苏联科学技术哲学现象”，认为对这一现象的解读，可以揭示俄（苏）科学技术发展的内史和外史的许多深层本质。作为国际俄（苏）科学技术哲学研究的权威学者，格雷厄姆就曾敏锐地注意到这个特异的现象，并给出了自己的答案：“在过去七十年间苏联的辩证唯物主义者在科学哲学中努力创新，在同其他思想的尖锐冲突中卓然独立。也许，苏联在自然哲学领域比其他思想领域有所成就的一个更重要原因在于，尽管存在苏共控制思想生活的体制，但和政治主题相比，这种体制给予科学主题以更多的创造空间。众多英才潜心研究科学课题，而其中一些人自然而然地为其工作的哲学方面所吸引。在苏联的特殊环境下，对作者们说来，辩证唯物主义讨论的深奥性质还有某种免遭检查的好处。”格雷厄姆的解读不无道理，但仅停留在现象学层面，未触及科学技术哲学的学科性质等本质问题。科学技术哲学在近日俄罗斯的地位有所变化，但与其他哲学部门相比，仍有其特殊性。总之，科学技术哲学在苏联和现在的俄罗斯的特殊地位问题，是我国俄（苏）科学技术哲学研究者不能回避的重大问题。

我国新一代俄（苏）科学技术哲学研究者特别注意俄罗斯技术哲学的发展，这不是偶然的。相对于科学哲学而言，苏联时期的技术哲学因为意识形态原因，曾一度遭到冷遇或被片面理解。而在新俄罗斯却因为技术与人的本质、与生存环境、与社会伦理、与文明转型的密切关系，而成为科学技术哲学的人本主义转向的中心枢纽。一批中青年学者敏锐地察觉到这一重要学术动向，并为之付出了巨大的努力，已有几部重要成果问世，成为新时期俄（苏）科学技术哲学研究的亮点。

共性寓于个性之中，对俄（苏）科学技术哲学和西方科学技术哲学的比较研究表明，二者存在着明显的趋同演化过程。就西方科学技术哲学来说，从认识论转向到语言学转向，从人工语言哲学到日常语言哲学，以逻辑实证论为主导的“冰峰上的哲学”让位给以世界观分析为核心的社会文化主义；就俄（苏）科学技术哲学来说，从本体论主义主导的自然界客观辩证法研究，转向认识论主义主导的科学结构学和科学动力学研究，进而发展到人本主义主导的科学文化学研究。两两相较，可以发现，世界科学哲学的发展逻辑是从走向客体（本体论的形而上学）转到走向主体（认知主体的活动反思），再转到走向历史（文化价值语境的研究）。不仅发展过程上存在趋同演化，而且在内容结构上同样存在明显的理论趋同。特别是 20 世纪后半叶，西方和俄（苏）科学哲学在结构学上都把前提性知识的研究置于中心地位，而在动力学上则聚焦于科学革命的全域性分析和概念重构。布莱克利（T. J. Blackley）在《苏联的知识论》一书中明确断言：“苏联哲学家对待越来越多的问题的方式，与西方对这些问题所采用的方式多半相同。”他认为区别只是在所使用的词汇上，而“致力于解释和标准化的词汇表就可以打开哲学上接触的广阔前景”。这位波士顿学院的学者是很有见地的，我们应当在世界科学技术哲学的整体文化背景上，以时代发展的眼光，用马克思主义的观点对俄（苏）科学技术哲学重新进行审视。实话说，在这方面我们仍然不够自觉，而俄（苏）学者是有这种自觉性的，当年科普宁（П. В. Копнин）就说过：“对世界过程的真正理解既不是他们（西方），也不是我们。将来的某一时刻会产生第三方，而我们所能做的只是全力促进这一发展。”今天，全球化已经成为时代不可阻挡的趋势，每个民族的命运都与整个人类的命运紧密相关，俄（苏）科学哲学的领军人物弗罗洛夫（И. Т. Фролов）说：“可以再一次想一想陀思妥耶夫斯基，他说，俄罗斯的命运‘在全世界的整体性的团结之中’，在精神和物质的团结之中。现在，这是最重要的。” 站在历史转折的关头，我们中国的俄（苏）科学技术哲学研究者理应从这样的思想高度促进这一学科的发展。

从新中国成立开始的中国俄（苏）科学技术哲学研究，已经走过了半个多世纪的历程。21 世纪以来，在俄（苏）科学技术哲学研究领域，新一代人已经成长起来，他们无论在目标上，在学识上，还是在眼界上，都有了更高的起点，已经开始回答我在上面所提出的那些新的学术问题。近些年来，他们从新的角度出发，采用新的方法，特别是通过与俄罗斯学者的直接对话和交流，全面推进了这项研究，并且成果斐然。值得注意的是，他们的研究几乎是与 21 世纪俄罗斯科学技术哲学的发展同步的。古人说，明达体用，这批研究成果既在理论的深度和广度上有重大的推进，实现了学术本体上的创新，又有直接的现实关怀和强烈的问题意识，显示了重大的实际应用价值。

现在，科学出版社决定把这些成果汇集起来，作为“俄罗斯科学技术哲学文库”出版。新时期我国的文化开放是全方位的，且不说对西方的研究差不多已经没有多少死角，就是有关苏联和俄罗斯的研究也几乎实现了全覆盖，但是，唯独俄（苏）科学技术哲学的出版物却寥若晨星。造成这种情况的原因是多方面的，在这里我不想对此进行追究，因为那是业内工作方面的检讨。应当说的是，感谢科学出版社对学术发展的深切关怀，以超越的学术眼光，把这株含苞欲放的稚嫩花株培植起来，让它在百花园里开放，点缀这繁花似锦的学术春天。

不能奢望这一文库短时期内会引起多大关注，也不应责怪人们对俄（苏）科学技术哲学的冷落，因为对这一领域的误解由来已久，30 多年来，这一学科的边缘化是有深刻历史原因的。然而，在那片广袤的土地上，在漫长的岁月里，在这个重要的学科领域中，毕竟结出了而且还在继续结出累累硕果。虽然和一切文化生产一样，其中不免混杂着种种糟粕，但其中的精华却是人类精神文化宝库中的珍品，挖掘、清理、继承、发扬这一领域的遗产，密切关注所发生的变化和最新动向，既是对这个国家学术工作的尊重，也是这些成果本身固有的历史的权利，谁也不应也不能剥夺这一权利。我相信，无论久暂，正确认识俄（苏）科学技术哲学真正价值的日子必将到来。恩格斯说过：“对历史事件不应当埋怨，相反地，应当努力去理解它们的原因，以及它们的还远远没有显示出来的后果……历史权利没有任何日期。”历史权利是没有日期的，但是我们却有义务促进历史进程的发展，这是“俄罗斯科学技术哲学文库”的编著者和出版人共同的心愿。

孙慕天

2016 年 11 月 19 日

前　言

本书名为《俄罗斯当代技术哲学的转向》，因此有必要先对“俄罗斯”及其相关联的概念进行必要的区分。在我国学者的相关研究中出现较多的概念主要涉及俄国、沙皇俄国、苏联、前苏联、苏俄、俄苏、俄（苏）、苏联-俄罗斯、当代俄罗斯。

考虑时间上的历史继承关系，本书中的“俄罗斯”是一个广义称谓，主要包括沙皇俄国、苏联和当代俄罗斯。对应的历史时期分别是：沙皇俄国时期、苏联时期和俄罗斯当代三个主要历史阶段。这里的沙皇俄国也称为俄国；苏联也称为前苏联，但这里的“前”是指“曾经的、过去的”，而不是苏联之前的时期或苏联的早期；而苏联解体之后独立的俄罗斯联邦，我们称其为当代俄罗斯。

与后两个阶段相联系，学者们经常把苏联和当代俄罗斯合在一起称呼，而且称谓较多：一种称为苏俄，但它与俄罗斯历史上某一特定时期相混淆，因此近年来很少有学者使用“苏俄”合称这两个阶段，取而代之的是用“俄苏”或“俄（苏）”，意指当代俄罗斯和它之前的苏联，我更习惯简单明了地使用“苏联-俄罗斯”一词来合称这两个前后相继的阶段。

相对于俄罗斯传统哲学，我国学者对其技术哲学的研究相对薄弱。苏联解体前我国学者对其技术哲学的研究仅限于翻译少量的文献，很少有人进行系统的、原创性的研究。原因在于：一方面，苏联时期由于政治的粗暴干预，技术哲学被批判，相关学者被迫害，许多研究是在国外或“地下”状态进行的，因此相关文献的搜集难度极大；另一方面，我国缺少既懂俄语又懂自然科学和哲学的专业研究者，致使俄罗斯技术哲学研究相对薄弱。而事实上，俄罗斯是技

术哲学奠基者之一 П. К. 恩格尔迈尔（П. К. Энгельмейер）的故乡，俄罗斯技术哲学极为特殊而重要。特别是，苏联时期由于政治的粗暴干预，技术哲学被批判，对技术的哲学思考不是以技术哲学名义而是以其他名义提出的，致使苏联技术哲学形成独具特色的研究纲领。如今苏联解体多年，俄罗斯技术哲学发生重要转向，分析俄罗斯当代技术哲学的转向并揭示其背后的深层社会原因，变得尤为重要。

本书缘于 2012 年 6 月我中标了第二个国家社科基金项目，课题以“俄罗斯当代技术哲学转向”为关键词，因而揭示苏联解体后俄罗斯技术哲学发生何种转向是整个课题研究的前提和基础。此部分工作主要通过翻译、研读苏联解体至今俄罗斯十余种主要哲学期刊和学术著作来完成。但是很快，立项之初的满心欢喜被烦恼所取代，课题所需俄文资料的获取遇到重重困难：恰遇俄文文献最全的国家图书馆南馆正在进行长达三年多的改建，在此期间所有俄文图书和俄文期刊均被封存在异地的大库中，既不能前往借阅，也不提供对外的网上借阅服务，这完全超出了我先前对获取俄文资料难度的判断。其实，早在 2008 年主持第一项国家社科基金项目时，我就曾到国家图书馆借阅俄文期刊和专著，当时由于资料丰富并且获得及时，课题在 2009 年底就提交结题，比计划时间提前半年完成。但没料到本课题自 2012 年立项之初就遭遇了这一特殊情况。为此我曾尝试通过其他途径寻找相关资料，如我先后到哈尔滨市图书馆、黑龙江省图书馆，以及到馆藏较全的上海图书馆借阅相关材料。但得到的答复都是由于借阅相关期刊的人太少，有些图书馆已停止购买相关俄文期刊，而有些图书馆则期刊不全，致使课题无法正常推进。2016 年 1 月我再去国家图书馆调研时，找到主要俄文期刊《哲学问题》等，才发现许多年份的期刊或在装订中，或因期刊是独本而无法提供借阅，文献查找再次遭遇困难。直到有一次外出开会，我偶然找到了俄文网上资源“俄罗斯大全”数据库，但该数据库以个人能力无法购买，最后几经周折终于找到所需文献，导致课题组拖后三年多才最终完成项目提交结题。本课题收集的资料主要有俄文书籍、俄文论文、中文图书、中文期刊论文和少量网络资源。其中俄文书籍 20 余本；俄文杂志论文 400 余篇，俄文杂志主要涉及以下 10 余种主要期刊，期刊的时间跨度近 60 年，如《哲学问题》《哲学研究》

《哲学科学》《莫斯科大学学报》《列宁格勒大学学报》《苏联科学院通报》等。此外，中文图书和中文论文均为国内正式公开发表的译著或我国学者研究的相关或相近文献。

2019年春节前夕，课题以优秀等级结项通过，使本书与广大读者见面的日子又近了一步。应该说，本书是我工作二十年里出版的第二部学术专著，它的写作完成距离我的第一部学术专著出版时间整整十年。如果说第一部专著《苏联技术哲学研究纲领探究》是对我2008年承担的第一个国家社科基金项目的阶段性总结，它将重点放在研究苏联技术哲学独具特色的研究纲领及苏联技术哲学的成绩上，那么本书则是对我2012年承担的第二个国家社科基金项目的全面总结，它重点揭示苏联解体后俄罗斯当代技术哲学在指导思想、研究主题、研究视角和价值取向方面发生的重要转向以及转向背后的深层社会原因。两本著作更像是书的“上下部”或“姊妹篇”。希望通过出版本书，能与上部著作形成呼应，有助于我们把握历经曲折道路的苏联技术哲学的归宿和俄罗斯技术哲学未来的发展走向，并为我国技术哲学发展提供反思与启示。本书不是以时间为线索的历史梳理，也不是以人物为线索的学术观点梳理，而是以问题为切入点，即以“俄罗斯当代技术哲学转向”为关键词，围绕俄罗斯当代技术哲学转向问题研究的必要性与可行性，从俄罗斯当代技术哲学转向的历史背景、主要表现、社会原因、动态图景，及其对我国技术哲学的反思与启示六个方面，向纵深方向层层递进展开研究。本书具体包括绪论和五章主体内容。绪论主要分析俄罗斯技术哲学的特殊性地位以及学者们对俄罗斯技术哲学研究的整体情况，在评析前人研究的成绩与不足的基础上指出研究俄罗斯当代技术哲学转向问题的必要性和可行性。第一章主要研究俄罗斯当代技术哲学转向的历史背景。指出苏联时期技术哲学有四大优势：在理论上开启了技术哲学研究的马克思主义传统，引领了颇具影响力的“苏联-东欧学派”；在实践上通过对科学、技术、生产之间关系的研究，以及科学技术进步论与科学技术革命论等问题的研究，指导社会主义实践取得过重要成绩；在研究方法上将自然科学哲学问题的研究方法拓展到技术哲学领域，使得俄罗斯技术科学哲学问题研究处于世界领先地位；在价值导向上对西方技术哲学主要思潮，如技术统治论和人本主义思潮等进行了深刻的批判与分析，提出了人道主义主张。苏联时期技术哲学研究成果丰富了世界技术哲学宝库，同时也成为俄罗斯当代技术哲学发生转向的重要历史背景。第二章主要从静态角度研究俄罗斯当代技术哲学转向的主要表现。指出从苏联到俄罗斯，从社会主义到资本主义，技术哲学指导思想从马克思主义一元论转向多元论；研究主题从个性化走向大众化；研究视角发生从“科学—技术—生产”链条到技术人类学、文化学、社会-政治学转向；价值取向上从重视科学技术实效性的工程技术哲学传统转向重视“人的因素”的人文技术哲学传统。在此过程中，俄罗斯学者对传统马克思主义态度从开始的全盘否定，到后来的客观评价，再到如今较为理性地对待其曾经取得的成绩。第三章主要研究俄罗斯当代技术哲学发生重要转向的动因。从个性角度看，主要受苏联-俄罗斯国内政治、文化、哲学等方面变化的影响；从共性角度看，则主要受世界范围内科学技术经济全球化、文明论和文化热的兴起，以及西方主流思潮渗透等因素的影响。正是这些因素合力促成了俄罗斯当代技术哲学发生重要转向。第四章主要从动态角度研究俄罗斯当代技术哲学转向的动态过程与整体图景。一方面，揭示俄罗斯技术哲学与苏联时期技术哲学的批判与继承关系；另一方面，揭示苏联-俄罗斯技术哲学与西方技术哲学的对立趋同关系。从俄罗斯当代技术哲学与苏联时期技术哲学以及与西方技术哲学关系的演化过程，我们能够看到俄罗斯技术哲学民族化和国际化相结合的发展趋势。第五章主要是俄罗斯当代技术哲学转向的反思与启示。俄罗斯当代技术哲学最突出的特征就是二元性：对马克思主义哲学的肯定态度和否定态度相结合；技术哲学中工程技术传统与人文传统相结合；技术哲学与西方技术哲学趋同演化和顽强保持原有优势传统相结合。这种二元性恰恰出现在苏联解体之后，并在今天俄罗斯技术哲学发展道路中表现得愈加明晰，这在一定程度上反映了意识形态转变给俄罗斯技术哲学带来的重大影响，也折射出在探寻技术哲学发展道路过程中俄罗斯学者的纠结与迷茫。

总之，本书对俄罗斯当代技术哲学转向问题做了较为系统的研究，但由于所涉及的资料时间跨度大、俄文翻译工作繁重等原因，本书还存在以下不足及应当进一步完善的内容：首先，本书对俄罗斯技术哲学转向的研究更多停留在宏观和中观层次，尚未将研究深入微观具体领域；其次，在分析俄罗斯当代技术哲学转向的原因时，对斯拉夫传统文化的影响没有做深入研究，需要在今后的研究中补足；最后，对俄罗斯当代技术哲学与苏联时期技术哲学和西方技术哲学的关系演化做了较为细致的研究，但是没有将俄罗斯当代技术哲学与中国技术哲学进行比较分析，因而在揭示当今世界技术哲学的整体图景时显得过于简单。这些问题将成为我未来学术研究的主要方向。

白夜昕

2019 年 2 月 24 日

目　录

绪论　俄罗斯当代技术哲学转向研究的理论基础

现代技术哲学方兴未艾，它发端于19世纪的德国，目前正处于鼎盛时期，并且当以美国的技术哲学思想最具代表性。如今当人们越来越多地了解欧美技术哲学的时候，同时也就越来越对苏联-俄罗斯技术哲学产生浓厚的兴趣。这不仅是因为苏联曾经是历史上最大的社会主义国家，其技术哲学思想具有不同于西方技术哲学的鲜明特色；还因为苏联解体至今多年，其意识形态发生重大变化。作为俄罗斯意识形态指针的哲学发生何种变化，其技术哲学发生何种转向等相关问题渐渐进入学者的研究视野。

本书的意义在于：首先，苏联解体之前是社会主义国家，它走过了近七十年的兴衰道路，它的解体不但具有深刻的意识形态方面的原因，还应当有其他社会因素的作用，其中也包括技术哲学。因此，分析苏联的历史教训，对今日世界和未来世界的发展都具有重要的意义。其次，研究苏联解体后当代俄罗斯技术哲学发生哪些变化，分析俄罗斯当代技术哲学发生何种转向，揭示其与苏联时期技术哲学的批判继承关系，对我国技术哲学的未来发展将具有重要的理论意义与现实意义。再次，通过对苏联解体后俄罗斯技术哲学转向问题的研究，揭示意识形态对技术哲学的作用模式，对我国技术哲学的未来发展必将具有重大指导作用。最后，通过本书还可以了解中国、西方以及俄罗斯技术哲学发展的异同，认清它们各自在世界技术哲学历史发展过程中所处的地位，从而为中国技术哲学的进一步发展提供宏观指导。实践证明，这一领域的研究不仅不应削弱，而且应当更加强化。

第一节 俄罗斯当代技术哲学研究概况分析

苏联-俄罗斯技术哲学极具特殊性。恩格尔迈尔是俄罗斯著名技术哲学家，也是世界技术哲学创始人之一，因此可以说苏联-俄罗斯技术哲学在世界技术哲学领域占据特殊地位。然而，由于意识形态的原因，1922 年恩格尔迈尔被放逐国外，与此相联系的苏联时期技术哲学被视为唯心主义而遭到批判。学者们对技术所做的哲学思考往往不是在技术哲学的名义下提出的，而是在其他名义下论述的，从而形成了独具特色的技术哲学研究纲领。苏联解体后，我国学者和俄罗斯学者对其技术哲学作了大量研究，主要成果论述如下。

一、我国学者对俄罗斯技术哲学的研究

苏联-俄罗斯的科学技术哲学是世界技术哲学的重要组成部分，它具有鲜明的特色，它的指导思想、研究纲领和研究重心都与中国、西方科学技术哲学有着显著的区别，因而成为我国乃至世界科学技术哲学界特别关注的研究领域。正因如此，20 世纪我国学者在苏联科学哲学方面的研究取得了丰硕的成果。相关研究可以上溯到贾泽林、龚育之、安启念、孙慕天等人，代表作有贾泽林等人的《苏联当代哲学（1945—1982）》、安启念的《苏联哲学 70 年》、龚育之等人的《历史的足迹：苏联自然科学领域哲学争论的历史资料》、孙慕天的《面向科技革命的大国——苏联》。尽管我国学者在苏联科学哲学方面取得了丰硕的成果，但是对于其技术哲学的研究却大相径庭。之所以存在上述状况，是因为一方面，正如俄罗斯学者指出的，“哲学显然很晚才开始研究技术现象……相对于实践认识和实践理性，哲学更偏好理论认识、理性和理论规则，显然，这种偏好成为哲学很晚才转向思考技术现象以及技术在人们生活中的作用的一个原因”[①]。的确，相对于其他哲学分支学科，技术哲学本身起步较晚，现代技术哲学就其本身而言仅有一百多年的历史，到目前为止发展也还不够完善，诸如技

① От редакции. Философия техники. Вопросы философии，1993（10）：24.

术的本质、技术是否价值中立，以及技术哲学奠基人物和奠基性著作等问题，还没有形成压倒多数的、相对统一的观点。另一方面，更重要的是，由于众所周知的原因，苏联时期的技术哲学往往被视为资产阶级哲学加以批判。苏联–俄罗斯技术哲学研究开始于19世纪末，那时恩格尔迈尔在自己的小册子《19世纪技术的总结》（1898年）中形成了技术哲学的任务。同时他的许多著作被用德语出版。[①] 但是，自1917年十月革命胜利后，苏联技术哲学研究开始转向一个特殊时期——技术哲学被视为唯心主义观念加以批判。关于苏联时期技术哲学被抑制的情况，俄罗斯技术哲学研究小组主任 B. M. 罗津（B. M. Розин）等在1997年出版的著作《技术哲学：历史与现实》中也有评价："苏联时期对技术哲学的研究开始于20世纪初，由于恩格尔迈尔，技术哲学在俄罗斯获得极大发展。后来这一学科……被视为资产阶级科学而被停止研究。"[②] 正是以上两方面原因，致使苏联技术哲学研究举步维艰。

目前，我国学者之所以对苏联–俄罗斯技术哲学的研究薄弱主要还有我们自身主观和客观方面的原因。从客观上讲，要想搞好技术哲学研究，研究者不但需要具有自然科学或工程技术方面的基础，还需要具有深厚的哲学功底；而要想研究苏联和俄罗斯的技术哲学问题，则需要在具备上述两个条件的同时，还要具有扎实深厚的俄文水平；此外，更重要的是，还需要具有埋头致力于非热门问题研究的勇气和决心，而这一点恰恰是目前我们所缺少的。从主观上讲，苏联与我国同属于社会主义国家，过去由于拥有共同的意识形态，因而研究苏联问题就成为天经地义的事；而随着1991年底苏联解体和社会主义在俄罗斯成为非主流的意识形态，哲学所具有的阶级性让相当一部分研究者无所适从，更有一批人认为苏联大势已去，作为实行社会主义制度的失败案例，苏联的一切已经没有研究和宣传的价值了。正是上述条件大大地限制了我国学者对苏联–俄罗斯技术哲学问题的研究。

而事实上，俄罗斯是技术哲学奠基者之一的恩格尔迈尔的故乡，俄罗斯技术哲学极为特殊而重要。如今苏联解体多年，我国学者对苏联–俄罗斯哲学的研究开始复苏。目前主要论著有：安启念2003年出版的《俄罗斯向何处去——苏

---

① Стёпин В С, Горохов В Г, Розов М А. Философия науки и техники. М.：Гардарики，1996.

② Розин В М, Горохов В Г, Алексеева И Ю, и др. Философия техники: история и современность. М.：ИФ РАН，1997.

联解体后的俄罗斯哲学》，孙慕天 2006 年出版的《跋涉的理性》和 2009 年出版的《边缘上的求索》，徐凤林 2006 年出版的《俄罗斯宗教哲学》和 2013 年主编出版的《西方哲学原著选辑：俄国哲学》，贾泽林 2008 年出版的《二十世纪九十年代的俄罗斯哲学》，岳丽艳 2008 年出版的《建立统一的人的科学——苏联马克思主义哲学家弗罗洛夫的“人研究”》，张明雯 2009 年出版的《俄罗斯和苏联科学哲学与科学史研究》，安启念 2012 主编出版的《当代学者视野中的马克思主义哲学：俄罗斯学者卷》，魏玉东 2017 年出版的《苏俄 STS 研究的逻辑进路与学科进路探析》，以及马寅卯 2007 年发表的论文《俄罗斯哲学的现状和趋势》、张百春 2011 年发表的论文《别尔嘉耶夫的末世论历史观》等。他们对俄罗斯哲学或做宏观整体性的研究，或对其代表性的宗教哲学等问题进行细致分析，但是对其科学技术哲学（特别是技术哲学）却采取回避或淡化的处理方式。

从 1991 年底后，随着苏联解体和俄罗斯国内哲学的发展变化，我国学者对苏联哲学问题的研究中开始出现有关技术哲学方面的内容。这时有关苏联-俄罗斯技术哲学的研究并不集中，只是散见于一些硕士学位论文中。1994 年万长松在其硕士学位论文《后苏联科学技术哲学问题研究》中指出，苏联自然科学哲学的研究重心自 20 世纪 60 年代中期发生认识论的转移以后，在 80 年代中期又发生了价值论的转移，即科学技术的发展方向问题及其价值受到愈来愈密切的关注[①]。1999 年白夜昕在硕士学位论文《论苏联解体后俄罗斯自然科学哲学的转向》中指出俄罗斯科学技术哲学发生人道主义（гуманизм）转向，这个结论的得出建立在对苏联传统哲学研究的反思基础之上。1958 年第一届全苏自然科学哲学会议召开时，苏联的哲学研究还停留在本体论阶段。而在 1970 年召开的第二届全苏自然科学哲学会议上，П. В. 科普宁（П. В. Копнин）所做的主题报告《马克思列宁主义认识论和现代科学》概括了当时科学认识发生的八大变化，深刻地论证了科学认识论研究在苏联哲学中的首要地位。特别是 1980 年在苏联科学院所属下，建立了关于科学技术哲学问题和社会问题的新的学术委员会，该委员会的任务是研究自然科学、技术科学和社会科学的相互作用问题，科学技术发展的社会伦理学和人道主义问题，新技术新工艺发展的社会问题和方法论

① 万长松. 后苏联科学技术哲学问题研究. 哈尔滨：哈尔滨师范大学，1994.

问题，以及当代各种全球性问题等。随后在1981年该委员会组织召开的第三届全苏自然科学哲学会议上，当时苏联科学院院长亚历山大洛夫说，自然科学哲学问题是对自然科学的方法论基础及对自然和人在自然中的位置的普遍看法进行探索和思考的一个中心枢纽[①]，从而突出了人与自然关系问题的重要性。1987年2月10—12日召开了第四届全苏科学技术哲学问题、社会问题大会，会议进一步强调要提高科学技术哲学问题、社会问题研究的质量。尤其值得一提的是，1989年5月在莫斯科召开了由学术委员会和其他研究所联合组织的名为"人—科学—社会"的会议，此次会议后科学院制定并通过了"人、科学、社会：综合研究"研究大纲，该大纲的主要任务之一就是研究科学技术进步的人道主义标准，从而最终确定了人及人道主义问题在苏联科学技术哲学中的核心地位[②]。2000年5月，王彦君在其硕士学位论文《试析俄罗斯政治文化传统对其国家科学技术政策的影响》中指出，俄罗斯（主要是苏联时期）的国家科学技术政策主要表现为高度集中的科学技术管理体制和坚定不移的军事战略导向。其传统文化中的"大国意识"和"专制主义"思想是导致这种体制形成的深层的社会文化原因。王彦君认为，正是科学文化及自由和民主意识构成了现代文明的思想基础，国家的现代化首先在于人的现代化（人的自由个性的发展）。认识到这一点，不仅有利于国家政治文化水平的提高，从而推动科学技术的进步，而且最终有利于国家向文明社会过渡[③]。

严格说来，国内专门研究苏联-俄罗斯技术哲学的文献只有3部著作和40余篇论文。最近的一部著作是万长松2017年出版的《歧路中的探求——当代俄罗斯科学技术哲学研究》，该著作是对世纪之交新俄罗斯科学技术哲学发展线索的梳理重构。该书并没有以苏联解体为隔点截断苏联的文化思想的发展，而是认为俄（苏）科学技术哲学是一条"川流不息的大河"[④]，并将苏联-俄罗斯科学哲学和技术哲学全部纳入其中。另一部著作是万长松2004年出版的《俄罗斯技术哲学研究》，从总体上对俄罗斯百年技术哲学的历史演变进行分析[⑤]。还有

---

① 弗罗洛夫. 辩证世界观和现代自然科学方法论. 孙慕天，李成果，张景环，等译. 哈尔滨：黑龙江人民出版社，1990：5.

② 白夜昕. 论苏联解体后俄罗斯自然科学哲学的转向. 哈尔滨：哈尔滨师范大学，1999.

③ 王彦君. 试析俄罗斯政治文化传统对其国家科学技术政策的影响. 哈尔滨：哈尔滨师范大学，2000.

④ 万长松. 歧路中的探求——当代俄罗斯科学技术哲学研究. 北京：科学出版社，2017：viii.

⑤ 万长松. 俄罗斯技术哲学研究. 沈阳：东北大学出版社，2004.

一部是笔者 2009 年出版的著作《苏联技术哲学研究纲领探究》，重点分析苏联时期技术哲学研究纲领的内容、特色及成因[①]。学术论文中有 18 篇是笔者的成果，也以研究苏联时期技术哲学问题为主，后文会有详细介绍。此外还有 20 余篇论文是由万长松撰写完成的，主要包括：万长松 2017 年发表的《从逻辑-认识论到社会-文化论——俄罗斯（苏联）科学哲学的回顾与展望》，2016 年发表的《从工具主义到人本主义——俄罗斯技术哲学 100 年发展轨迹回溯》，2015 年发表的《俄罗斯科学技术哲学的范式转换研究》《从科学哲学到文化哲学——B. C. 斯焦宾院士思想轨迹追踪》《20 世纪 60—80 年代苏联新哲学运动研究》《哲学并未终结——论苏联“新哲学运动”对俄罗斯哲学的影响》，2014 年发表的《20 世纪 20 年代苏联“专家治国运动”研究》，2011 年发表的《技术哲学视野下的苏联工业化问题研究》和《苏联技术哲学与其工业化道路的关系问题研究》，2002 年发表的《苏俄技术哲学研究的历史和现状》，2003 年发表的《俄罗斯工程的技术哲学之评析》，2004 年发表的《H. A. 别尔嘉耶夫技术哲学思想初探》，2009 年发表的《俄罗斯技术科学哲学问题研究》，2008 年发表的《П. К. 恩格迈尔[②]的技术哲学》和《俄罗斯学者关于技术与社会关系若干问题的思考》等。这些文章是国内研究苏联-俄罗斯技术哲学的标志性文章，也是学者们接下来进一步研究的背景资料。

如前所述，2004 年 8 月万长松在东北大学出版社出版了国内第一部关于俄罗斯技术哲学的专著《俄罗斯技术哲学研究》，该书是在其博士学位论文的基础上修改而成的。该著作的主要思想大都以学术论文的形式发表在国内重要学术期刊上，其中主要包括以下几篇。2002 年底发表的《苏俄技术哲学研究的历史和现状》将苏俄技术哲学近百年的发展划分为三个时期。第一阶段，艰难起步——萌芽时期的苏联技术哲学；第二阶段，独树一帜——马克思列宁主义的技术哲学；第三阶段，走向世界——日趋成熟的俄罗斯技术哲学。作者对每个阶段的代表人物、主要观点和历史地位进行了评述[③]。2003 年发表的《俄罗斯工程的技术哲学之评析》指出，经过十余年的动荡与混乱，俄国技术哲学界逐渐形成了比较稳定的两个流派：一个是沿袭过去传统的工程的技术哲学，另一个

① 白夜昕. 苏联技术哲学研究纲领探究. 沈阳：东北大学出版社，2009.

② 本书中所有的 П. К. 恩格迈尔（П. К. Энгельмейер）均应翻译为 П. К. 恩格尔迈尔，书中后文同此。

③ 万长松，陈凡. 苏俄技术哲学研究的历史和现状. 哲学动态，2002（11）：41—45.

是面向西方主流的人文的技术哲学。前者是建设性的，后者是批判性的。作者还对俄罗斯工程的技术哲学的主要问题，如什么是技术和技术哲学、科学与技术的关系、技术科学的基础研究与应用研究等问题进行了分析①。2004 年发表的《H. A. 别尔嘉耶夫技术哲学思想初探》介绍了俄国宗教哲学家 H. A. 别尔嘉耶夫（Н. А. Бердяев）对技术和机器以及现代文明的看法，并从马克思主义唯物史观的角度，指出他对技术内在矛盾、技术对人类自身发展的制约等问题所做分析的合理性，同时指出他为摆脱技术奴役所做尝试的不可行性②。2004 年的《俄罗斯技术哲学史前问题研究》指出，俄罗斯技术科学的兴起源于军事目的，创建高等技术学校和工程协会，出版技术书籍和杂志促进了工程技术知识的传播。上述事件形成了俄罗斯技术哲学发展的前史。俄罗斯技术哲学的产生不是偶然的，它与该国当时的技术发展水平和政治、经济、文化状况密切相关；反过来，技术哲学又进一步促进了技术知识在近代俄罗斯的普及和应用③。2005 年的《前苏联技术哲学研究述评》强调，苏联技术哲学在世界技术哲学研究中占有非常重要的历史地位，技术手段论、机器理论和科学技术革命论等观点都是在这一时期提出的并影响至今，特别是苏联技术哲学研究的经验教训对我国技术哲学的发展具有借鉴意义④。此外，同年发表的《走向多元化的俄罗斯技术哲学》指出，当代俄罗斯技术哲学和西方技术哲学相比，总体上还存在着较大差距，但俄罗斯技术哲学在保持自己传统优势的前提下，正在引进西方技术哲学特别是工程伦理学和技术社会学的合理成分，努力形成自己的特色。文章还对 20 世纪 90 年代以来俄罗斯技术哲学发展现状、主要成果和发展方向进行了介绍和预测，指出多元化将是俄罗斯技术哲学的发展趋势，而技术本体论、技术价值论和工程伦理学将是它的研究重点⑤。

2017 年 3 月万长松在科学出版社出版了专著《歧路中的探求——当代俄罗斯科学技术哲学研究》，该书是其主持的 2012 年国家社科基金项目“俄罗斯科技哲学的范式转换与发展趋势研究（1991—2011）”的研究成果。该书清晰地勾

---

① 万长松，陈凡. 俄罗斯工程的技术哲学之评析. 自然辩证法研究，2003（4）：26—29，43.

② 万长松，陈凡. H. A. 别尔嘉耶夫技术哲学思想初探. 自然辩证法研究，2004（4）：49—52，82.

③ 万长松，陈凡. 俄罗斯技术哲学史前问题研究. 东北大学学报（社会科学版），2004（2）：89—92.

④ 万长松. 前苏联技术哲学研究述评. 燕山大学学报（哲学社会科学版），2005（4）：1—6.

⑤ 万长松，陈凡. 走向多元化的俄罗斯技术哲学. 东北大学学报（社会科学版），2005（4）：252—256.

勒出半个世纪以来苏联-俄罗斯科学技术哲学的历史轨迹。全书主体部分共七章，总共包括三大部分：第一部分是总论，由第一章和第二章构成，主要介绍了苏联时期新哲学运动的产生和发展及其对俄罗斯哲学产生的影响，并揭示了从苏联自然科学哲学到俄罗斯科学技术哲学发生的三种范式转换，即从马克思列宁主义一元论范式转向多元论范式、从科学的逻辑-认识论范式转向社会-文化论范式、从技术中心论范式转向人中心论范式；第二部分是科学哲学分论，由第三章和第四章构成，主要研究了俄罗斯科学哲学发展的历史轨迹和趋势，这部分的特点是以人物为线索展开研究，介绍了以苏联-俄罗斯著名学者 B. C. 斯焦宾（B. C. Стёпин）、M. A. 罗佐夫（M. A. Розов）、A. П. 奥古尔佐夫（A. П. Огурцов）和 П. П. 盖坚科（П. П. Гайденко）为代表的科学哲学发展的社会-文化论趋向；第三部分是技术哲学分论，由第五章、第六章和第七章构成，主要介绍了俄罗斯技术哲学 100 年的历史轨迹与发展趋势，介绍了从沙皇俄国时期到苏联时期再到当今俄罗斯三个历史阶段中技术哲学的主要代表人物 П. К. 恩格尔迈尔、Н. А. 别尔嘉耶夫、Н. И. 布哈林（Н. И. Бухарин）、Б. И. 库德林（Б. И. Кудрин）、В. Г. 高罗霍夫（В. Г. Горохов）、В. М. 罗津等人的主要思想，揭示了俄罗斯技术哲学的发展趋势是从“工具主义”走向“人本主义”，并指出了当代俄罗斯技术哲学的任务就是引领社会走出技术型文明的危机[①]。万长松从 2008 年到 2017 年十年中发表的论文的主要思想，在这部著作中均有体现。

笔者于 2009 年在东北大学出版社出版专著《苏联技术哲学研究纲领探究》，该著作的主要思想大都以学术论文的形式发表在国内重要的学术期刊上。2002 年发表的论文《从人类中心论到人类目的论——转折时期俄罗斯人道主义的进步》指出，20 世纪 60 年代末、70 年代初是苏联人道主义思想兴起的时代；70 年代、80 年代是人道主义思想进一步发展和人类中心论形成的时期；90 年代进入人道主义思想的成熟阶段——人类目的论。人类中心论是政治专权、一切以个人利益为转移的思想的体现，而人类目的论则是一切为了整个人类的人道主义思想和民主意识的反映，从人类中心论向人类目的论的转变是俄罗斯人道主义的巨大进步[②]。2003 年发表的论文《论俄罗斯科学技术哲学的多元主义

① 万长松. 歧路中的探求——当代俄罗斯科学技术哲学研究. 北京：科学出版社，2017.

② 白夜昕，李洁. 从人类中心论到人类目的论——转折时期俄罗斯人道主义的进步. 理论探讨，2002（5）：34—35.

导向》指出，苏联科学技术哲学界把客观事实作为衡量科学技术正误优劣的唯一标准，而排斥价值判断；随着苏联的解体，俄罗斯科学技术哲学界把被冷落多年的价值标准提高到一个非常显著的地位；并且目前多元主义导向已经成为俄罗斯科学技术哲学发展的主导趋势[①]。2004 年的论文《俄罗斯新自然哲学的兴起》提出“新自然哲学”（новая философия природы）这一基本概念，指出它不同于以往的自然哲学（натур-философия），它放弃人类“征服自然”“做自然的主人”这一口号，认为人并不是自然界的绝对主宰，自然界也不是可供人类无限索取的物质资源和能源的宝库，所以应当追求的是人与自然的协同进化[②]。该论文表明苏联（俄罗斯）学者关于人与自然关系观念的变化，阐明俄罗斯新自然哲学兴起这一新的学术动向。2005 年的论文《前苏联技术哲学初探》从技术本体论、技术科学的本质与特征、技术进步论以及技术价值论四个角度评述苏联时期技术哲学的成绩与特色，并引出当今俄罗斯技术哲学对前者的批判继承关系和现今俄罗斯技术哲学界需要进一步解决的技术哲学难题[③]。同年的论文《苏联-俄罗斯科技哲学价值论思潮研究》，通过分析苏联-俄罗斯科学技术哲学领域内价值论思潮的兴起、发展和鼎盛过程，指出由它引发的俄罗斯科学技术哲学领域内多元论格局的现状，并进一步从政治、宗教、世界思潮等角度分析价值论思潮的形成原因[④]。2006 年的论文《论前苏联-俄罗斯技术观的历史演变》，通过阐述苏联-俄罗斯时期技术概念的历史演变，分析这一时期技术定义的类别及其优点和缺陷，以及当今俄罗斯学者关于技术概念的新认识，并说明后者对前者的批判和继承关系，引发我国学者对于技术本质的再思考[⑤]。

此外，笔者还有如下论文：2008 年的《苏联时期的技术统治论与反技术统治论批判》指出，苏联学者对西方技术统治论和反技术统治论两种对立思潮都进行了深刻的分析与批判，他们批判技术统治论者的思想根源是唯科学主义，本质上是为资产阶级意识形态作辩护；批判反技术统治论者脱离社会生产方式谈技术；他们在马克思生产方式理论的基础上提出“有条件的技术决定论”的

① 白夜昕，陈凡. 论俄罗斯科学技术哲学的多元主义导向. 东北大学学报（社会科学版），2003（4）：244—246.
② 白夜昕，李金辉. 俄罗斯新自然哲学的兴起. 自然辩证法通讯，2004（1）：95—98，112.
③ 白夜昕. 前苏联技术哲学初探. 自然辩证法研究，2005（4）：91—94.
④ 白夜昕，陈凡. 苏联-俄罗斯科技哲学价值论思潮研究. 科学技术与辩证法，2005（6）：81—83.
⑤ 白夜昕，陈凡. 论前苏联-俄罗斯技术观的历史演变. 理论探讨，2006（2）：57—59.

观点，是一种弱技术决定论[①]。同年发表的《前苏联技术科学哲学问题研究》指出技术科学的哲学问题是苏联-俄罗斯技术哲学极其重要的组成部分，分析了苏联时期技术科学哲学问题的研究背景，从技术科学起源、对象的二重性、技术科学的结构、功能和任务五个方面分析技术科学哲学问题的研究重心，并在与自然科学哲学问题的对比过程中揭示技术科学哲学问题的研究特点[②]。2008 年的《苏联-俄罗斯两种文化整合问题研究》指出，苏联-俄罗斯学者批判了 C. P. 斯诺的两种文化理论，在阐明两种文化整合的前提和表现形式的基础上，提出了两种文化整合理论，构建了两种文化整合的模式，形成了独具特色的社会自然历史学派[③]。2009 年的《论技术哲学的意识形态特征——以苏联-俄罗斯技术哲学发展为个案》，通过对苏联解体前后技术哲学演化过程的全景分析，揭示苏联-俄罗斯技术哲学特色形成和演化的国内和国际动因，并以苏联技术哲学发展为个案，分析构建意识形态对技术哲学的"约束-筛选"作用模型，揭示两者之间遵从自组织理论的作用机制，从而进一步阐明技术哲学的学科特点及其意识形态特征[④]。同年还发表论文《苏联技术系统中人的地位及"人-技"关系问题研究》，其指出苏联学者最早将技术等同于劳动手段，认为技术系统由技术主体、技术手段与技术客体构成。苏联学者通过分析技术手段由工具到机器再到自动机的演化，揭示出人的地位以及人与技术关系的动态演化过程，从而进一步加深了对人和技术在技术活动中的地位与作用的理解[⑤]。2010 年发表的论文《前苏联科学技术哲学中的人道主义问题研究》指出，人道主义是苏联科技哲学价值论思潮的核心，它的产生与东正教有着很深的渊源，通过研究苏联科技革命的人道主义意义、科技后果的人道主义反思，以及科技评价的人道主义原则，特别是通过分析苏联人道主义与西方人本主义的联系与区别，揭示人道主义观念在苏联科技哲学中的地位与作用，并进一步阐明这一观念在当代依然具有的不

① 白夜昕，李艳梅. 苏联时期的技术统治论与反技术统治论批判. 自然辩证法研究，2008（11）：42—46.

② 白夜昕，姜立红. 前苏联技术科学哲学问题研究. 东北大学学报（社会科学版），2008（1）：7—10.

③ 白夜昕，李杰. 苏联-俄罗斯两种文化整合问题研究. 北方论丛，2008（2）：114—117.

④ 白夜昕. 论技术哲学的意识形态特征——以苏联-俄罗斯技术哲学发展为个案. 自然辩证法研究，2009（1）：63—68.

⑤ 白夜昕. 苏联技术系统中人的地位及"人-技"关系问题研究. 燕山大学学报（哲学社会科学版），2009（2）：6—11.

可忽视的现实意义[①]。2011 年发表论文《前苏联技术科学数学化问题研究》，其在分析苏联技术科学哲学研究特点的同时，突出强调苏联学者对于技术科学数学化问题研究的重要成果，主要包括对技术科学数学化的必要性、发展阶段、技术科学数学化的职能与作用的研究。指出数学化不仅是自然科学的发展趋势，而且也是具有实用特征的技术科学成熟的标志，并进一步揭示技术科学数学化的特殊性，完善人们对于技术科学哲学相关问题的理解[②]。2015 年与孙慕天等人合著的论文《科学技术哲学研究的另一个维度——中国俄（苏）科学技术哲学研究的回顾与前瞻》指出，中国关于俄（苏）科学技术哲学的研究经历了“以俄为师”“以俄为敌”“以俄为鉴”三个阶段。论文指出，我国关于俄（苏）科学技术哲学的研究在苏联解体后一度沉寂，近年来出现了复苏的势头。我们不能把苏联的科学技术哲学完全等同于正统的教条主义而全盘否定，20 世纪 60 年代一批具有改革倾向的哲学家对科学哲学所做的认识论中心主义诠释，极富启发性。21 世纪前后俄罗斯科技哲学出现了多元主义、社会文化语境论和人本主义等新发展趋势，具有俄罗斯特色的科技哲学范式正在形成，其中技术哲学的转向尤有代表性。马克思主义虽已不是俄罗斯的指导思想，但辩证法和唯物史观在俄罗斯哲学中仍有深远的影响，苏联和当今俄罗斯立足马克思主义的科技哲学研究，是与西方科技哲学不同的另一维度，是发展比较科技哲学的重要生长点[③]。以上情况表明，目前我国国内对于苏联及俄罗斯技术哲学问题的研究，主要集中在与东北大学技术哲学基地和哈尔滨师范大学科学技术哲学专业相关的学术共同体内部。

二、俄罗斯学者对本国技术哲学的研究

俄罗斯学者客观地评价本国技术哲学也是近几年的事。苏联时期政治对技术哲学的粗暴干预，致使其技术哲学经历了曲折而又漫长的发展道路。苏联时

---

① 白夜昕. 前苏联科学技术哲学中的人道主义问题研究. 自然辩证法研究，2010（2）：89—93.

② 白夜昕. 前苏联技术科学数学化问题研究. 自然辩证法研究，2011（6）：107—110.

③ 孙慕天，刘孝廷，万长松，等. 科学技术哲学研究的另一个维度——中国俄（苏）科学技术哲学研究的回顾与前瞻. 自然辩证法通讯，2015（5）：149—158.

期技术哲学被当作唯心主义观念批判，学者们不是在技术哲学的名义下，而是在其他名义（如技术史、技术的哲学问题、技术科学的方法论和历史、设计和工程技术活动的方法论和历史）下研究技术哲学。由于技术哲学名称被禁止，因而苏联时期几乎没有一本关于技术哲学的综述性文献。直到 1990 年 9 月在白俄罗斯国立大学（明斯克）举办第十届全苏科学逻辑学、科学方法论和科学哲学大会，会议一组议题是“技术哲学和技术科学的方法论”，这是苏联时期第一次以公认的提法称呼技术哲学。苏联解体后，随着西方技术哲学思想的大量引进，技术哲学一词越来越多地出现在俄罗斯文献中。1996 年由斯焦宾等人合著的《科学技术哲学》和 1997 年由罗津等人合著的《技术哲学：历史与现实》是俄罗斯当代学者以综述方式论述技术哲学的最重要的两本文献，成为研究俄罗斯技术哲学的代表性著作。

1996 年由斯焦宾、高罗霍夫和 M. A. 罗佐夫三人合写的《科学技术哲学》一书出版，该书分为四个部分，总共十三章，其中第四部分（包括第十一章、第十二章、第十三章）题为技术哲学，由高罗霍夫编写。从大的方向上讲，该部分主要论述了技术哲学的对象（第十一章）、物理学理论与技术理论——经典技术科学的起源（第十二章）、工程活动和设计发展的现阶段以及对技术进行社会评价的必要性几大问题（第十三章）。在这样的框架下，作者又具体阐述了技术哲学的定义，科学与技术的关系，自然科学和技术科学的特点，技术科学中有重大价值的实用研究，技术理论的结构、功能、形成和发展，经典工程技术活动、系统工程活动、社会技术设计，以及对技术的社会的、生态的和其他后果的评价问题。特别值得一提的是，作者对技术哲学和技术的理解生动而深刻。他认为：“物质文化与精神文化像蜂胶一样密不可分地联系在一起。例如，考古学恰恰是根据物质文化遗迹努力详细地恢复古代人民的文化。从这个意义上讲，针对过去（特别是古代世界和中世纪，技术的书面传统还不十分成熟时），技术哲学在很大程度上是技术知识的考古学；而针对现在和将来，技术哲学则是技术知识的方法论。于是，技术就应该被理解为：技术是技术装置和人工制品的总和——从单个的最简单的工具到最复杂的技术系统；技术是生产不同产品的合理的技术活动形式的总和——从科学技术研究和设计到它们在生产和经营中的完成，从加工技术系统的个别要素到系统的研究和设计；技术是技术知识的总和——从专门化的处方性技术知识到理论化的科学技术知识和系统性的技术知识。”① 该定义从物、活动和知识三个角度理解技术，并且突出技术发展由浅入深的动态发展过程。

1997年俄罗斯出版了由罗津、高罗霍夫等合著的《技术哲学：历史与现实》一书。该书分为两大部分：第一部分题为技术哲学的普遍依据。具体说来，它研究了技术知识的方法论问题、文化系统中的技术问题、技术和工艺学概念、技术在文化系统中的形成过程。第二部分题为技术哲学的跨学科方面，主要研究计算机革命的认识论问题和道德背景。此外，作者还分析了本国和外国哲学家著作中的技术观念，并建议把技术哲学观念作为教学的对象②。

除了上述针对技术哲学的综述性研究，俄罗斯学者对技术的哲学思考更多散见于他们的学术论文中，我们将在后面的研究中详细介绍。

三、现有研究的成绩与不足

无论是我国学者还是俄罗斯学者对于苏联-俄罗斯技术哲学的研究都存在成绩与不足，正视这些成绩和缺憾是我们后续研究的重要前提。

（一）研究的成绩

1991年底苏联解体至今，我国学者对苏联-俄罗斯技术哲学的研究主要可以分为宏观综述性研究、技术哲学个别方向发展动态研究、个别人物技术哲学思想研究三大类。

从宏观综述性研究来看，除了前面提到的三本著作《俄罗斯技术哲学研究》《苏联技术哲学研究纲领探究》《歧路中的探求——当代俄罗斯科学技术哲学研究》外，在众多研究论文中，我国学者主要针对沙皇俄国后期、苏联时期以及当今俄罗斯技术哲学问题进行了整体性的研究，其中最主要的成绩当数对其技术哲学总体趋势所做的分析，这主要体现在《苏俄技术哲学研究的历史和现

---

① Стёпин В С, Горохов В Г, Розов М А. Философия науки и техники. М.: Гардарики, 1996.

② Розин В М, Горохов В Г, Алексеева И Ю, и др. Философия техники: история и современность. М.: ИФ РАН, 1997.

状》一文中，作者将这一时期技术哲学近百年的发展划分为三个时期。这种纵向的时期划分，使得国内学术界开始了解沙皇俄国后期、苏联时期以及俄罗斯时期技术哲学的历史分期，为学者今后进一步研究其技术哲学的发展提供了重要的划分标准。《从工具主义到人本主义——俄罗斯技术哲学 100 年发展轨迹回溯》指出恩格尔迈尔奠定了工具主义技术哲学的基础，而别尔嘉耶夫指出了技术使人、人的精神和生活产生了异化。工具主义的技术观在苏联时期达到极致，但随着苏联的解体这一观点走向衰落。在当代，技术型文明带来了全球性问题，为解决这些问题需要恢复人本主义在技术哲学中的本来地位。俄罗斯技术哲学的任务就是引领社会走出技术型文明的危机。《俄罗斯工程的技术哲学之评析》将整个俄国技术哲学横向划分为比较稳定的两个流派：一个是沿袭过去传统的工程的技术哲学，另一个是面向西方主流的人文的技术哲学。前者是建设性的，后者是批判性的，这种划分便于学者从总体上把握各种技术哲学思想的派别归属。《俄罗斯技术哲学史前问题研究》指出，俄罗斯技术科学的兴起源于军事目的，创建高等技术学校和工程协会，出版技术书籍和杂志促进了工程技术知识的传播，上述事件形成了俄罗斯技术哲学发展的前史。《前苏联技术哲学研究述评》强调，苏联技术哲学在世界技术哲学研究中占有非常重要的历史地位，技术手段论、机器理论和科学技术革命论等观点都是在这一时期提出的并影响至今。《走向多元化的俄罗斯技术哲学》指出，俄罗斯技术哲学在保持自己传统优势的前提下，正在引进西方技术哲学特别是工程伦理学和技术社会学的合理成分，努力形成自己的特色，指出多元化将是俄罗斯技术哲学的发展趋势。此外，笔者的《前苏联技术哲学初探》从技术本体论、技术科学的本质与特征、技术进步论，以及技术价值论四个角度评述苏联时期技术哲学的成绩与特色，用粗线条勾画出了苏联技术哲学的大致轮廓。《论技术哲学的意识形态特征——以苏联-俄罗斯技术哲学发展为个案》通过对苏联解体前后其技术哲学演化过程的全景分析，揭示苏联-俄罗斯技术哲学特色形成和演化的国内和国际动因；并以苏联技术哲学发展为个案，分析建构了意识形态对技术哲学的“约束-筛选”作用模型，揭示两者之间遵从自组织理论的作用机制，从而进一步阐明技术哲学的学科特点及其与意识形态的关系。《科学技术哲学研究的另一个维度——中国俄（苏）科学技术哲学研究的回顾与前瞻》指出，中国关于俄（苏）科学技术哲学的研究，经历了“以俄为师”“以俄为敌”“以俄为鉴”三个阶段。21 世纪前后俄罗斯科技哲学出现了多元主义、社会文化语境论和人本主义等新发展趋势，具有俄罗斯特色的科技哲学范式正在形成，其中技术哲学的转向尤有代表性。可以说，上述研究从整体层面描述了苏联-俄罗斯技术哲学发展的总体图景，是后续研究的重要基础。

从技术哲学个别方向发展动态研究和个别人物技术哲学思想研究的演变角度来看，国内学者对于苏联-俄罗斯技术哲学的认识更多只是零散地出现在一些文章中。《从人类中心论到人类目的论——转折时期俄罗斯人道主义的进步》分析了人类中心论思想在苏联和俄罗斯的形成和演化过程。《论俄罗斯科学技术哲学的多元主义导向》指出，俄罗斯科学技术哲学界把被冷落多年的价值标准提高到一个非常显著的地位，而且目前多元主义导向已经成为俄罗斯科学技术哲学发展的主导趋势。《俄罗斯新自然哲学的兴起》着重分析了苏联到俄罗斯时期，学者关于人与自然关系观念的变化，指出如今俄罗斯学者主张把自然主义与人道主义结合起来，并在此基础上提出了人与自然协同进化的发展战略。《苏联-俄罗斯科技哲学价值论思潮研究》分析了苏联-俄罗斯科学技术哲学内部价值论思潮的兴起、发展和鼎盛过程，并进一步从政治、宗教、世界思潮等角度分析价值论思潮的形成原因。《论前苏联-俄罗斯技术观的历史演变》着重论述了从苏联到俄罗斯时期技术概念的历史演变。《苏联时期的技术统治论与反技术统治论批判》指出，苏联学者批判技术统治论者的思想根源是唯科学主义，反技术统治论者脱离社会生产方式谈技术，他们在马克思生产方式理论的基础上提出"有条件的技术决定论"的观点，是一种弱技术决定论的观点。《前苏联技术科学哲学问题研究》分析了苏联时期技术科学哲学问题的研究背景、研究重心和研究特点。关于技术科学哲学问题，《俄罗斯技术科学哲学问题研究》分析了技术科学的兴起发展过程、自然科学和技术科学关系的特点，以及技术科学的基础研究和应用研究。《苏联技术系统中人的地位及"人-技"关系问题研究》指出苏联学者通过分析技术手段由工具到机器再到自动机的演化，揭示了人的地位以及人与技术关系的动态演化过程。《前苏联科学技术哲学中的人道主义问题研究》分析了苏联-俄罗斯人道主义产生的宗教渊源，苏联科技革命的人道主义意义、科技后果的人道主义反思和科技评价的人道主义原则，特别是通过分析苏联人道主义与西方人本主义的联系与区别，揭示了人道主义观念在苏联科技哲学中的地位与作用。《前苏联技术科学数学化问题研究》分析了苏联学者关于技术科学数学化的必要性、发展阶段、技术科学数学化的职能与作用，指出数学化不仅仅是自然科学的发展趋势，而且也是技术科学成熟的标志。《俄罗斯学者关于技术与社会关系若干问题的思考》对俄罗斯学者关于现代工程技术引发的危机、构建新世界图景的尝试、技术与社会关系、技术评估等问题做了分析和阐释。

而有关苏俄个别哲学家技术哲学思想的研究，目前只有《H. A. 别尔嘉耶夫技术哲学思想初探》和《П. К. 恩格迈尔的技术哲学》。《H. A. 别尔嘉耶夫技术哲学思想初探》介绍了俄国宗教哲学家别尔嘉耶夫对技术和机器以及现代文明的看法，并从马克思主义唯物史观的角度，指出他对技术内在矛盾、技术对人类自身发展的制约等所做分析的合理性，同时指出他为摆脱技术奴役所做尝试的不可行性。《П. К. 恩格迈尔的技术哲学》介绍了恩格尔迈尔在技术本体论、技术认识论和技术社会学等领域所做的若干探索，评述了他的技术主义、创造学和专家治国论等技术哲学思想。

此外，1996 年出版的《科学技术哲学》、1997 年出版的《技术哲学：历史与现实》是俄罗斯学者对本国技术哲学的研究性专著，不言而喻，它们具有更高的学术价值。

综上所述，无论是解体前对苏联哲学和自然科学哲学问题的研究，还是解体后对技术哲学所做的宏观综述性研究、个别方向发展动态研究以及个别人物技术哲学思想研究，它们都从不同角度、不同方面，或者提供思想指导，或者构造整体框架，或者呈现发展态势，或者引发新的问题，这一切都为进一步深入研究苏联-俄罗斯技术哲学问题奠定了坚实的理论基础。

（二）研究的不足

其实，无论是对苏联-俄罗斯哲学、自然科学哲学问题的研究，还是对其技术哲学所做的综述性研究、个别方向发展动态研究以及个别人物技术哲学思想研究，都从不同角度为研究当今俄罗斯技术哲学转向奠定了深厚的理论基础。特别是 2004 年出版的《俄罗斯技术哲学研究》、2009 年出版的《苏联技术哲学研究纲领探究》和 2017 年出版的《歧路中的探求——当代俄罗斯科学技术哲学研究》三部著作与本书相关度最高，是国内研究俄罗斯技术哲学发展的重要文献，它们的出版意义深远。

但是《俄罗斯技术哲学研究》是从总体上对俄罗斯百年技术哲学的历史演变进行分析。研究具有侧重不均的特征。第二章到第四章研究俄罗斯技术哲学产生的前提、恩格尔迈尔和别尔嘉耶夫的技术哲学思想，弥补了国内对作为技术哲学创始国之一的俄国的技术哲学研究的不足；第五章对苏联时期的技术哲学做了概括性描述；第六章对解体后的俄罗斯技术哲学做了粗线条描述；第七章到第十二章对俄罗斯百年技术哲学发展中的代表性问题做了“点式”研究，但并未突出苏联解体后俄罗斯技术哲学发生何种转向。因此可以说，苏联时期技术哲学和解体后俄罗斯当代技术哲学问题是该书研究的薄弱环节。其中，苏联时期技术哲学研究的不足由笔者在后来所主持的 2008 年度国家社科基金项目中进一步完善。2009 年笔者撰写出版专著《苏联技术哲学研究纲领探究》，该书重点分析了苏联时期技术哲学研究纲领的内容、特色及形成原因，并以苏联技术哲学发展为个案分析了技术哲学与意识形态的关系，但该书也没有将苏联解体后俄罗斯技术哲学的转向作为研究的重点，因而也存在着不足，需要通过后续研究来完善。

如果说《俄罗斯技术哲学研究》和《苏联技术哲学研究纲领探究》两部著作在研究当代俄罗斯技术哲学问题方面存在这样或那样的缺陷，那么《歧路中的探求——当代俄罗斯科学技术哲学研究》一书则在先前研究基础上实现了重大突破，清晰地勾勒出半个世纪以来苏联-俄罗斯科学技术哲学的历史轨迹。该书从时间范围上，是从沙皇俄国时期到苏联时期再到当今俄罗斯三个历史阶段，并没有把 1991 年底苏联解体至今的俄罗斯技术哲学转向当作关注的焦点；从研究范围上，该书将苏联-俄罗斯的科学哲学和技术哲学全部纳入研究范围，并没有将技术哲学及其转向作为研究的重点，有关技术哲学的研究仅出现在书中的第五章、第六章和第七章；从研究特点上，该书以人物为线索，介绍了苏联-俄罗斯科学哲学和技术哲学领域各个时期主要代表人物的主要观点，并没有将俄罗斯当代技术转向的背景、表现和原因作为研究的焦点，尤其没有把俄罗斯技术哲学当代转向与苏联技术哲学和当代西方技术哲学的关系作详细比对和分析。而且，目前国内学者对俄罗斯当代技术哲学的研究还太过零散，没有人对其进行系统而深入的研究，尤其未能从整体上揭示俄罗斯当代技术哲学相对于苏联时期发生何种转变，以及人们对传统马克思主义技术哲学态度的变化及其评价，因而可以说我国学者对俄罗斯当代技术哲学研究的不足一直存在。

如果说，以上是针对我国学者关于苏联-俄罗斯技术哲学的三部代表性专著提出的具体问题与不足，那么接下来再从宏观角度来分析我国学者关于苏联-俄罗斯技术哲学研究在整体上存在的缺陷。

第一，研究者少、研究域狭窄。受苏联解体影响，国内学者曾一度失去方向，无心研究苏联-俄罗斯问题。如今苏联解体多年，但是无论对苏联时期技术哲学，还是对当今俄罗斯技术哲学的研究，在国内仍属冷门方向。这除了与技术哲学在俄罗斯哲学中的地位相联系外，还与国内缺少同时具有自然科学功底、哲学功底和俄语翻译功底的研究者相关。这使得我国学者对当今俄罗斯技术哲学尤其是当前俄罗斯技术哲学转向关注不多，而且对俄罗斯技术哲学的宏观趋势研究远远多于对其技术哲学具体内容的研究。

第二，研究范围和层面单一。苏联解体后，我国学术界经过十多年的发展，出现了对俄罗斯哲学研究从低谷到复苏的发展过程。但是，相关研究主要是针对苏联-俄罗斯哲学进行概述反思和引介宗教哲学成果，鲜有人提到科学技术哲学，尤其技术哲学。我国当前专门研究苏联-俄罗斯技术哲学的文章多数从宏观角度对其进行总体性评价，学者在研究中或是进行纵向的历史分期，或是进行横向的派别划分，或是揭示总体态势，或是驻足某一问题。这样的研究优点很多，但缺陷也不少，它往往只能给人以一种现象层面的认识，无法呈现立体的、多层面的、多角度的系统分析。

第三，忽视特色，缺少主线。苏联-俄罗斯技术哲学具有不同于西方技术哲学和中国技术哲学的鲜明的俄式风格，但是在我国学者的研究中并没有体现出这一特点。而且综观我国学者的研究成果，竟然无法找出贯穿俄罗斯技术哲学思想的主线。那么，当今俄罗斯技术哲学到底有没有主线？如果有，主线是什么？如果没有，原因是什么？

第四，缺乏深层原因分析。当前我国学者有关俄罗斯技术哲学的研究成果多属于介绍性质的文章，这些文章向人们展示了俄罗斯技术哲学的整体态势或局部面貌，但是并没有揭示其背后的深层原因。当今俄罗斯技术哲学转向的主要表现到底是什么？引起技术哲学发生转向的深层社会原因是什么？除了科学、技术、经济、社会等因素之外，是否与苏联解体有关？是否与其斯拉夫文化及宗教哲学有关？从苏联到俄罗斯、从社会主义到资本主义，技术哲学的指导思想发生了怎样的变化？技术哲学本身发生了何种变化？技术哲学的未来走势又将如何？意识形态改变对技术哲学的发展是否有影响？如果有，到何种程度？是怎样一种作用模式？这些是更为根本和重要的问题。

第五，评价单一。在对苏联-俄罗斯哲学进行评价时，往往存在不能客观公正地评价其哲学（包括其技术哲学）的情况，这在苏联及俄罗斯学者的论述中最为常见。产生这种状况的最直接原因就在于，苏联解体所导致的意识形态的变化。苏联解体后，高压政治解除，致使现今舆论导向从一个极端转向另一个极端。可以说，这种状况也在一定程度上阻碍了我国学者对该问题做出客观公正的评价。

第六，没有对俄罗斯技术哲学进行历史定位。当今俄罗斯技术哲学既与苏联时期不同，又与欧美技术哲学相区别。因此，研究当今俄罗斯技术哲学与苏联时期技术哲学的关系，研究俄罗斯技术哲学与当今主流的西方技术哲学的关系就显得尤为重要。特别是，如何评价俄罗斯技术哲学的功过得失，应当成为有心致力于该问题的学者尤其要关注的重要问题。

第二节 俄罗斯当代技术哲学转向研究的必要性和可行性

迄今，俄罗斯技术哲学的发展经历了沙皇俄国时期、苏联时期和俄罗斯当代三个主要时期。本书所指的正是第三个时期，即从 1991 年 12 月苏联解体至今的时间周期。上述对苏联-俄罗斯技术哲学研究的成绩与不足的分析，恰恰为“俄罗斯当代技术哲学转向问题”研究奠定了重要的前提基础。本书既是对苏联时期技术哲学发展道路的回应，又是对当前俄罗斯技术哲学发展过程的总结和反思。

一、俄罗斯当代技术哲学转向问题研究的必要性

苏联解体后，1993 年由著名哲学家 B. C. 斯焦宾主编出版了《哲学教学大纲》，此书供高校教师进修班用，实质上是代表国家级水平的哲学教科书。该书分为五个部分：哲学史、社会哲学、认识论与认识科学、科学哲学与技术哲学、逻

辑与分析哲学[1]。这表明在哲学的众多分支学科中，技术哲学占有一席之地。

如今，苏联解体多年，俄罗斯当代技术哲学发生了何种转向？俄罗斯当代技术哲学发生转向的历史背景是什么？转向的主要表现是什么？发生转向的社会原因有哪些？哪些是由苏联-俄罗斯自身发展的独特性导致的？哪些是由世界发展的大趋势导致的？俄罗斯当代技术哲学的主要内容是什么？特色思想是什么？导致这些特色思想的原因是什么？除了科学技术等直接因素之外，是否与其斯拉夫文化背景及其宗教哲学有着密切关系？俄罗斯当代技术哲学思想与苏联时期技术哲学思想有何异同？与当代西方技术哲学思想有何异同？从苏联到俄罗斯、从社会主义到资本主义，技术哲学指导思想发生了怎样的变化？技术哲学本身发生了何种变化？它的未来走势如何？俄罗斯技术哲学的独特性是什么？苏联-俄罗斯技术哲学转向所反映出来的世界技术哲学普遍具有的共性特征是什么？当代俄罗斯学者对传统马克思主义的态度与评价如何？社会意识形态的改变对技术哲学的发展是否有影响？如果有，到何种程度？是怎样一种作用模式？俄罗斯技术哲学转向提供给中国技术哲学发展的教训与启示是什么？上述问题不仅是我国学者关注的焦点，同时也是国外学者关注的焦点。因而，本书的理论意义在于：作为技术哲学创始国之一，俄罗斯技术哲学在世界技术哲学界具有重要地位，全面深入研究俄罗斯当代技术哲学转向的表现及其代表性成果，对我们把握当今世界技术哲学的整体图景、发展态势具有重要意义。本书的实践意义在于：苏联与我国同属社会主义国家，其哲学模式一度影响中国，如今苏联解体已三十年，俄罗斯技术哲学发生了重要变化，并已形成阶段性成果，此时研究经历曲折发展道路的苏联-俄罗斯技术哲学的当代转向，并揭示转向背后的深层社会动因，必将会为我国技术哲学的未来发展提供重要启示。

二、俄罗斯当代技术哲学转向问题研究的思路、内容和方法

本书不仅有充分的立项依据和前期基础，而且有研究的可行性与必要条

---

① 聂锦芳. 万花纷谢一时稀——俄罗斯哲学研究现状分析. 国外社会科学，1995（3）：21.

件。具体的研究思路、框架结构、重点、难点、创新点以及研究方法如下。

（一）研究的思路与结构

本书的研究思路是：以“俄罗斯当代技术哲学转向”为关键词，分为六个部分，围绕“转向”这个关键词展开研究。

绪论部分主要论述我国学者和俄罗斯本国学者对苏联-俄罗斯技术哲学问题研究的概况，分析先前研究取得的成绩与不足，并在此基础上论述“俄罗斯当代技术哲学转向”问题研究的必要性和可行性，指出本书的基本思路、内容、方法及其创新之所在。

第一章主要介绍俄罗斯当代技术哲学转向的历史背景。这一部分将苏联时期技术哲学研究的主要成就作为俄罗斯当代技术哲学转向的历史背景，一方面揭示苏联时期技术哲学独具特色的研究纲领，另一方面分析苏联时期技术哲学的特色优势及其历史局限性，为研究“俄罗斯当代技术哲学转向”做前期准备。

第二章主要分析概括俄罗斯当代技术哲学在指导思想、研究主题、研究视角和价值取向方面发生的重要变化，以及学者对传统马克思主义态度的变化等。在此要突出俄罗斯当代技术哲学转向的主线是什么，避免各种转向之间关系松散，无法浑然一体。要揭示各种转向的变化过程和表现，突出当今俄罗斯技术哲学不同于苏联时期的主要内容及特色思想、代表人物和代表作，并追溯其历史渊源。指出从苏联到俄罗斯，技术哲学指导思想从马克思主义一元论转向多元论；研究主题从个性化走向大众化；价值取向是从重视科学技术实效性的工程技术哲学传统到重视“人的因素”的人文技术哲学传统的转向。

第三章对俄罗斯当代技术哲学发生转向的社会动因进行分析。具体说来，一方面从俄罗斯国内的个性因素进行分析，包括政治、文化、哲学等方面的原因；另一方面从世界范围内的共性因素进行分析，包括科学技术经济一体化、世界范围内文明论和文化热的兴起，以及西方主流思潮的渗透等因素。应当说，分析俄罗斯当代技术哲学转向的原因，是本书的难点之一。

第四章主要从动态角度研究俄罗斯当代技术哲学与苏联时期技术哲学的批判继承关系，以及俄罗斯当代技术哲学与西方技术哲学由对立到趋同的演化关系：一方面，从时间上将这种发展变化划分为对立期、转折期和趋同演化期。

另一方面，指出它们对立和趋同的表现；并在此基础上进一步预测俄罗斯技术哲学未来民族化与国际化相结合的发展趋势。

第五章主要分析俄罗斯当代技术哲学的独特性，揭示俄罗斯当代技术哲学的二元性质；分析俄罗斯技术哲学的功过得失及其在世界技术哲学界所处的地位。此外，还要以苏联解体后俄罗斯当代技术哲学转向为个案，分析意识形态对技术哲学的影响，概括出技术哲学不同于哲学其他分支学科所具有的一般特征，对技术哲学学科的特殊性作出新的诠释。最后，全面分析俄罗斯技术哲学发展道路为我国技术哲学和社会发展提供的教训与启示，这是本书的目标和落脚点。

（二）研究的重点、难点与创新

本书的重点在于：一是准确揭示俄罗斯当代技术哲学转向的表现和主线。因为“转向”是本书的关键词，只有准确抓住转向的表现和特点才能揭示俄罗斯当代技术哲学的主导趋势，对其进行准确定位与评价。二是全面揭示俄罗斯当代技术哲学发生转向的深层社会原因。要从俄罗斯国内科学、技术、经济、哲学、政治、宗教、文化等多个层面，以及国际因素影响等多个角度，深入挖掘转向背后的深层社会原因，这有助于分析俄罗斯技术哲学的特殊性，分析技术哲学不同于哲学其他分支学科的特点，有助于为我国技术哲学发展提供借鉴与启示。

准确揭示俄罗斯当代技术哲学转向的主要表现和发生转向的社会原因，也是本书的难点。这是因为俄罗斯技术哲学经历二十多年的发展，发生了重要变化。其间俄罗斯学者发表出版的重要俄文文献的搜集、翻译、梳理的工作量很大，是个挑战。本书另一个难点是对当今俄罗斯技术哲学进行准确定位与评价。一方面，俄国是技术哲学创始国之一，其技术哲学在世界技术哲学领域占据重要地位。另一方面，苏联时期技术哲学被批判，技术哲学在其他名义下被研究，形成了独特的技术哲学研究纲领；而如今俄罗斯当代技术哲学与前两个阶段呈现出错综复杂的关系。因而对其进行准确的定位与客观的评价，成为本书不能回避而又颇为棘手的问题。

本书的突破与创新在于：首先，在大量翻译原文第一手材料的基础上，系统研究苏联解体后俄罗斯当代技术哲学在指导思想、研究主题、研究视角和价值取向上发生的重要转向，使人们了解经历曲折发展道路的苏联技术哲学的归宿与发展走向。其次，从俄罗斯国内科学、技术、经济、哲学、政治、宗教、文化等多个层面，以及国际因素影响等多个角度，深入挖掘这些转向背后的深层社会原因，为我国技术哲学发展提供借鉴与启示。最后，研究俄罗斯当代技术哲学与苏联技术哲学的批判继承关系，与西方技术哲学的对立趋同关系，在此基础上进一步揭示俄罗斯技术哲学的独特性和特殊地位，从而完善人们对当今世界技术哲学整体图景的认识。

（三）研究方法

本书主要采用了历史综述与逻辑分析相结合的方法，即采用苏联-俄罗斯技术哲学发展史与技术哲学思想史相结合的方法。同时还采用了如下具体研究方法。

第一，归纳法、分类法。主要用于对俄罗斯当代技术哲学转向的表现和特色进行梳理、分类，并对苏联-俄罗斯技术哲学发展阶段进行分期。

第二，分析法。主要用于分析俄罗斯当代技术哲学发生重要转向的社会原因，并分析各种原因之间的内在关联。

第三，对比法。主要用于对比俄罗斯当代技术哲学与苏联技术哲学的批判继承关系，与西方技术哲学的对立趋同关系，进而揭示俄罗斯当代技术哲学的二元性质。

第四，模型法。主要用于研究意识形态变化对技术哲学的影响。

第五，综合法。主要用于总结苏联-俄罗斯技术哲学的特征及其历史发展脉络，总结俄罗斯技术哲学在世界技术哲学中所处的地位和当今世界技术哲学的总体图景。

第六，演绎推理法。主要用于研究俄罗斯技术哲学的功过得失及其为我国技术哲学发展提供的教训和启示。

第一章 俄罗斯当代技术哲学转向的历史背景

“俄罗斯当代技术哲学”指的是苏联解体至今的俄罗斯技术哲学。之所以谈“转向”是为了与苏联时期技术哲学形成呼应。从这个意义上讲，苏联时期技术哲学的内容与特色就成为俄罗斯当代技术哲学转向的重要基础与背景。

恩格尔迈尔是俄罗斯著名技术哲学家，也是世界技术哲学创始人之一。他在 1912 年 2 月 11 日为皇家莫斯科高等技术学院的大学生做了题为《技术哲学》的讲演，同年在此次演讲的基础上恩格尔迈尔出版了《技术哲学》第一卷，此后的两年间他又陆续出版了其余三卷。正因如此，俄罗斯成为世界技术哲学创始国之一，研究这一国度的技术哲学也因此变得尤为必要。恩格尔迈尔的一生在时间上跨了两个重要时期——沙皇俄国时期和苏联时期，在空间上跨了两个地域——苏联本土和流亡的国外。与此相关联的是，在恩格尔迈尔流亡国外期间，苏联技术哲学形成了独具特色的研究纲领，并且随着苏联解体，这个研究纲领发生重要变化。为了清晰揭示这一变化，有必要交待苏联时期技术哲学的主要内容、重要特色及其历史功绩与局限性。

第一节 苏联技术哲学的主要成就

苏联时期技术哲学的主要成绩体现在四大方面：对技术科学（техническая

наука）哲学问题的系统研究、对技术本质论与技术系统构成论的揭示、科学技术演化论的提出、科学技术发展的人道主义价值观的建立。

一、技术科学的哲学问题

著名哲学家弗罗洛夫（И. Т. Фролов）曾经强调：正是在60至80年代（指20世纪60至80年代——笔者注），通过哲学家们和其他科学代表人物的努力，创立了强大的科学方法论（哲学）研究流派。它今天被公认在许多方面达到了世界思想水平。[①] 其中就包括学者对技术科学方法论的研究。技术科学方法论是苏联时期技术哲学内部极具特色的研究方向，同时也是苏联技术哲学研究中受意识形态干扰最弱的领域。苏联时期，技术科学哲学问题研究受政治因素影响不大，它主要是受技术本身发展和自然科学哲学问题研究的影响，可以说苏联技术科学方法论在一定程度上是其自然科学方法论的延续。学者关于技术科学方法论的研究主要体现在：揭示技术科学的起源，划分技术科学发展的历史时期，描述技术科学在对象、结构、功能、主要任务等方面所具有的重要特征，还分析了技术科学数学化的重要性与发展历程。

（一）技术科学的起源

俄罗斯著名技术哲学家 В. Г. 高罗霍夫是这样给技术科学下定义的："技术科学是有目的地将自然界的事物和过程改造成技术对象，并且是关于构建技术活动的方法，同时也是关于技术对象在社会生产体系中起作用方式的特殊的知识系统。"[②] 关于技术科学起源问题的研究与对技术知识的理解有关。当把技术知识理解成技术科学作为独立科学之前的低层次、未被理论化的认识时，苏联技术哲学家注意到"技术知识在技术科学，甚至在自然科学产生前的很长时间内就已经存在了，并且它与人们在对象活动中所形成的对习惯、概念、认识的

---

① 弗罗洛夫. 哲学和科学伦理学：结论与前景. 舒白译. 哲学译丛，1996（Z3）：31.

② Горохов В Г, Розин В М. Философско-методологические исследования технических наук. Вопросы философии，1981（10）：173.

思考和概括相联系”。[①]而在更多的时候，技术知识则被理解为技术科学中低层次、未被理论化的认识或者技术科学的基本单位，是表述技术科学的最基本、最简单的“细胞”。Б. И. 伊万诺夫（Б. И. Иванов）和 В. В. 切舍夫（В. В. Чешев）在他们合著的《技术科学的形成与发展》（*Становление и развитие технических наук*）一书中特别强调：只有在经验科学出现之后，技术知识才能获得理论特征。而且那时科学的技术知识的出现与转向机器生产相联系，也就是说，工程实践需求促成科学的技术知识的出现。他们的观点表明了经验科学在技术科学形成过程中的基础作用，以及技术科学的形成对于生产需求的依赖关系。В. Г. 高罗霍夫和 В. М. 罗津也表达了类似的观点，他们认为“是机器生产和资本主义生产关系的发展引发了技术科学的建立；技术科学出现的结果是技术科学从自然科学中分离出来，成为独立的领域；工程师的认识活动和高等技术学校的出现促进了技术科学的形成”。[②] 但是具体说来，В. Г. 高罗霍夫和 В. М. 罗津的观点与 Б. И. 伊万诺夫和 В. В. 切舍夫对于技术科学形成的宏观描述有所不同，前者的观点则更具微观特征。他们认为技术科学至少有两种形成途径：第一种途径是技术科学从基础科学、自然科学、探索性科学的研究中分化出来；而第二种途径是在先前彼此互不联系的各种知识、模型、概念和原则的基础上形成技术科学的统一的理论体系[③]。也就是说，在前一种情况中，技术科学的形成源于基础科学的纵向延伸，或者更确切地说它是应用基础科学而产生的结果；而在后一种情况中，技术科学的产生是各种知识横向搭构的结果。

（二）技术科学发展的历史时期

В. Г. 高罗霍夫和 В. М. 罗津还进一步对技术知识（技术科学）进行了历史分期。他们认为技术知识（技术科学）的发展过程中存在四个阶段：第一个阶段是前科学阶段（15 世纪中叶之前），第二个阶段是技术科学的产生阶段（15

---

① Горохов В Г, Розин В М. Философско-методологические исследования технических наук. Вопросы философии，1981（10）：175.

② Горохов В Г, Розин В М. Философско-методологические исследования технических наук. Вопросы философии，1981（10）：175.

③ Горохов В Г, Розин В М. К вопросу о специфике технических наук в системе научного знания. Вопросы философии，1978（9）：80.

世纪下半叶到19世纪70年代），第三个阶段是技术科学的经典阶段（19世纪70年代到20世纪中叶），第四个阶段是技术科学的现代阶段（20世纪中期至今）。在前科学阶段，合乎逻辑地形成了三种类型的技术知识：实践方法论知识（практико-методическое знание）、工艺学知识（технологическое знание）和设计技术知识（конструктивно-техническое знание）。在技术科学的产生阶段，发生了下列事件：首先在将自然科学知识应用于工程技术实践的基础上形成了科学的技术知识，其次出现了最初的技术科学。在技术科学的经典阶段，技术理论的建立成为其特点。在技术科学的现代阶段，技术科学发展的特征在于：技术科学与综合性研究、与自然科学和社会科学的一体化相联系，与此同时，还产生出技术科学与自然科学和社会科学进一步分化和“分裂”的过程[①]。苏联学者的这一分析与科学史的发展完全吻合，既显示了他们的技术哲学理论的解释力，又显示了他们的技术哲学理论的洞察力。

事实上，技术科学一经产生，就显现出其不同于自然科学和社会科学的独有特征。而且，这种独特性更多反映在其与自然科学的区别上。具体说来，苏联学者主要从技术科学的对象、技术科学的结构、技术科学的功能、技术科学的主要任务等方面来阐述技术科学的重要特征。

（三）技术科学的对象

关于技术科学的研究对象问题，В. Г. 高罗霍夫和 В. М. 罗津的观点颇具代表性。他们认为，技术科学一方面研究技术对象，另一方面研究技术活动。他们在《技术科学的哲学方法论研究》的文献综述中写道：“确定技术科学的对象和客体建立在对知识客体和活动客体区别的基础之上，即作为工程技术活动产品的技术对象是技术科学研究的客体，并且它在技术知识中（这里技术知识指的是构成技术科学的最基本的单位，是组成技术科学的基本‘细胞’——笔者注）体现出来……但是由于技术科学不仅定位于技术对象上，还定位于技术活动的程序标准上，因此通常可以把生产技术活动看成是技术知识的对象。”[②] 而

① Горохов В Г, Розин В М. Философско-методологические исследования технических наук. Вопросы философии, 1981（10）：175.

② Горохов В Г, Розин В М. Философско-методологические исследования технических наук. Вопросы философии, 1981（10）：173.

且他们还特别强调，技术对象又有“天然的”和“人工的”之分，他们认为：“在技术科学中可以统计出两个技术对象：自然的技术对象和人工的技术对象……技术对象的人工性在于，它们是人类活动的产物。它们的天然性首先在于，所有人造对象归根到底都是由天然的（自然界的）材料制成的。此外，技术对象的功能是这种规律或那种规律的表现形式。”[①] 而 A. H. 鲍戈柳波夫（A. H. Боголюбов）则在技术科学与其他学科的关联中找到了这一特征的原因。他指出：“技术科学不仅与自然科学（这决定了技术科学的‘天然的’特征）相联系，而且还与经济学和人文科学有着不同的、极为重要的交叉（而这一点则相对于它的‘人工的’特征）。”[②]

（四）技术科学的结构

在对比自然科学理论和技术科学理论的结构时，В. Г. 高罗霍夫指出，自然科学理论和技术科学理论的结构均可分为三个基本组成部分，即本体论模式、数学工具和概念工具，但其含义却有很大差异。自然科学理论的本体论模式是指在一定的理想化实验中的理想对象的总和。而技术科学理论的本体论模式可分为三个基本层次：以数学描述为目标的函数图像；在工程对象中进行的自然过程的联动模式；表现为构造参数和工程计算的结构模式，即研究对象的结构。此外，在自然科学理论中，数学工具首先是为了实验计算，它们是建立和证明所获得的理论知识的手段。本体论模式和数学工具的应用总是围绕一定的概念。从这一点看，概念工具是必需的，它是本体论模式和理论数学化与实验以及其他活动形式之间联系的桥梁。而在技术科学理论中，数学工具同样起着多方面作用：第一，用它来对工程对象的结构和工艺参数进行工程计算；第二，用它来分析和综合技术的本体论模式；第三，用它来研究发生在工程对象中的自然过程[③]。可以看出，技术科学理论结构中的三个要素要比自然科学理论结构中的要素更为复杂。其原因恰恰在于技术手段具有特殊性，它是主体和客体相互联系的中介，而且它往往比自然科学理论更多兼顾实践的方面。

---

① Горохов В Г, Розин В М. Философско-методологические исследования технических наук. Вопросы философии，1981（10）：173.

② Боголюбов А Н. Математика и технические науки. Вопросы философии，1980（10）：81.

③ Горохов В Г. Структура и функционирование теории в технической науке. Вопросы философии，1979（6）：90—96.

（五）技术科学的功能

在对比自然科学理论和技术科学理论的功能时，B. Г. 高罗霍夫指出，自然科学理论的功能主要是反映自然过程、研究理论问题，以预测和描绘理论发展的未来状况，数学关系和实验结果在自然科学理论中只起辅助的作用。而在技术科学理论中，情况则完全不同，技术科学理论功能的起点和归宿都是为了对工程对象的技术结构和工艺参数进行理想描述。技术科学理论功能的实验层次不仅仅包括实际上是以概括工程师的工作经验为目标的结构技术和工艺知识，而且还包括特殊的实践方法知识。当前工程研究的主要目的是：把在技术科学理论中获得的理论知识转换成实践方法，提出新的科学问题。这些问题是在建立工程对象的各个阶段中，在解决工程问题的过程中产生的，而且它们将会传播到技术领域当中去，以实现技术理论的功能[①]。

（六）技术科学的主要任务

B. Г. 高罗霍夫和 B. M. 罗津在论及基础科学与技术科学的关系时指出，现代工程研究的发展，必然引起一系列新的基础科学的产生。这样一来，现代科学知识的应用方法就更加复杂化，不能再把它简单地看作是基础科学知识对一定范围的工程实践的应用[②]。他们还进一步论述了技术科学与科学知识和工程活动的区别。首先，技术科学的形成与科学知识、模型、概念、原理结合起来整个用于工程实践是有区别的：前一种情况说的是独立学科的建立，这意味着各种不同科学知识、模型、概念和方法被应用于一定的研究对象，并建立起理想模式及其转换程序，形成现有学科所需要解决的基本问题和任务；后一种情况指的是在解决具体的工程任务过程中，各种科学知识、方法、模型和原理的系列化和组织化的过程。[③]从这个意义上讲，作为科学知识集合的自然科学的任务

---

① Горохов В Г. Структура и функционирование теории в технической науке. Вопросы философии，1979（6）：97—101.

② Горохов В Г, Розин В М. К вопросу о специфике технических наук в системе научного знания. Вопросы философии，1978（9）：73.

③ Горохов В Г, Розин В М. К вопросу о специфике технических наук в системе научного знания. Вопросы философии，1978（9）：79—80.

在于“揭示和研究新的自然规律，预测自然过程的发展”[①]；而作为技术知识集合的技术科学的任务在于“从实践上利用这些成果（指的是自然科学的成果——笔者注），研究自然规律在技术设备中的作用，以及运用知识和计算保障工程技术活动”。[②] 其次，技术科学中的理论研究同工程活动中的研究的区别在于：前者主要是解决“内部的”理论任务、提出新的理论问题、证明新的理论等，这种研究可以满足纯理论科学的许多要求，如科学论证的严密性、理论描述的一贯性等；后者的目的在于获得某种特定的科学知识、模型和方法，用以直接解决一定的工程任务，进行有针对性的、具体的计算。[③]

（七）技术科学数学化的重要性与发展历程

早在 1932 年，以 И. Г. 阿列克桑德洛夫（И. Г. Александров）为代表的新兴力量与保守的专家们进行了激烈的论战，指出了数学是工程师不可缺少的素质和能力。这一年他在《技术》杂志上发表的《为了从数学方面培养工程师》一文中写道：“我们年轻的工程师不好好掌握数学工具，这已经……不是工程师了，而是工匠……从完整意义上讲，没有数学知识，工程师这个词是不可思议的。没有数学，任何事都不能做：不能建桥梁，不能建大坝，不能建水力发电站。缩小教授数学的范围是犯法行为。应当在尽可能大的范围内研究数学，而且更为重要的是，要尽可能扎实。”[④] 此外，А. Н. 鲍戈柳波夫还特别突出数学对实验技术的影响，他指出“实验技术不仅要经常完善，而且在分离成为独立科学的同时，有关实验的学说处于数学的不断增长的影响之下”。[⑤] 可见，技术和技术科学离不开数学，数学是技术科学不可缺少的重要组成部分。

尽管技术科学与自然科学有明显区别，但在数学化方面，两者却有着极大的共性，技术科学的发展趋势也必将是数学化的。而且严格说来，只有数学化

---

① Горохов В Г, Розин В М. Философско-методологические исследования технических наук. Вопросы философии，1981（10）：174.

② Горохов В Г, Розин В М. Философско-методологические исследования технических наук. Вопросы философии，1981（10）：174.

③ Горохов В Г, Розин В М. К вопросу о специфике технических наук в системе научного знания. Вопросы философии，1978（9）：79.

④ Александров И Г. За математически образованного инженера. Техника，1932（118）：3.

⑤ Боголюбов А Н. Математика и технические науки. Вопросы философии，1980（10）：86.

的技术知识才能成为技术科学的组成部分；否则，只能称其为技术知识。A. H. 鲍戈柳波夫把科学的数学化分为三个阶段。他认为，第一个阶段持续时间的长短取决于科学的内容和科学形成的历史，即事实的积累，在这个发展过程中所建立起的一套学说称为理论科学。理论科学观念应当适合于观察和实验，而不能与它们相矛盾。此时，对产生于第一个阶段的事实和现象的定量评价时有时无，但它不影响一般性理论的建立。第二个阶段是对个别现象和过程建立数学模型。此时，某些理论问题被翻译成数学语言，对这些问题的定量评价在科学体系中占据越来越重要的地位。在这种情况下，不仅要使用现有的数学工具，有时当这些仪器对于描述现象和过程不够充分时，研究者就会在这一具体的知识领域内建立自己特有的数学工具，以保障比较满意地解决一个局部事件或一组局部事件，由此形成具体科学与数学的相互补充。第三个阶段为整套理论建立数学模型。出现了数学和具体科学的进一步的相互渗透，即通过利用具体科学的某些基本原理建立起纯数学的解决办法。从这时起可以说有了数学理论或数学科学，分析力学和数学物理是这种论点的典型例子[①]。

二、技术本质论与技术系统构成论

思考和反思是哲学的主要内容。在技术哲学众多问题中，首先应当回答的就是“技术是什么”的问题，苏联技术哲学家的回答具有鲜明特色，显示出他们对此问题的独到见解。应当说，技术本质论和技术系统构成论是在技术科学哲学问题之外的苏联技术哲学研究的另一个重要议题。

（一）技术本质论：劳动手段说—活动手段说—知识体系说—综合说

苏联时期技术哲学研究主要涉及以下四个领域：技术史、技术的哲学问题、技术科学的方法论和历史、设计和工程技术活动的方法论和历史[②]。其中技

① Боголюбов А Н. Математика и технические науки. Вопросы философии，1980（10）：83—84.

② Розин В М, Горохов В Г, Алексеева И Ю, и др. Философия техники: история и современность. М.：ИФ РАН, 1997.

术的本性（природа）和本质（сущность）是技术哲学不能回避的主要问题，这一问题的分歧集中表现为对技术定义的不同理解上。具体说来，苏联学者往往从技术发展的规律、技术的特征、技术在劳动中的地位，以及技术与经验之间的关系等方面定义技术。正如 Н. И. 德尔雅赫洛夫（Н. И. Дряхлов）在《论技术的定义及其发展规律的若干问题》一文中写到的："被我们突出出来的作为特殊社会现象的技术的发展规律、技术的基本性质和特征、技术在人的劳动活动中的地位，以及技术与人们在认识和利用自然规律和自然过程的经验之间的关系，使得我们形成了对于技术的最一般性的认识，达到对技术定义的准确表述。"[①] 但是即使在这个大前提下，对于技术的理解仍有不同，我们主要概括出四种不同的技术定义。

最初，苏联学者对于技术本质的理解主要建立在马克思对于劳动理论认识的基础之上。学者们从工程学的角度研究技术，技术被看作是技术发明和技术设备（工具和机器），或者从更广泛意义上讲，技术就是劳动手段，这种观点在苏联时期最具代表性，并且它最早于 1952 年由 А. А. 兹沃雷金（А. А. Зворыкин）提出[②]。在苏联文献（这里可以说也包括国外马克思主义研究者的著作）中，往往从发挥职能的角度把技术作为社会生产劳动的总和。А. А. 兹沃雷金指出，技术可以被定义为在社会生产系统中不断发展的劳动手段。[③] С. В. 舒哈尔金（С. В. Шухардин）同样清楚地证明自己在技术定义问题上与一系列苏联学者和国外马克思主义学者的不同意见，并提出自己的技术定义，认为技术是在社会生产体系中不断发展的劳动手段。[④] Н. И. 德尔雅赫洛夫也表达了类似的观点，他认为"在劳动中有三个成分：人、劳动手段（技术）和劳动对象"[⑤]。可见，他把劳动手段同技术等同起来。其实"类似的技术定义（在没有太大变化的情

① Дряхлов Н И. К вопросу об определении техники и о некоторых закономерностях её развития. Вестник Московского университета. Серия 7, философия，1966（4）：56—57.

② Дряхлов Н И. К вопросу об определении техники и о некоторых закономерностях её развития. Вестник Московского университета. Серия 7, философия，1966（4）：57.

③ Мелещенко Ю С. Техника и закономерности её развития. Вопросы философии，1965（10）：4.

④ Дряхлов Н И. К вопросу об определении техники и о некоторых закономерностях её развития. Вестник Московского университета. Серия 7, философия，1966（4）：57.

⑤ Дряхлов Н И. К вопросу об определении техники и о некоторых закономерностях её развития. Вестник Московского университета. Серия 7, философия，1966（4）：51.

况下）被大量苏联技术史家和社会学家所坚持”[①]，此外这一定义的拥护者还包括苏联科学院自然科学和技术史研究所的全体作者，以及著名的社会学家Г. В. 奥西波夫（Г. В. Осипов）和其他一些人[②]。我们将上述观点统称为“劳动手段说”。

但是后来人们注意到“劳动手段”的概念并不能准确地表达技术的定义，原因有二：一方面，“劳动手段总和”的概念比所要表达的技术概念更广泛，因为家畜、土地，甚至在一定条件下人的器官都是劳动手段，但它们却不能归属于技术；另一方面，“劳动手段总和”的概念把社会生活和人类其他活动领域中所采用的诸多技术形式排除在技术定义之外，如没有包括军事技术、医疗技术、通信技术等重要的技术手段。К. 捷斯曼（К. Тессман）在其1963年出版的《科学技术革命问题》一书中，对将技术定义为劳动手段进行了严厉的批评[③]，他提议将技术更广泛地定义为“社会所建成的一切物质手段和在整个社会范围内的方法”[④]。在此他用“一切物质手段”代替“社会生产体系中的劳动手段”，显然这已经扩大了原来技术所指的范围。在此之后，Ю. С. 梅列先科（Ю. С. Мелещенко）在自己的文章《技术及其发展规律》中指出：“总的说来，从发挥职能的角度可以将技术定义为人们合理活动和积极谋求社会生存的物质手段的总和……在这个定义中代替劳动手段的是人们合理活动的物质手段。问题就在于，尽管劳动是最重要的活动方式，但却不是体现合理活动的唯一方式……此时技术不是劳动手段，但却是人们合理活动的物质手段。”[⑤] 为了揭示技术的目的性和过程性，Ю. С. 梅列先科进一步明确技术的定义，他认为：“技术是人在有目的地利用自然界的材料、规律和过程的基础上建成并应用的物质总和，是人类目的明确的活动（首先是劳动，特别是生产活动）的物质手段。”[⑥] 总之，Ю. С. 梅列先科技术定义的中心意思就是要说明，技术是人类活动的物质手段。Г. Н. 瓦尔科夫（Г. Н. Волков）也提出了类似的观点，而且在他的观点中更加突出技术的人类学

---

① Дряхлов Н И. К вопросу об определении техники и о некоторых закономерностях её развития. Вестник Московского университета. Серия 7, философия，1966（4）：57.

② Кудрявцев П С, Конфедератов И Я. История физики и техники. М.：Учпедгиз，1960：3.

③ Тессман К. Проблемы научно-технической революции. М.：ИЛ，1963：119—128.

④ Тессман К. Проблемы научно-технической революции. М.：ИЛ，1963：136.

⑤ Мелещенко Ю С. Техника и закономерности её развития. Вопросы философии，1965（10）：6.

⑥ Мелещенко Ю С. Техника и закономерности её развития. Вопросы философии，1965（10）：7—8.

意义，他认为技术是具有社会性的人的活动所制成的人造工具系统，是控制自然界的工具系统，该系统的建立以劳动功能、习惯、经验和知识物质化为自然材料这一历史过程为中介，还以认识和从生产方面利用自然力和自然规律为中介。我们可以将上述定义合称为“活动手段说”。

如果说技术的上述定义具有实体性的特点，那么 Г. И. 舍梅涅夫（Г. И. Шеменев）对技术的理解则更倾向于抽象的知识形态，他对技术的认识完全建立在对技术科学的理解上。Г. И. 舍梅涅夫把技术科学看成是科学认识活动的特殊形态和知识的特殊体系。他认为：“技术科学是有目的地将自然界的事物和过程改造成技术对象，并且是关于构建技术活动的方法，同时也是关于技术对象在社会生产体系中起作用方式的特殊的知识系统。”[①] 他认为广义的技术科学定义还应包括产生科学知识的科学技术活动和从事该活动的社会知识分子[②]。可见，Г. И. 舍梅涅夫把技术看成是具有改造客体功能的知识体系，我们可以称之为“知识体系说”。有关技术科学的内容，我们在之前的“技术科学的哲学问题”中已有详细论述，在此不再赘述。

Н. И. 德尔雅赫洛夫通过研究苏联学者们关于技术的定义，看到了“劳动手段说”、“活动手段说”和“知识体系说”各自的合理性，因而他试图结合它们的长处给出自己对技术的定义：“技术针对劳动手段生产方式来说是具有历史复杂性的，被人运用在自身一切有目的活动（科学的、医学的、体育的、生活中的等）范围内的工程技术装置和机器，并且这些装置和机器是自然过程、自然规律以及人们在实现自然与社会之间的物质交换而进行的社会劳动过程中所获得的经验、知识和习惯的物质化和利用的形式。”[③] Н. И. 德尔雅赫洛夫对技术定义的整合可以看作是苏联时期的关于技术的“综合说”的早期形式，该定义的缺点和优点正像 Н. И. 德尔雅赫洛夫自己评价的那样：“这个定义看起来还没有彻底解决问题，但是它更接近于对于作为特殊社会现象的技术的本质特征和

---

① Горохов В Г, Розин В М. Философско-методологические исследования технических наук, Вопросы философии, 1981（10）: 173.

② Шеменев Г И. Философия и технические науки. М.: Высшая школа,1979.

③ Дряхлов Н И. К вопросу об определении техники и о некоторых закономерностях её развития. Вестник Московского университета. Серия 7, философия, 1966（4）: 61.

概念范围的揭示。”[①] 这个定义全面真实地反映了技术的功能，不能不说是一个进步。

（二）技术系统构成论：“技术主体—技术手段—技术客体”三要素构成说

苏联学者认为，技术具有自己的构成要素，是一个相对独立的系统。如前所述，苏联早期学者更多从劳动的角度理解和定义技术，他们认为劳动活动包括劳动主体、劳动手段和劳动对象，而且他们将技术等同于劳动手段。对于技术的这种理解其实是将技术的范围缩小到了生产劳动的范围内，它排除了军事、医疗等多方面的技术，因而后来苏联学者扩大技术的范围，将技术等同于活动手段。如果从这个意义上理解技术，那么对应劳动活动的“三要素说”（即劳动主体、劳动手段、劳动对象）可以提出技术活动的“三要素说”，技术活动的三要素指的是：技术主体、技术手段和技术客体。在此我们可以认为劳动活动（生产实践）是技术活动中最主要的形式，因此如果能够把握好劳动及其三要素的关系，并将这种关系演绎到技术活动中，我们就可以较好地把握技术活动及其三个要素。

毫无疑问，技术活动中的技术主体是人。Э. М. 斯米尔诺夫（Э. М. Смирнов）指出，在劳动活动中，“主体是生产劳动活动的承担者，是对于客体发挥积极性的源泉。根据不同的研究水平，个体、社会集团和社会分别充当主体的角色。但在任何情况下，对主体的理解都应从个体和社会的辩证关系出发，也就是说社会是通过个体的活动才成为主体的，而个体则作为社会的代表发挥主体的作用”。[②]

而“客体是自然界中参与主体生产劳动活动的那个部分”[③]。此外值得一提的是，1985 年，在克麦罗沃举行了题为“科学与生产相互关系的形式：历史和现实”的区域科学理论大会。在此次会议中，科学史、工程技术史和设计史问题获得了极大的关注。А. Д. 莫斯科夫钦科（А. Д. Московеченко）论述了技

---

① Дряхлов Н И. К вопросу об определении техники и о некоторых закономерностях её развития. Вестник Московского университета. Серия 7, философия，1966（4）：61.

② Смирнов Э М. Анализ системы «Субъект—техническое средство—объект». Философские науки，1983（1）：24.

③ Смирнов Э М. Анализ системы «Субъект—техническое средство—объект». Философские науки，1983（1）：24.

术发展中的历史分期问题，他把技术的发展看成是从实体技术到能源技术，然后再到信息技术。[①] 可见随着技术的发展，技术客体已经由过去单纯的实物形态客体过渡到实物形态客体与知识形态客体并存的局面。

苏联时期，学者们在论述技术系统的三个要素时，对于技术手段的论述最为充分。Э. М. 斯米尔诺夫把“劳动手段”与“技术手段”完全等同起来。他认为“技术手段就其本质而言是人们具体化的劳动，是主体和客体的具体化关系”[②]。技术手段与自然力之间有着密切的联系，但是技术手段并不是对自然力的直接利用，自然力也不是以自然状态存在于技术手段中的。Э. М. 斯米尔诺夫特别强调，在人类历史中技术手段经历了三个阶段，即工具、机器、自动机，他还在此基础上进一步分析了主体与技术手段之间关系的演化过程。按照Э. М. 斯米尔诺夫的观点，当技术手段处于工具这一阶段时，人既要承担目标执行功能（或者具体说是人操作工具的职能），同时又要承担目标确立功能（或者说是操作的定向职能），人是生产劳动活动的绝对主角，作为技术手段的工具只不过是加速目标完成的配角。而后，人们使用工具和改进工具，引起人的全部生产功能的变化和发展：首先是诸如工作功能、动力功能、传动功能的目标执行功能的急剧变化和发展。工具在一定阶段超出人的体力许可范围，导致由工具突变到机器。与此相适应，在机器阶段人在生产活动中的作用也发生突变——上述目标执行功能从人转移到技术手段，使人从直接执行这些功能中解放出来。尽管目标执行功能此时从人传给了机器，但是目标确立功能仍然保持原样地归属于人，而且这个功能特别得到加强。也就是说，此时人自身从执行操作工具的职能中解放出来，同时扩大了控制活动。而机器的进一步应用和改进又转而使决定机器作用方向的功能（信息功能、逻辑功能、监控功能）迅速发展。这些功能在发展过程中超越了决定机器作用方向的人脑的能力范围，决定了机器向自动机的飞跃。在自动机阶段，不但目标执行功能转移给了技术手段，就连目标确立功能也发生改变，技术手段使人在生产活动中发生突变——从直接执行信息功能、逻辑功能和监控功能中解放出来。

简而言之，正如Э. М. 斯米尔诺夫指出的：技术手段的发展伴随着人直接完

---

① Балабанов П И. Формы взаимосвязи науки и производства: история и современность. Вопросы философии, 1986（11）: 152.

② Смирнов Э М. Анализ системы «Субъект—техническое средство—объект». Философские науки, 1983（1）: 25.

成的生产劳动活动功能的缩小。如果说在使用工具时，生产劳动活动的全部功能是由人直接执行的，那么随着机器的出现，人所直接完成的只是定向功能。这一趋势符合规律地使得人在应用自动化手段的时候，基本上从直接执行生产活动功能的状况中解放出来。[①] 但是，也正如 Э. М. 斯米尔诺夫强调的：一般说来，把直接执行生产活动的功能转移给技术手段，并不能使人从执行生产活动的功能中解放出来。人所转移的不是生产活动的功能，而是直接执行它们的功能。功能永远属于人，并且人仅仅规定生产活动功能的内容、方向和发展水平。在转移时，变化的只是人执行生产活动功能的方式。这种方式不再是直接的，而是间接的。技术手段得到改进，因而人能更有效地执行他所转移的功能，也就是说从本质上人继续执行所转移的生产活动功能，但是采用的是另一种方式。[②] 可见，人依旧是生产活动功能的主体。

三、科学技术演化论

科学技术的发展变化一直是苏联学者关注的重要问题。在 20 世纪 60 年代至 80 年代，伴随着苏联社会主义现代化建设事业的蓬勃发展，苏联学者围绕科学技术的相关问题（特别是科学技术革命和科学技术进步问题）举行了大量学术会议，对“科学技术发展”、“科学技术进步”和“科学技术革命”等概念进行了详细的区分。В. П. 罗任（В. П. Рожин）在 1974 年于列宁格勒（今圣彼得堡）国立大学召开的“科学技术进步的源泉与动力学派”大会上发表了学术报告，在他的报告中就涉及“科学技术发展”、“科学技术进步”以及“科学技术革命”概念的区别问题。他认为“科学技术发展”是最广泛的概念，它反映科学和技术发展的常规特点。“科学技术进步”概念表现的只是科学技术发展的一个方向；而“科学技术革命”是整体的突变形式，也是最窄的概念。作者还特别强调把“科学技术发展”的全部内容包括在“科学技术革命”中是没有根据的。[③]

---

① Смирнов Э М. Анализ системы «Субъект—техническое средство—объект». Философские науки，1983（1）：29.

② Смирнов Э М. Анализ системы «Субъект—техническое средство—объект». Философские науки，1983（1）：30.

③ Пигров К С. Школа по источникам и движущим силам научно-технического прогресса. Философские науки，1974（6）：151.

其实正如 В. П. 罗任所说的"科学技术发展"是一个极为广泛的概念，它突出强调科学技术发生了变化，这种变化主要是指前进性的变化，但也不排除个别局部性倒退的事件；而"科学技术进步"代表着科学技术由小到大、由低到高、由弱到强的单方向的发展变化，它是一种正向的、积极的变化，而且更多指的是一种连续的、不间断的变化；"科学技术革命"概念的含义更窄，也更为具体。"科学技术革命"不像"科学技术进步"一样强调科学发展的方向性，而且它与"科学技术发展"和"科学技术进步"最本质的不同在于，它强调的是科学发展中的突变，是一种质的飞跃，如果说"科学技术发展"和"科学技术进步"中包含量变含义的话，那么"科学技术革命"概念强调的只是质变，是"科学技术发展"在本质上的飞跃，体现的是"科学技术发展"变化中的非连续性。

（一）科学技术进步论

科学技术进步观在苏联占据重要地位。学者们普遍认为，科学技术进步是社会进步的基础，苏联的首要任务是千方百计地加速科学技术进步。严格说来，科学技术进步包括科学进步和技术进步两方面内容。早在 19 世纪 20 世纪之交，恩格尔迈尔就曾这样评价技术："它用自己的装置来增强我们的听力、视力、体力和灵活性，它缩短时间和缩小空间，并且一般说来它会提高劳动生产率。最终，它在使满足需求变得容易的同时促进新事物的产生……技术为我们征服空间和时间、物质和力量，并使自己成为推动进步车轮的不可抑制的力量。"[①]在这里暗含了技术推动社会进步的思想。可见，社会进步离不开技术，尤其离不开技术的进步。但是值得一提的是，苏联学者往往不对科学和技术做严格的区分，而是把两者结合起来，共同论述科学技术进步问题，这是苏联技术哲学早期的重要特征。

Г. Н. 瓦尔科夫指出，科学技术进步是科学与技术统一的、相互制约的和不断前进的发展。他把人类历史上科学技术进步的历程划分为三个时期：科学技术进步的第一个时期起源于 16 世纪到 18 世纪的工厂手工业生产，这时科学理论与技术活动开始逐渐发生联系。此时物质生产主要依赖于实践经验、手工技

① Стёпин В С, Горохов В Г, Розов М А. Философия науки и техники. М.: Гардарики，1996.

术、技艺秘诀以及制作方法的长期积累，因此其发展进步的速度是十分缓慢的。在这些生产经验缓慢积累的同时，自然科学理论知识也在缓慢发展。只不过此时科学进步与技术进步之间虽然有中介，但两者仍是两码事，它们还只是人类活动相对独立的系统。16 世纪由于贸易、航海以及大型工厂手工业的需要，科学转向实际的研究。指南针、火药和印刷术是三项伟大的发明，为科学与技术的结合奠定了坚实的基础。科学技术进步的第二个时期以 18 世纪末出现的机器生产为标志。机器生产是一大批数学家、物理学家、工程师、发明家和技术能手共同创造的产物。它不仅仅是技术进步的结果，而且在很大程度上取决于科学的进步，尤其取决于“科学具体的物化”。可见，在第二个时期科学技术进步的特征是，科学与技术相互促进，彼此都加速发展。在此过程中，科学研究活动成为社会发展的重要环节，其使命是从理论上解决应用研究、经验设计开发工作和生产研究中的问题，最终使技术具体化。科学技术进步的第三个时期同现代科学技术革命相联系。这时科学的学科范围急剧扩大，并开始以技术发展为其主要目标，科学对技术的引领地位逐渐明显地确立起来。一方面，各行各业专家的合作成为解决技术问题的重要形式；另一方面，技术的进步也对其他学科的发展产生前所未有的积极影响。

此外，苏联学者认为不应将单纯经济利益的增长当成科学技术进步的标准，而应当将人道主义作为评价科学技术进步的标准。В. Л. 巴萨涅夫（В. Л. Басанев）指出：“对当今世界科学技术进步的地位、作用和意义进行人道主义评价渗透于科学技术进步的全部内容……当今科学技术进步只有被用于人的幸福，满足人的物质需求、精神财富和个人全方位的发展时才是正确的。”① 这一观点即使在今天看来仍然具有重要意义。

（二）科学技术革命论

在苏联学术界中，“科学技术革命”概念比“科学技术进步”概念更为常见。在 20 世纪 60 年代至 80 年代，这个概念成为学术刊物与学术著作中出现频率最高的一个词语。

苏联学者对“科学技术革命”的理解建立在对“科学革命”“技术革命”

① Басанец В Л. Научно-технический прогресс. Вопросы философии，1988（6)：161—163.

“工业革命”等概念的区分基础之上。首先，他们沿袭马克思主义对“革命”一词的认识，“在马克思主义文献中，革命被理解为是在社会进步过程中，某种社会结构的根本性质变”[①]。列宁也曾指出，革命是这样一种改造，它从根本上摧毁旧事物。那么在苏联学者眼中什么是“科学技术革命”呢？他们认为可以这样认识科学革命：“在人类认识史上，无论是在科学知识的个别领域，还是在整个科学领域内都不止一次地发生过革命性的变化。坚决地、根本地摧毁旧观点，创立全新的、更深刻的、更普遍的科学理论，就证明了这一类革命。科学中深入而本质性的变化是由于运用了更为完善的方法和技术手段，这能够使我们获得新的事实和发现全新的现象。的确，先前未知的经验材料的自身积累还不意味着革命。当需要对旧的科学理论框架容纳不了的事实进行重新思考的时候，当创立了新理论、引进了能够揭示科学实践应用的更广泛的可能性的新原则的时候，革命就会发生。”[②] 关于技术革命，苏联学者是这样论述的：“正如我们曾经说过的，在技术领域内也经常发生革命。在社会发展过程中人们经常完善已有的、由他们支配的技术手段。人们创造和使用技术是为了在创造物质财富和文化财富过程中作用于劳动对象的同时，获取、传递和转换能量；人们创造和使用技术的目的还在于：推动和管理社会、操纵和进行战争等。换句话说，技术的发展和使用是为了解决社会中产生的实践任务。”[③] 鉴于对“科学革命”和“技术革命”的理解，苏联学者认为，科学技术革命是科学革命和技术革命一体化的结果，两者是科学技术革命不可分割，也无法分割的组成部分。如果说“过去自然科学和技术中的变革有时只是发生在同一时间，如今它们则汇合成一个统一的科学技术革命过程。科学技术革命是前所未有的、当今历史时代的现象”[④]。 苏联著名哲学家 Б. М. 凯德洛夫（Б. М. Кедров）也表达了类似观点，他指出：科学技术革命就其对人类命运影响的普遍性和重要性而言，是我们时代唯一的、全球性的现象，是生产力根本质变过程的总和。这种质变是科学革命和技术革命融为一体以及科学变成直接生产力的结果。[⑤]

---

① Понятие научно-технической революции. Человек—наука—техника. М.：Политиздат，1973：19.

② Понятие научно-технической революции. Человек—наука—техника. М.：Политиздат，1973：19—20.

③ Понятие научно-технической революции. Человек—наука—техника. М.：Политиздат，1973：20—21.

④ Понятие научно-технической революции. Человек—наука—техника. М.：Политиздат，1973：21.

⑤ Кедров Б М. Научно-техническая революция и проблемы гуманизма. Природа，1982（3）：2.

苏联学者关于科学技术革命的相关论述在国外学术界也有广泛的影响力。卡尔·米切姆（C. Mitcham）就曾指出：苏联对科学技术革命分析的不断进展也包括所出版的大量著作。由 A. A. 库津和 S. V. 舒科哈丁（1967 年）合写的著作是最有影响的书之一[①]。该书的雏形是在 1964 年的会议上发表的一篇论文。这次会议是由一个科学技术革命小团体组织召开的，该团体是在舒科哈丁指导下于 1962 年在莫斯科的自然科学与技术史研究所成立的。库津和舒科哈丁区分了以工具和机器为标志的技术革命及以社会组织为标志的产业革命，他们认为如果没有相应的社会革命，技术革命本身并不能导致产业革命。例如，在 18 世纪的英国，新的纺织机器引起了一场技术革命，而它又与社会阶级结构的变革一起导致了纺织生产的革命。因此从一定意义上讲，可以把科学技术革命描述为在生产过程的组织上所发生的基本变革。一旦社会革命发生，就会使新手段的充分利用成为可能。[②] 卡尔·米切姆还强调：对于科学技术革命所进行的共产主义思考的最稳定持久的表述包含在《人·科学·技术：关于科学技术革命的马克思主义分析》这本涉及很多学科的书中（1973 年）。[③] 可见，科学技术革命论是苏联技术哲学众多研究成果中被世界技术哲学界普遍认可的重要理论成果。

（三）科学技术演化动力论

1974 年，在列宁格勒国立大学召开了“科学技术进步的源泉与动力学派”大会，约有 50 名哲学家、历史学家、经济学家、工程师和心理学家参加了此次会议。会议集中讨论了科学革命产生和发展的源泉和动力。在苏联，关于科学技术发展的源泉和动力问题主要有下列几种观点：以 B. Г. 马拉霍夫（B. Г. Марахов）和 M. A. 丘德尼科夫（M. A. Чудников）为代表的生产力观点，以 Ю. С. 梅列先科和 O. И. 阿尔哈盖里斯基（O. И. Архагельский）为代表的科学技术观点，以 K. C. 比格洛夫（K. C. Пигров）为代表的技术创造观点，以及 B. Г. 马拉霍夫的中介观点。其中影响较大的是 B. Г. 马拉霍夫的中介观点，他认为间接和中介性的原因成为科学革命产生和发展的源泉和动力。科学革命

---

① A. A. 库津和 S. V. 舒科哈丁的俄文名分别译为：A. A. 库津和 C. B. 修哈顿，他们合写的著作是《苏联技术发展的道路》（1967 年）。

② 米切姆. 技术哲学. 曲炜，王克迪译. 科学与哲学，1986（5）：91.

③ 米切姆. 技术哲学. 曲炜，王克迪译. 科学与哲学，1986（5）：91—92.

产生和发展的源泉包括科学家、工程师、技术员和工人的劳动，劳动的天然分化，科学以及教育等因素；科学革命中介性因素（动力）包括生产关系（这是主要动力）、社会需求、资本主义条件下的阶级斗争，以及社会主义条件下科学兴趣和职业兴趣的政治道德方面的统一等[①]。В. П. 罗任对上述问题也有自己独特的观点，他认为："科学技术发展的内在矛盾是科学技术发展的源泉，而那些在科学技术进步固有矛盾基础上对科学技术进步发展起加速或延缓作用的社会性发展因素则是科学技术发展的动力。"[②] В. Я. 苏斯洛夫（В. Я. Суслов）强调："现阶段应该在科学与技术的相互作用和矛盾中寻找科学技术进步的源泉，而且科学和技术是统一的、整个人类劳动的不同方面。"[③] Ф. Ф. 瓦凯列夫（Ф. Ф. Вяккерев）进一步强调："如果说动力是方向性因素，那么源泉就是发展得以实现的基础。"[④]

此外，1985年在克麦罗沃举行了题为"科学与生产相互关系的形式：历史和现实"的区域科学理论大会。会议提出"工程技术和技术科学的方法论"问题。В. В. 切舍夫在自己的报告中，在研究科学、工程技术活动和生产的相互作用问题时着重指出："关注工程技术思维的发展是加速科学技术进步的一个重要因素。工程技术思维和科学认识在改变科学研究风格、方向以及改变工程技术思维形式的同时相互影响。"[⑤]

四、科学技术发展的人道主义价值观

苏联后期科学技术价值论成为科学技术哲学的重要内容。在众多的价值选

---

① Пигров К С. Школа по источникам и движущим силам научно-технического прогресса. Философские науки，1974（6）：151.

② Пигров К С. Школа по источникам и движущим силам научно-технического прогресса. Философские науки，1974（6）：151.

③ Пигров К С. Школа по источникам и движущим силам научно-технического прогресса. Философские науки，1974（6）：152.

④ Пигров К С. Школа по источникам и движущим силам научно-технического прогресса. Философские науки，1974（6）：151.

⑤ Балабанов П И. Формы взаимосвязи науки и производства: история и современность. Вопросы философии，1986（11）：151.

择中，人道主义成为其中最重要的方面，而且苏联学者重点强调苏联人道主义是社会主义的人道主义。关于人道主义观念，Г. М. 塔夫里江（Г. М. Тавризян）指出："为社会所接受的、人人应当遵守的、被作为社会绝对要求而合理论证过了的人道主义观念，应当成为组织化的'人的本原'的力量。为了使人道主义观念体现于生活中，首先需要有能够真正控制现代复杂过程的社会条件和一种精神氛围，这种精神氛围指的就是：要重新继承尊重和虔敬生活的人道主义传统。"[①]

（一）科学技术发展的人道主义意义

毋庸置疑，科学技术在其创立之初是为了更好地服务于人类，使人从繁重的工作中解放出来，科学技术进一步发展的目的更是如此。关心人、关注人是科学技术革命和科学技术进步最初的、最朴素的动力。苏联学者尤为赞同这种观点，并赋予该思想以人道主义意义。Б. М. 凯德洛夫就曾这样分析科学技术革命："一方面，我们把科学技术革命看成是具有一定独立性，并对人类社会生活的所有方面都有巨大影响的客观现象；另一方面，它又体现了人们积极的、有目的的活动，因而它自身包含着主观因素，而且这种主观因素作用在不断加强。后一种情形也决定了科学技术革命的人道主义趋势的意义日益增长。"[②] 他还指出："人道主义纲领的实现，不能单纯归结为重新定位人的意识，而在于开展实践运动，发展文化、科学和技术，为个人全面和自由的发展创造必要的、现实的条件。归根结底，恰恰是科学技术革命被用来提供新社会（它建立在人与人之间社会平等的基础上）的生产力所必需的物质技术水平，科学技术革命重要的人道主义意义就在于此。"[③]

凯德洛夫认为："应当把改善劳动条件看成是科学技术革命的人道主义趋势之一。"[④] 他还指出改善劳动条件成为最重要的经济任务和社会任务，因为根据马克思的观点，这会使人们借助最少的体力消耗，在最无愧于和最适合于人类

---

① Тавризян Г М. Проблема преемственности гуманистического идеала человека в условиях современной культуры. Вопросы философии，1983（1）：79.

② Кедров Б М. Научно-техническая революция и проблемы гуманизма. Природа，1982（3）：2.

③ Кедров Б М. Научно-техническая революция и проблемы гуманизма. Природа，1982（3）：3.

④ Кедров Б М. Научно-техническая революция и проблемы гуманизма. Природа，1982（3）：3.

本性的条件下劳动。马克思的这个原理成为社会主义国家日常生活的指南。针对苏联来说，所说的内容可以用 Л. И. 勃列日涅夫（Л. И. Брежнев）的话来解释："党把用技术重新武装工业、农业经济、建筑、运输业，看成是改善劳动条件并使所有生产对于人来说变得安全和舒适的决定性手段。可以这样表达我们的目标：从安全技术（техника безопасности）到安全的技术（безопасная техника）。"① 在此，"安全技术"里的"安全"是名词，"安全技术"是指以"安全"作为一般研究对象的学问、学科或研究领域；而"安全的技术"里的"安全的"是形容词，"安全的技术"是指对人无害的、没有危险的技术，它强调的是技术的安全性。由此可见，在苏联，无论是学术界还是政界，都主张把减轻人的工作负担、保护人的安全、维护人的利益当作发展技术的前提。

人道主义思想还被 И. А. 杜德金娜（И. А. Дудкина）引入工程技术伦理学中，用于论证发达社会主义社会中工程技术人员的职业道德。她认为："在社会主义条件下，工程技术伦理学的特点由科学技术革命在创造共产主义物质技术基础时所起的作用来决定。共产主义的人道主义理想要求苏联的工程师抛弃'单纯的'技术主义立场。在发达的社会主义社会中，工程技术人员的道德任务在于实现现代科学技术革命的'人道方案'，在于劳动条件、劳动工具和劳动手段的人道主义化，以使它们最适合于人的本性，使技术'具有人性'。"② 综上所述，我们可以说"人道主义"是苏联科学技术发展的首要原则，没有了人道主义原则，苏联的科学技术发展就失去了方向，苏联科学技术革命和科学技术进步的人道主义意义正在于此。

（二）科学技术后果的人道主义反思

尽管科学技术发展的初衷是人道主义的，然而正像我们所看到的，科学和技术发展的方向有时并不以大多数人的善良意愿为转移。随着科学技术的日趋成熟与完善，有时甚至事与愿违，出现了手段与目的的悖反，并且这种悖反在科学技术引发的社会后果中表现得最为明显。正是科学技术不计后果的发展，引发了世界范围内的广泛争论。从 20 世纪 50 年代起，苏联学者对与科学技术

---

① Кедров Б М. Научно-техническая революция и проблемы гуманизма. Природа，1982（3）：3—4.

② Дудкина И А. Инженерная этика. Рж. Общественные науки в СССР，1983（1）：87.

发展相联系的科学技术革命的社会后果问题进行了广泛而又深入的讨论，弗罗洛夫认为“分析科学技术革命的社会后果及其对人和人所处社会环境与自然环境的影响，具有越来越重要的意义”[①]。在对科学技术革命社会后果的讨论中，苏联学者取得了令人满意的成绩。特别是，与此相关的人与自然的关系问题作为其中最有争议的问题，在苏联学者的文章和著作中论述得最为充分，而对于该问题的讨论直接导致苏联人类中心论思想的演化。

应当指出，在西方哲学史上，人类中心论的思想传统源远流长。康德与普罗泰戈拉一脉相承，他断言：“对于任何事物来说，人都不能成为手段，他永远是自身的目的。”[②] 而在苏联官方意识形态中，以马克思主义的话语体系重复着同样的观念。早在 1961 年，苏共二十二大就提出了“一切为了人，一切为了人的幸福”的口号。在这样的口号下，旧自然观中的一个核心论点就是“人类中心论”，即认为人是宇宙的中心，是一切利益的中心。可以说，“人类中心论”思想在相当长的时期里深入人的意识，这使得它在苏联哲学（当然也包括技术哲学）中占据相当重要的地位。

事实上，“人类中心论”思想是苏联人道主义观念的重要组成部分。苏联有关人和人道主义问题的研究，最早出现在 20 世纪 60 年代末 70 年代初。当时，针对核技术的迅猛发展，提出了时代性的战争与和平等问题，并由此进一步引发怎样合理使用和保护周围环境的问题、人口问题、粮食问题。一方面，在研究这些问题时，哲学家和其他领域的专家合作形成了有关现代全球性问题的人道主义观点。正是基于这些原因，人道主义思想在苏联逐渐蔓延开来，无论在政治、经济、文化还是在科学技术领域中无不渗透这一主题。“人类中心论”成为该时期人道主义思想最重要的结论之一，此时人们认为人是宇宙的主宰，人可以按照自己的意愿行事而不必顾及后果。而另一方面，伴随着苏联科学技术的迅猛发展，苏联政府出于特殊历史环境的需要，始终推行动员体制和加速战略，以优先发展重工业，特别是军事工业为其赶超西方的主要对策，而代价则是与西方现代主义殊途同归的人与自然关系的严重失衡。П. Н. 费多谢耶夫（П. Н. Федосеев）就此曾批评指出：“人所掌握的威力如此之大，以至于不考虑

① Фролов И Т. Актуальные философские и социальные проблемы науки и техники. Вопросы философии，1983（6）：16—17.

② Самохвалова В И. Человек и мир: проблема антрапоцентризма. Философские науки，1992（3）：164.

一切后果地动用它，这简直就是犯罪。”①

（三）科学技术评价的人道主义原则

伴随着苏联学者对科学技术后果的人道主义反思，科学技术评价的人道主义原则也逐渐确立起来，它成为苏联学术界遵循的普遍原则。正如 Г. М. 塔夫里江指出的：“恰恰在当代，人的理想、人道主义观念的继承性，应该越来越起决定性的作用。”② 特别是全球性问题出现后，伴随着对全球性问题、生态问题、人与自然关系问题的反思，人道主义的评价标准日益成为苏联科学技术发展的总原则。关于人道主义所包含的内容，苏联学者 П. Н. 费多谢耶夫曾指出：“现实的人道主义包括从保障人的利益，保护人的生命，保持人的生活的一定质量和水平，以及确保工艺和生态安全角度对科学技术进步持一种特定的态度。”③ М. С. 戈尔巴乔夫（М. С. Горбачёв）在推行“新思维”时也表达了类似的观点，他指出：“新思维的核心是承认全人类的价值，更准确地说就是承认人类生存的优先地位。”④ 可见，无论是苏联的学术界还是政界都把人道主义思想看成是人类存在的普遍原则，该原则涉及人类生产、生活、工作等诸多方面，当然也包括科学技术。

苏联学者之所以把科学技术发展的人道主义原则推至相当重要的位置，还有科学技术自身方面的原因，这正像 П. Н. 费多谢耶夫指出的，当今世界的发展“要求‘技术圈’本身的人道主义化，解决科学技术进步中的矛盾，首先是生产过程中的自动化和创造性原则之间的矛盾，消除针对人的问题以及针对人的过高需求的技术统治论态度所带来的消极后果”⑤。为了有效地贯彻科技发展的人道主义原则，П. Н. 费多谢耶夫提出要确保人的全面发展，“人的全方位的发展

① Федосеев П Н. Социалистический гуманизи: актуальные проблемы теории и практики. Вопросы философии，1988（3）：16.

② Тавризян Г М. Проблема преемственности гуманистического идеала человека в условиях современной культуры. Вопросы философии，1983（1）：77.

③ Федосеев П Н. Социалистический гуманизи: актуальные проблемы теории и практики. Вопросы философии，1988（3）：16.

④ Федосеев П Н. Социалистический гуманизи: актуальные проблемы теории и практики. Вопросы философии，1988（3）：17.

⑤ Федосеев П Н. Социалистический гуманизи: актуальные проблемы теории и практики. Вопросы философии，1988（3）：11.

日益明显地成为避免科学技术革命发展不良影响的必要条件、前提和首要因素”[①]。他还进一步指出：“科学技术革命是否符合人类的人道主义理想和希望，取决于科学和技术的发展与人的发展及前景是否可以相提并论。科学和技术不断增长的威力使人类面临一个复杂而又矛盾的问题，即要研究出这样一种社会机制，使它能够消除利用科学和技术与人对立的可能性。”[②] 可见，科技发展一方面取决于人的全面发展，另一方面取决于科技发展与人的发展的一致性。这就是确保科学技术发展的人道主义原则的两个基本条件，而这两个条件的实现要通过社会主义制度来保证。

科学技术发展的人道主义原则是在对科学技术不良后果的批判过程中产生并确立起来的，因而有人将科学技术与非人道主义画等号，这曾经代表了相当一部分人的意见。但是也有学者清楚地认识到这种观点的片面性，П. Н. 费多谢耶夫指出：“我们不同意有些时候有人提出的这种意见，即认为科学越是变成直接的生产力，就越不再是人道主义的因素。相反，由于人道主义自身包括了为建立适合于人的物质生活条件而进行的斗争，因此科学作为直接的生产力正在完成自己的人道主义使命。科学的这些功能相互联系，但这种相互联系以社会条件为中介。正是这些社会条件决定了科学的目的是维护人的健康，保持人的长久的、创造性的生命力，保护作为人居住和发展环境的自然界。”[③] 值得一提的是，П. Н. 费多谢耶夫所说的“科学”其实不但包含科学，而且包含技术，只不过技术被看成是科学的应用而已，这是苏联时期在科学与技术关系问题上的普遍观点。并且，П. Н. 费多谢耶夫还画龙点睛地指出，人们“在指出科学的人道主义文化功能日益增长的意义的时候，重要的是同时应当强调，与人道主义对立的不是科学的社会经济效益，而是贪婪的功利主义，是仅仅或者主要是为了最大限度地剥削自然界和人而利用科学”[④]。

---

① Федосеев П Н. Социалистический гуманизи: актуальные проблемы теории и практики. Вопросы философии, 1988（3）：10.

② Федосеев П Н. Социалистический гуманизи: актуальные проблемы теории и практики. Вопросы философии, 1988（3）：16.

③ Федосеев П Н. Социалистический гуманизи: актуальные проблемы теории и практики. Вопросы философии, 1988（3）：17.

④ Федосеев П Н. Социалистический гуманизи: актуальные проблемы теории и практики. Вопросы философии, 1988（3）：17.

此外，强调科学技术自身具有人道主义价值的还有凯德洛夫，他认为科学技术有助于解决自身发展所带来的各种问题，他还特别指出加强全球合作的重要性，他写道："科学技术革命有助于解决生态学问题，克服干预自然过程所产生的消极后果，并利用自然规律造福于人。现在已经很清楚，仅在某一个区域范围内（尤其是在一个国家的范围内）彻底解决人和自然的相互作用问题是根本不可能的。这些问题是全球性的问题，因而为了解决这些问题就必然需要国际上的专家和学者的共同努力。"① 这反映了苏联学者在面对全球性问题时所具有的超前的合作意识。

第二节　对苏联技术哲学的历史评价

在介绍完苏联技术哲学研究纲领的主要内容后，不能不谈对它的评价，这既包括从整体上对苏联技术哲学优势与特色的评价，也包括对其技术哲学发展历史局限性的分析。总之，研究苏联技术哲学的功过得失，从中汲取经验与教训，对我国技术哲学发展具有重要意义。

一、苏联技术哲学的特色优势

尽管苏联时期技术哲学的研究困难重重，但是我们还应当清醒地看到苏联七十多年历史的重大意义。尤其应当指出，虽然"技术哲学"的提法在苏联时期被禁止，但是对于"技术"的哲学思考在苏联却从未停止过。那时（也包括现在）有一大批学者长期致力于技术哲学问题的研究，其中比较重要的人物有：罗津、高罗霍夫、Г. М. 塔夫里江、Г. И. 舍梅涅夫、弗罗洛夫、Ю. С. 梅列先科、В. Г. 马拉霍夫、И. Б. 诺维克（И. Б. Новик）、П. Н. 费多谢耶夫、Б. М. 凯德洛夫、В. В. 切舍夫、Б. И. 伊万诺夫、С. В. 舒哈尔金、Г. Н. 瓦尔科夫、В. Н. 波鲁斯（В. Н. Порус）、Г. Е. 斯米尔诺娃（Г. Е. Смирнова）、С. Н. 斯

① Кедров Б М. Научно-техническая революция и проблемы гуманизма. Природа，1982（3）：4.

米尔诺夫（С. Н. Смирнов）、Э. М. 斯米尔诺夫、Д. М. 格维希阿尼（Д. М. Гвишиани）和斯焦宾等人。他们的研究成果颇丰，而且具有不同于西方技术哲学的典型特色。正如著名学者斯焦宾指出的，马克思主义理论是从整体上研究世界的，不像西方只是从技术、宗教、文化等某个方面进行研究，缺乏整体性。这是马克思主义理论最突出的优点。

在马克思主义理论的指导下，苏联技术哲学在整体上有以下四大优势：第一，在理论上，开启了技术哲学研究的马克思主义传统，形成了颇具影响力的“苏联-东欧学派”。第二，在实践上，通过对科学、技术、生产之间关系的研究，以及科学技术进步论与科学技术革命论等问题的研究，指导社会主义实践取得重要成就。第三，在研究方法上，将自然科学哲学问题的研究方法拓展到技术哲学领域，使得苏联-俄罗斯技术科学哲学问题研究处于世界领先地位。第四，在价值导向上，对西方技术哲学主要思潮，如技术统治论也称技治主义和人本主义思潮等进行了深刻的批判与分析，提出了人道主义主张，这些研究成果丰富了世界技术哲学宝库，具有重要的理论价值。

（一）开启技术哲学研究的马克思主义传统，形成颇具影响力的“苏联-东欧学派”

在理论上，苏联学者开创了独具特色的技术哲学研究纲领，表现为在技术科学的哲学问题、技术本质论与技术系统构成论、科学技术演化论、科学技术发展的人道主义价值观等研究中取得重要成绩，形成了颇具影响力的“苏联-东欧学派”。

苏联技术哲学遗产是世界技术哲学的重要组成部分，它具有鲜明的特色，其指导思想和研究重心与西方技术哲学有显著差别。苏联的技术哲学是以马克思列宁主义理论为指导的哲学分支体系，一方面，在这一思想的指导下，苏联的技术哲学，特别是技术科学的方法论研究处于世界先进水平；另一方面，教条地运用这一指导思想，严重地阻碍了技术哲学的正常发展，这在苏联早期表现得尤为明显。概括说来，苏联技术哲学的特色在于：研究域特殊——苏联时期，扩大了传统意义上对于技术哲学范围的理解，苏联学者把以下四个领域，即技术史、技术的哲学问题、技术科学的方法论和历史、设计和工程技术活动的方法论和历史部分地纳入技术哲学的研究域内。具体说来，苏联技术哲学的贡献在于：它开启了技术哲学研究的马克思主义研究传统。苏联是当时最大的也是最具影响力的社会主义国家，它的技术哲学研究曾一度影响东欧各国甚至也影响中国技术哲学的研究特点与风格。如前所述，苏联技术哲学对于技术的本质、技术系统的构成、技术科学、技术与社会的关系、技治主义与人道主义的关系、人与自然的关系、科学技术革命和科学技术进步的本质及其规律的认识，特别是对于科学技术发展过程中有关人的问题的研究都具有独到见解，相关研究成果在世界技术哲学中占据不可替代的位置。

苏联技术哲学的研究风格与德国技术哲学（特别是民主德国技术哲学）有着极其密切的亲缘关系。这一方面是因为德国本身就是哲学和技术哲学的主要发源地，另一方面因为苏联与民主德国拥有共同的意识形态，同属于社会主义国家，因而两国技术哲学有着紧密的联系。也正是由于这个原因，美国著名技术哲学家卡尔·米切姆将苏联的技术哲学与民主德国等八个国家的技术哲学合称为苏联-东欧学派[①]。卡尔·米切姆指出，技术哲学有三种学派或三种传统——西欧、英美及苏联和东欧——为技术哲学的广泛探讨作出了重要贡献。[②]应当说，卡尔·米切姆对于技术哲学派别的分析是客观、公正，并且是颇有见地的，他的观点获得技术哲学家的普遍认可。

尽管作为技术哲学的源头，欧洲技术哲学的地位举足轻重，但是卡尔·米切姆曾这样做过对比：欧洲（主要指德国和法国）的技术哲学传统是最古老且又最多样化的。它从存在主义、社会学、工程以及神学方面对自然及技术的意义进行了思考，其多样性和深刻性是其他传统所不及的。它的缺陷是，与东欧学派相比缺少内部的综合，而且它也没有像英美学派那样很好地利用历史知识以及经验性的社会科学研究。[③] 苏联-东欧技术哲学是世界技术哲学的特殊组成

---

① 在苏联的援助或影响下，东欧地区先后建立了南斯拉夫、阿尔巴尼亚、捷克斯洛伐克、保加利亚、波兰、罗马尼亚、匈牙利、德意志民主共和国等八个人民民主国家，与苏联地理上连成一片。他们有的主要靠本国共产党领导下的反法西斯武装力量，在苏联进军的影响下建立人民民主政权，如南斯拉夫和阿尔巴尼亚；原德国法西斯的附庸国罗马尼亚、保加利亚则是通过共产党领导人民举行武装起义，推翻了投靠法西斯轴心国的反动政权，转向同盟国，在苏军的协助下获得解放；而资产阶级力量相对强大，本国武装力量不够的波兰、捷克斯洛伐克和匈牙利，主要靠苏军的“铁犁”把法西斯势力铲除掉；民主德国则是由于苏军的占领，建立了人民政权。东欧八国从法西斯统治下获得解放的形式不尽相同，但他们都赢得了人民民主革命的胜利，建立了人民民主政权。

② 米切姆. 技术哲学. 曲炜，王克迪译. 科学与哲学，1986（5）：67—68.

③ 米切姆. 技术哲学. 曲炜，王克迪译. 科学与哲学，1986（5）：68.

部分，尽管由于意识形态的原因，苏联技术哲学曾一度脱离世界技术哲学的主流，但是也正是因为这一原因，苏联技术哲学形成了不同于西方技术哲学的独有特色。难怪卡尔·米切姆特别强调苏联和东欧等社会主义国家的技术哲学独成一派。针对苏联-东欧学派，卡尔·米切姆这样评价：这是所考察的三个学派中内部最一致的一个学派，而且是唯一可以说持有一种主义的学派。这种主义以卡尔·马克思（1818—1883）的思想及他把生产过程作为基本的人类活动，作为社会与历史的基础所进行的分析为依据。[①] 可以看出，这是对苏联技术哲学的肯定性评价。

（二）“科学—技术—生产”的技术哲学理论指导社会主义实践，取得重大成就

在实践上，苏联技术哲学家通过对科学、技术、生产之间关系的研究，以及科学技术进步论与科学技术革命论等问题的研究，对社会主义实践给予指导，使苏联在重工业、军事工业以及航天等领域取得重大成就，居于世界领先地位。

苏联技术哲学特别重视对科学技术革命和科学技术进步问题的研究，他们主张科学技术革命和科学技术进步的社会主义优势说。主张通过对社会进行革命性的改造来推动科学技术革命，即通过变革生产关系来推动生产力的发展。Д. М. 格维希阿尼和 С. Р. 米库林斯基（С. Р. Микулинский）强调：“科学革命能改变生产力，但是如果没有对社会关系进行相应的质的改造，就不可能使生产力发生根本性的变化。正像18世纪末到19世纪初给资本主义奠定了物质技术基础的工业革命，为了使自身得以实现，它不仅需要对生产进行根本性的技术改造，而且还需要对整个社会的社会结构进行深入的改造一样；现代科学技术革命为了自身的全面发展，不仅要求对生产工艺进行改造，而且还要求对社会进行革命性的改造。科学技术革命在深刻暴露出现代生产力的自由发展同资本主义生产方式的互相排斥后，强化了从资本主义向社会主义过渡的客观要求，并且成为世界革命发展进程中最重要的因素。与此相对应，社会主义国家为了创造共产主义的物质技术基础和过渡到共产主义的其他前提，要求把科学技术革

① 米切姆. 技术哲学. 曲炜，王克迪译. 科学与哲学，1986（5）：86.

命的成果和社会主义体系的优越性有机地结合起来。”[①] 这里所说的“对社会进行革命改造”主要指的是要改造生产关系，使之更好地服务于提高生产力和劳动效率的目标。因此我们可以说，生产关系对技术也具有反作用。这也正如民主德国学者G. 鲍恩指出的：必须把技术和生产关系之间的联系看成是马克思主义哲学关于技术和技术进步本质的基本观点。特别值得指出的是，技术的社会作用，如促进和促退作用，以及对它的种种不同的思想认识，都是从所有制关系中产生的。[②] 换句话说，技术对社会生活的作用是推进还是阻碍，取决于其所处的生产关系。先进的生产关系，会使技术推动社会进步；反之，则延缓社会进步，甚至于使社会发展出现暂时的后退。

除了对上述问题开展研究外，苏联学者分析最多的是科学与技术两者的关系及其变化。他们站在唯物主义实践决定认识的立场上，认为“物质生产和生产实践的需要，仍然是科学技术发展的决定性因素”[③]。这说明了科学技术对客观实践的依赖性。接着他们更进一步强调科学在其中不断增长的优势地位，指出：“但是实践作用于理论的形式，生产和技术作用于自然科学的形式，如今已完全改变了。这指的是，在生产发展历史过程中物质的东西和精神的东西之间相互关系的辩证法如今在更为复杂和间接的形式中表现出来。人在生产领域中运用科学知识时的活动成为生产力（即历史进程的物质基础）发展的最具决定作用的条件。科学加入这一过程中，就为实践开辟出新的广阔前景……科学与实践相互作用的形式，不仅表现为实践（生产）相对于科学的决定作用上，而且也表现为科学的积极作用在日益增长，科学对技术和整个生产过程具有最根本和最直接的反作用。”[④] 可见，苏联学者尤其强调科学相对技术和生产实践的基础性作用。

科学的这种反作用的加强，其实还表现在科学、技术在人类发展过程中前后位置关系的变化。苏联学者特别指出：“通过试验和纠错的方法（也就是通过纯粹的经验寻找解决方法）是不能制成原子反应堆、宇宙火箭或者自控装置

---

① Гвишиани Д М, Микулинский С Р. Научно-техническая революция. http: //cultinfo.ru/fulltext/1/001/008/080/448.html [2004-8-23].

② 鲍恩. 马克思列宁主义哲学的技术观和技术进步观. 郭官义译. 哲学译丛，1978（1）：12.

③ Понятие научно-технической революции. Человек—наука—техника. М.：Политиздат，1973：22.

④ Понятие научно-технической революции. Человек—наука—техника. М.：Политиздат，1973：22.

的。揭示某种现象、过程及其规律，以及这些规律起作用的所有可能性的形式，是解决这类技术任务的必要的先决条件。这就是为什么当今实践本身要求科学走在技术和生产的前面。只有在这种情况下，科学才能够完成自己的社会职能——作为特殊的理论工具为实践和工业服务。科学的发展超过当代技术进步并不是意外的和短暂的偶然现象，而是科学技术革命的特点。在'科学技术革命'的名称里，'科学'这个词被放在了前边，这不仅是出于单纯的词源学考虑，而且考虑到了事物的本质。"[①] 总之，"在科学技术革命条件下科学和技术之间出现新的相互关系。过去已经完全确定了的技术需求提出了一些理论任务，而这些任务的解决则与发现新的自然规律和创立新的自然科学理论相联系。如今，科学成就成为能够产生新技术领域的一个必要前提"[②]。可见，科学和技术已经摆脱了过去各自独立发展的历史，特别是技术的发展已经越来越离不开现代科学成就。

虽然现今科学对技术的作用越来越大，但是科学在影响技术、影响社会的同时也在改变、发展着自身。"当代，科学自身的面貌正在发生变化，无论是其理论基础、方法论基础，还是其社会职能，都区别于经典自然科学。伴随着这个变化的是科学工作的方式、技术和科研组织以及信息系统中的变革。现代科学正在变成复杂的和不断发展的社会有机体，正在变成最活跃的社会生产力。科学成了生产过程越来越必需的部分……同时它对于社会生活中重大革命改造的意义也将突显。"[③] 当今科学自身的发展变化还突出地表现为，科学的发展越来越离不开技术。这个思想在苏联学者论述的技术对科学的影响中有所体现，他们写道："同样，技术在为科学提供保障（其中包括保证科学能够实现其领先作用）的同时也影响着科学。技术实施的这种影响表现在：首先，技术向科学提出与生产实际需求相联系的新任务；其次，技术为科学提供现代化的、强大的、对于进行实验研究和整理这些研究成果所必需的全部工具。如果没有最新的基本粒子加速器，物理学就不可能深入原子内部。如果没有电子计算机和电子测量装置，控制论就不可能出现，并且没有这些装置的进一步完善，控制论也就不可能向前发展。如果不创立和完善火箭技术，人就不会在开发宇宙方面

---

① Понятие научно-технической революции. Человек—наука—техника. М.：Политиздат，1973：23.

② Понятие научно-технической революции. Человек—наука—техника. М.：Политиздат，1973：21.

③ Понятие научно-технической революции. Человек—наука—техника. М.：Политиздат，1973：21—22.

取得这样的成绩。”[①] 科学和技术关系的变化说明现代科学革命最本质的特征就在于科学与技术的不可分割性。正是苏联学者对科学与技术关系的深刻认识，极大地促进了其社会生产力的发展，使得苏联科学技术成就曾一度处于世界领先地位，在当时成为可以与美国相抗衡的主要力量。

（三）自然科学哲学问题方法论延伸至技术科学方法论，取得重要理论成果

在技术哲学的研究方法上，苏联学者在很大程度上将自然科学哲学问题的研究方法拓展到技术哲学领域，特别是拓展到技术科学方法论的研究中，使得苏联-俄罗斯技术科学哲学问题研究一直处于世界领先地位。

苏联时期其自然科学的哲学问题研究异常发达，它几乎成为苏联科学哲学的代名词。而且，苏联学者在研究自然科学哲学问题时，往往习惯从本体论、认识论、方法论、价值论四个角度进行分析。这种传统也影响到技术哲学，致使苏联学者效仿这一研究思路从而关注技术本体论、技术认识论、技术方法论和技术价值论问题。特别是，其中技术科学的方法论问题在技术哲学问题（特别是技术科学的哲学问题）中占据相当重要的位置。技术科学方法论在很大程度上是通过将自然科学方法论类推至技术科学领域得出的。

自然科学方法论之所以能够类推至技术科学领域，简单地说是因为，在苏联学者看来，自然科学和技术科学都是科学的组成部分，因此较为发达的自然科学方法论当然可以成为技术科学方法论研究的范例。高罗霍夫和罗津在《技术科学的哲学方法论研究》一文中指出：“在通常的意识中，技术科学往往只被认为是自然科学的实用部分。”[②] 他们主张“不应严格区分自然科学和技术科学的经验性的研究对象。技术科学的研究对象是‘自然技术’体系。自然科学研究它，技术科学也研究它”[③]。因此说，技术科学与自然科学存在相似之处。苏联学者特别注重对自然科学和技术科学关系问题的研究，其目的之一也恰恰如高罗霍夫和罗津所指出的：“研究自然科学和技术科学的关系和相互联系，其目

---

① Понятие научно-технической революции. Человек—наука—техника. М.: Политиздат，1973：23—24.

② Горохов В Г, Розин В М. Философско-методологические исследования технических наук. Вопросы философии，1981（10）：173.

③ Горохов В Г, Розин В М. К вопросу о специфике технических наук в системе научного знания. Вопросы философии，1978（9）：76.

的在于，论证运用在研究自然科学过程中发展起来的方法论手段来分析技术科学的可能性（在现代科学哲学中，这些手段已经被最为准确和不间断地研究清楚）。”[①]

在与自然科学哲学问题对比的过程中，苏联学者对技术科学的起源、对象、结构、功能，以及技术科学的任务等问题进行了深入研究，得出重要结论。例如，高罗霍夫和罗津强调自然科学的任务在于“揭示和研究新的自然规律，预测自然过程的发展”[②]；而技术科学的任务在于“从实践上利用这些成果（指的是自然科学成果——笔者注），研究自然规律在技术设备中的作用，以及运用知识和计算保障工程技术活动”[③]。特别是针对技术科学的数学化，A. H. 鲍戈柳波夫指出：“知识数学化的问题是历史性的问题，从广义上讲，未必能够在科学史和技术史的框架之外去研究它。特别是相对于技术科学，更是如此。多亏技术科学与自然科学的紧密联系，才产生了将适合于自然科学的数学化模型转移到技术科学中去的可能性，并且同样产生利用自然科学数学化的历史来了解数学在技术知识发展中所起（或者说它应当起）作用的可能性。”[④]苏联学者关于技术科学哲学（尤其是技术科学方法论）的研究对当今俄罗斯技术哲学也产生了深远影响，同时成为西方技术哲学家认同苏联-俄罗斯技术哲学成就的重要原因之一。

（四）批判西方技术哲学思潮的种种弊端，形成技术哲学的人道主义价值导向

在价值导向上，苏联时期学者对西方技术哲学主要思潮（如技术统治论和人本主义思潮等）进行了深刻的分析与批判，提出了人道主义主张，这些结论即使今天看来仍然具有重要意义。

1976年出版的《资产阶级技术哲学批判》一书成为针对西方技术哲学进行

---

① Горохов В Г, Розин В М. Философско-методологические исследования технических наук. Вопросы философии，1981（10）：174.

② Горохов В Г, Розин В М. Философско-методологические исследования технических наук. Вопросы философии，1981（10）：174.

③ Горохов В Г, Розин В М. Философско-методологические исследования технических наук. Вопросы философии，1981（10）：174.

④ Боголюбов А Н. Математика и технические науки. Вопросы философии，1980（10）：81.

批判的代表性著作，该书作者 Г. Е. 斯米尔诺娃从不同角度对西方技术哲学进行了评述，这在苏联国内产生巨大反响。1977 年，Б. И. 伊万诺夫在评价该书时就曾这样写道："在我国的文献中直到现在还没有综合批判分析资产阶级技术哲学的著作。这一空白在很大程度上被 Г. Е. 斯米尔诺娃的书所填补。"[①] "Г. Е. 斯米尔诺娃揭示了它们内部的相似之处，以及作为资产阶级唯心主义特殊形式的技术哲学主要流派在哲学体系中的有机统一……正如书的作者指出的那样，在其自身企图建立一般的技术理论时，资产阶级哲学最终会陷入唯心主义中。"[②] 特别是，苏联学者批评资产阶级技术哲学家脱离社会实践谈工程技术，Б. И. 伊万诺夫支持 Г. Е. 斯米尔诺娃的观点，他认为"正如作者正确指出的，在资产阶级技术哲学的各种方案中，技术真实的历史作用、技术的地位和技术的社会实践被曲解。工程技术活动被视为只受技术思维逻辑操纵的中立的社会现象"[③]。资产阶级技术哲学家只关注技术思维自身逻辑的发展，这是其致命的弱点。苏联学者还批判西方的技术统治论思潮，指出技术统治论的一个典型特征是美国中心主义，美国技术主义的"技术哲学"是其实施对外侵略政策的理论基础。很明显，技术统治论一旦在美国成为现实，必将给全人类带来巨大危险。事实上，技术统治论之所以在美国乃至在西方占据重要地位，除了上述政治方面的原因外，还有技术统治论自身功能上的原因。技术统治论的功能包括：镇静功能——削弱群众性不满情绪的激化程度；整合功能——消除资产阶级社会的四分五裂状况[④]。可见苏联学者对技术统治论的分析一针见血，对于理解当今世界的现状与格局仍具有着重要的价值。

Г. Е. 斯米尔诺娃还强调，资产阶级技术哲学家"在技术进步中，混合着资产阶级和小资产阶级的保守观点，政治方面的被动性，以及抽象的人道主义"[⑤]。这种抽象的人道主义与我们前面所论述的马克思主义的人道主义观念是完全不

---

① Иванов Б И. Г.Е.Смирнова. Критика буржуазной философии техники. Л., Лениздат，1976，239 стр. Вопросы философии，1977（6）：175.

② Иванов Б И. Г.Е.Смирнова. Критика буржуазной философии техники. Л., Лениздат，1976，239 стр. Вопросы философии，1977（6）：175—177.

③ Иванов Б И. Г Е.Смирнова. Критика буржуазной философии техники. Л., Лениздат，1976，239 стр. Вопросы философии，1977（6）：175.

④ Деменчонок Э В. Современная Технократическая Идеология в США.М：Иаука，1984.

⑤ Иванов Б И. Г.Е.Смирнова. Критика буржуазной философии техники. Л., Лениздат，1976，239 стр. Вопросы философии，1977（6）：176.

同的，确切地说，西方学者主张的是“人本主义”。其实，无论是苏联的人道主义观念，还是西方的人本主义思潮都把关心人和关注人的价值作为自己学说的核心，都强调人的自由与解放，并且两者都关注科学技术对人的影响。可以说，在技术哲学的这一问题上，两种不同的意识形态终于找到了共同点，两者在这一问题上开始了新的对话。

此外，苏联学者还提出了和平原则，认为和平原则的一个大前提就是国际关系的人道主义化。П. Н. 费多谢耶夫曾指出：“国际关系所有领域的人道主义化是现实的人道主义即将胜利的另一前提（这一前提是由核-宇宙时代的特点决定的）。当代人类面临历史的抉择：要么沿着对抗和军备竞赛的道路滑下去，直至陷入核自我毁灭的深渊；要么使自己的思维和行动方式适应核-宇宙时代的现实，并按照真正的人道主义原则重建国际关系。”① Г. М. 塔夫里江也指出：“当代的绝对要求就是这样：由于历史的新尺度，以及人们之间的相互关系问题被提升为人道主义的首要问题这一国际生活事件的发展，社会主义的人道主义要求预防危害人类的罪行。人道主义、人道不仅应当与个人因素有关，而且应当首先成为针对人类关系的准则。”② 为此，首先应当倡导的就是“和平”。这正像凯德洛夫所说的：创造了地球上所有价值的人应当成为这些价值中最主要的价值。在利用科学技术革命成就的时候，要求人把我们行星上的生活变得更美丽，为此首先需要和平。维护和平——这是 1917 年 10 月列宁所领导的伟大的国家政策中最主要的原则。③ 今天，尽管历史已经走过了一个多世纪，但是综观科学技术的发展和世界格局的变化，我们仍然能够感觉到：无论过去、现在，还是将来，人道主义原则始终具有不可忽视的现实意义。

二、苏联技术哲学的历史局限性

苏联时期技术哲学取得了重要成绩，但也存在着不足，其技术哲学的历

① Федосеев П Н. Социалистический гуманизи: актуальные проблемы теории и практики. Вопросы философии，1988（3）：17.

② Тавризян Г М. Проблема преемственности гуманистического идеала человека в условиях современной культуры. Вопросы философии，1983（1）：78.

③ Кедров Б М. Научно-техническая революция и проблемы гуманизма. Природа，1982（3）：5.

史局限性主要体现在以下几个方面。第一，苏联时期政治扩大化，学术问题常常被等同于政治问题，导致技术哲学家被批判或被放逐，技术哲学被视为唯心主义学说，相关研究被禁止或以其他名义被研究。第二，无视西方技术哲学取得的成绩，对西方技术哲学采取全盘否定的态度，造成苏联技术哲学与西方技术哲学缺少对话与交流。第三，尽管苏联时期提出了“人道主义”的价值原则，但是这一原则更多停留在政治口号宣传上，并没有从实践角度有效解决人们在生产和社会生活中所面临的种种困难，因而没能挽救苏联最终解体的命运。

（一）政治扩大化，导致技术哲学研究受阻

苏联时期由于政治扩大化，学术问题常常被等同于政治问题，技术哲学家被批判或被放逐，技术哲学被视为唯心主义学说，相关研究被禁止或以其他名义被研究。恩格尔迈尔在自己的小册子《19世纪技术的总结》中形成了技术哲学的任务。同时他的许多著作被用德语出版。他在1912年最早提出了技术哲学的研究纲领。后来，1929年恩格尔迈尔在文章《我们需要技术哲学吗？》中还发展了技术哲学重要性的思想。恩格尔迈尔的技术哲学思想是世界技术哲学思想宝库的重要组成部分，他对世界技术哲学的影响是公认的，他也因此被视为技术哲学的奠基人之一。但是后来，随着苏联社会主义意识形态的确立，技术哲学很快遭到批判。在《我们需要技术哲学吗？》发展技术哲学重要性思想的同时，这个杂志（《工程劳动》）的同一期中还收录了Б. 马尔科夫（Б. Марков）的文章，在这篇文章中技术哲学遭到批判，Б. 马尔科夫指出：“现在没有，以后也不可能有独立于人类社会和独立于阶级斗争之外的技术哲学。谈技术哲学，就意味着对唯心主义的思考。技术哲学不是唯物主义的概念，而是唯心主义的概念。从这时起，在长达几十年的时间里，把技术哲学斥为唯心主义，在苏联哲学界已成定论。”[①]自此，苏联技术哲学进入与西方技术哲学的排斥期。

针对这种情况，斯焦宾曾批评：“辩证唯物主义和历史唯物主义是肤浅和教条的，他们在苏联生活中起着类似宗教的作用。”[②] 不但如此，他还极力推崇

① От редакции. Философия техники. Вопросы философии，1993（10）：26.

② Стёпин В С. Российская философия сегодня: проблемы настоящего и оценки прошлого. Вопросы философии，1997（5）：4.

А. Ф. 洛谢夫（А. Ф. Лосев）和 М. М. 巴赫金（М. М. Бахтин）等反马克思主义者，认为他们对俄罗斯哲学思想起着重要的推动作用，并指出 Э. В. 伊里因科夫（Э. В. Ильенков）是反对哲学教条主义的主要代表，赞扬 М. К. 马马尔达什维里（М. К. Мамардашвиль）在 20 世纪 70—80 年代吸收世界哲学的非马克思主义成果时作出了重大贡献，认为他发展现象学要比发展唯物主义辩证法还要快[①]。

综上所述，我们不能无视苏联技术哲学走过的曲折道路。技术哲学原本是对技术所做的哲学思考，应当是非意识形态化的学科；但是苏联技术哲学却一度被意识形态所左右，对技术的哲学思考被对技术的政治思考所取代，这使得技术哲学在相当长的时期内被视为唯心主义学说，技术哲学名称被禁止，技术哲学的相关问题在其他名义下被研究，这也成为苏联技术哲学的重要特色之一。特别是由于苏联技术哲学政治化、意识形态化加剧，许多有成就的技术哲学家被批判、放逐，甚至被迫害致死，从而在相当长的时期内抑制了苏联技术哲学的发展，延缓了苏联-俄罗斯技术哲学的发展进程，这不能不说是一个重要的历史教训。

（二）无视西方技术哲学的成绩，全盘否定西方哲学思潮

苏联时期技术哲学被视为唯心主义学说，谈技术哲学就意味着唯心主义，因而苏联早期，学术界常常无视西方技术哲学取得的成绩，对西方技术哲学采取全盘否定的态度，造成苏联技术哲学与西方技术哲学缺少对话与交流，直到苏联解体前情况才有所好转，学者开始引介西方技术哲学成果，官方正式提出“技术哲学”名称，同时筹备召开技术哲学会议，等等。

由于意识形态的原因，苏联时期学者对西方哲学包括技术哲学进行全面否定与批判。以对技术统治论和反技术统治论批判为例，学者一方面批判西方技术统治论在本质上是唯科学主义，它导致了科学技术负面社会效果的增强；另一方面也批判西方反技术统治论脱离社会实践、脱离社会生产方式谈技术。可见，习惯性地批判西方资产阶级哲学，已经成为苏联学者的重要议题。这种激烈的对立，一方面使苏联技术哲学形成了自己的特色，但另一方面也大大阻碍

① Стёпин В С. Российская философия сегодня: проблемы настоящего и оценки прошлого. Вопросы философии，1997（5）：5.

了苏联技术哲学的发展，使其脱离了世界技术哲学的主流思潮，缺少与国际技术哲学界的交流与对话。

回顾苏联技术哲学的历史，早在20世纪60年代及之前，苏联哲学家重点关注的是技术本体论、技术认识论和技术方法论，到了七八十年代，随着全球性问题的出现和世界一体化进程的发展，苏联技术哲学越来越多地关注科学技术引发的社会后果问题，学者关注的重心开始逐渐由技术本体论、技术认识论和技术方法论转向技术价值论，到后来技术价值论成为技术哲学的核心内容。在此过程中，苏联哲学界开始逐渐引进西方技术哲学家的著作和思想。对西方技术哲学家著作及思想的引入，最初是以批判为目的；但是后来，伴随苏联意识形态的弱化，苏联学者对于西方技术哲学的评价中渐渐开始有了正面的、肯定性的评价；到后来甚至于赞同西方学者的某些观点。苏联技术哲学与西方技术哲学逐渐趋同融合主要表现在：他们开始关注共同的技术哲学研究课题，运用共同的技术哲学术语，在此过程中苏联所倡导的人道主义观念与西方的人本主义思潮开始了新的对话，并且出现了某种一致性。

特别是直到苏联解体前，技术哲学的身份才被苏联官方正式认可。1990年，在白俄罗斯国立大学（明斯克）举办了第十届全苏科学逻辑学、科学方法论和科学哲学大会。会议是为即将于1991年在瑞典举行的第九届国际科学逻辑学、科学方法论和科学哲学大会做准备。此次会议共提出了13组议题，尽管这些议题大多是科学逻辑学、科学哲学和科学方法论的内容，但是值得注意的是，其中有一组议题名称是“技术哲学和技术科学的方法论”，这是苏联时期第一次以公认的提法称呼技术哲学[①]。在此之后，苏联哲学一改对西方技术哲学批判的态度，俄罗斯技术哲学开始出现国际化的发展走向。

（三）“人道主义”原则的提出侧重口号宣传，没能挽救苏联解体的命运

如前所述，尽管苏联时期提出了“人道主义”的价值原则，但是这一原则更多停留在政治口号宣传上，并没有从实践角度解决人们在生产和生活中所面

① От советского национального комитета по истории и философии науки и техники. Вопросы философии, 1990（3）：175.

临的实际困难，因而没能最终挽救苏联解体的命运。

苏共二十大召开，人道主义问题被人们所关注。苏共二十二大之后，人的问题和人道主义问题的影响进一步扩大。到 20 世纪 70 年代全球性问题出现之后，人道主义逐渐成为苏联哲学的主线。特别是到 20 世纪 80 年代中后期，伴随“新思维”的出台，人道主义思想达到极致。“新思维”的基本内容是：“全人类的价值高于阶级价值”的世界观和价值观，“公开性”“民主化”“多元论”三个倡议，以及“人道的民主的社会主义”纲领。在新思维的影响下，П. Н. 费多谢耶夫提出将社会主义与人道主义相结合，他指出：“社会生活各个方面所进行的改革之所以是革命性的，首先是因为它抛弃了有别于科学共产主义原则的所有其他东西，在实践中恢复社会主义建设、党的生活、国家生活和社会生活的马列主义原则，把关注的中心放在全面发展人、关心人的劳动和生活条件上，重建社会主义和人道主义的统一。由于革命性的改革，不断发展的社会主义将成为真正的、现实的人道主义社会，这种真正的、现实的人道主义社会被用于确保人在所有生活和活动领域达到自我发展、自治和自主。”[①] 尽管社会主义的人道主义成为苏联社会发展的总原则，并在一定程度上反映出苏联学者的超前意识，但只可惜这种意识并没有在其社会主义实践中得到很好的贯彻和执行。正是由于苏联时期人道主义思想仅仅停留在口号式的理论宣传上，没能从实践上解决苏联在政治、经济、文化和社会生活中面临的种种难题，因而苏联解体的命运没能最终改变。

综上所述，无论是弗罗洛夫人道主义思想的提出，还是“新思维”的产生，都绝不是偶然的。新思维是苏联无力承担军事竞赛，经济恶化、政治僵化、国家生活失去活力的结果，表明苏联和平竞赛和军备竞赛的失败。这既是苏联生产力与生产关系、经济基础与上层建筑矛盾发展的必然结果，也是苏联解体的最主要根源所在。在反思历史教训的过程中，苏联-俄罗斯学者适时地提出了人的问题并倡导人道主义原则，这是社会发展的必经阶段，也是历史的进步。但是，由于忽视了人道主义思想在政治、经济、文化、社会等领域的具体应用，最终其仅仅成为一种外在的形式和口号，“这意味着人文的

---

① Федосеев П Н. Социалистический гуманизи: актуальные проблемы теории и практики. Вопросы философии, 1988 (3): 9—10.

和人道的哲学应当是实践的哲学”[①]。值得一提的是，2005 年在莫斯科大学举办了第四届俄罗斯哲学大会，本次大会规模之大、视野之广，按俄罗斯人自己的说法，尽管处在危机之中，但保持了对哲学的浓厚兴趣。重视哲学是俄罗斯的民族传统。[②] 这反映了俄罗斯人对哲学从信任，到失望，再到充满期待的动态发展过程。

---

① Ленк X. О значении философских идей В. С. Стёпина. Вопросы философии，2009（9）：11.

② 赵岩. 第四届俄罗斯哲学大会侧记. 哲学动态，2005（10）：73.

第二章 俄罗斯当代技术哲学转向的主要表现

苏联解体后，俄罗斯当代技术哲学发生重大转向，主要体现在四个方面：在指导思想方面，由过去的马克思主义一元论转向各种派别林立的多元论，当今俄罗斯技术哲学研究的指导思想早已由苏联时期的辩证唯物主义和历史唯物主义转变为形形色色的各种哲学思潮，包括西方的人本主义、存在主义、现象学以及其本土的俄罗斯思想等；在研究主题方面，从过去侧重研究技术科学的哲学问题、技术本质论与技术系统论、科学技术演化论、科技发展的人道主义价值观四大主题，转向了关注人与自然关系、技术文明论、技术评估等问题，这些转向在一定程度上反映出苏联-俄罗斯人道主义思想的具体化，是其苏联-俄罗斯人道主义思想由抽象到具体、由“不食人间烟火”到“接地气”的表现；在研究视角方面，由过去主要从“科学—技术—生产”的角度研究技术，转向了从技术人类学、技术文化学、技术社会-政治学角度研究技术，反映出苏联-俄罗斯技术哲学由技术本体论和认识论向技术价值论的转向；在价值导向方面，从过去重科技实效性的工程技术哲学，转向了重“人的因素”的人文技术哲学，具体说来转向了弗罗洛夫所倡导的人道主义思想、西方人本主义思潮和俄罗斯东正教人学思想。

第一节　指导思想：从马克思主义一元论到多元论的转向

俄罗斯著名学者 А. Н. 丘马科夫（А. Н. Чумаков）2001 年在《俄罗斯科学院通报》发表论文《哲学无界限》时指出：1917 年以后，马克思主义的一元化哲学彻底取代了俄国原有的多元化哲学，而现在即 1991 年以后则是多元化哲学重又取代了马克思主义哲学。[①] 这或许是对从俄国到苏联，再到当今俄罗斯哲学发展轨迹的最简明的概括，这种概括同样也适用于其技术哲学。

苏联时期的技术哲学极具特色，它在马克思主义一元论的指导下建立并发挥作用。苏联技术哲学在其建立初期就表现出与西方技术哲学的截然对立。这种对立不但表现为将技术哲学视为唯心主义学说，对西方技术统治论和反技术统治论两种思潮都进行了批判，还表现在苏联学者对科学技术革命和科学技术进步的社会主义优势说的宣扬等诸多方面。苏联技术哲学与西方技术哲学明显对立，其中最重要的表现就是技术哲学被视为“唯心主义”学说，也正因如此，技术哲学先驱恩格尔迈尔被放逐国外，使得他的许多技术哲学理论往往最先得到外国学者的认可，而不是本国人的认可。可以说，在苏联时期唯心主义哲学和资产阶级哲学几乎成为技术哲学和其他西方哲学的代名词，因而批判资产阶级哲学也就成为苏联哲学的重要任务，当然这也是苏联哲学饱受批评的原因之一。

苏联解体后，马克思主义哲学发生翻天覆地的变化。正如魏玉东指出的：伴随着苏联的解体，苏联共产党失去了在整个国家政治生活中的主导地位，全俄罗斯所有的马列主义研究机构被查封，中高等学校的马克思主义理论课也被取消，马克思主义哲学丧失了“国家哲学”的地位，只是作为一个哲学流派继续存在，哲学开始从一元走向多元；同时哲学界开始对“苏联哲学”进行了深刻反思，认为“苏联哲学”是一种被严重扭曲了的意识形态，哲学的“多元化”则完全否认了历史唯物主义。许多曾经专门研究马克思主义理论的工作者却开始鼓吹马克思主义理论毫无价值，甚至完全否定和抛弃了历史唯物主义，

---

① 贾泽林，等. 二十世纪九十年代的俄罗斯哲学. 北京：商务印书馆，2008：42.

对70年的苏联社会主义道路采取了历史虚无主义。[①] 苏联哲学遭受了历史上从没有过的不公正待遇，从此一蹶不振。虽然从20世纪末开始，全俄罗斯已经普遍开展规范的马克思主义理论的研究和教学活动，但是其边缘化的状况并没有得到根本的改变。其主要表现在如下方面：首先，体现在马克思主义哲学的学术建制上，目前在俄罗斯大学的哲学系或者哲学研究机构中没有一个设置了马克思主义的方向。其次，体现在教学和研究队伍上，表现为后继无人，目前在俄罗斯，没有一篇研究生的学位论文是以马克思主义或马克思主义哲学为研究选题的。一些仍然从事马克思主义研究的学者，大多已经六七十岁的高龄。最后，体现在马克思主义的出版物上，目前虽然马克思主义类别的出版物在左翼政治资金的支持下数量上有所增加，但不仅与其辉煌时期不可同日而语，就是和其他哲学派别相比也略显单薄，每年的出版量为三四十本。[②]

1991年底苏联解体，在混乱结束后人们开始对以往哲学进行反思与批判。苏联早期所采用的马克思主义理论是带有斯大林个性色彩的马克思主义理论，这致使苏联科学技术哲学具有典型的一元论特征。过去苏联科学技术哲学就是在这一方针的指导下进行的，苏联解体后，伴随着对苏联时期教条马克思主义和政治扩大化的批判，马克思主义哲学（即辩证唯物主义和历史唯物主义）不再是国家的主流意识形态，它失去了以往高高在上的地位，与其他哲学一样沦为一种学术流派。在这种背景下，俄罗斯当代哲学（也包括技术哲学）的指导思想走向了多元论，这种多元论主要表现为以下三个方向：有极少数人依然坚持马克思主义理论的正确性，有相当数量的人主张学习照搬西方各种主流思潮，还有一些人主张回归传统的俄罗斯思想。

一、坚守马克思主义

苏联解体后，对马克思主义的态度分成了左中右三派：一派是反马克思主义的，他们或是极力倡导西方各种时髦哲学，这派人往往占大多数；或是鼓吹复活传统斯拉夫东正教神学思想，如C. C. 霍鲁日（C. C. Хоружий）等。另一派

① 魏玉东. 苏俄STS研究的逻辑进路与学科进路探析. 沈阳：东北大学，2012：69.
② 魏玉东. 苏俄STS研究的逻辑进路与学科进路探析. 沈阳：东北大学，2012：69—70.

则试图以新的视角“重评”马克思主义，提倡“客观公正”的“历史主义”的立场，如弗罗洛夫等人。还有一派是极少数的持捍卫马克思主义的正统观点，该派的代表人物有奥伊则尔曼（Т. И. Ойзерман，也译作奥伊泽尔曼）、梅茹耶夫（В. М. Межуев）等人。

反马克思主义最极端的代表人物是宗教哲学家霍鲁日。安启念指出：在今天的俄罗斯，彻底否定苏联哲学、坚决反对使用“20 世纪上半叶俄罗斯哲学”概念的学者中，最具代表性的是著名哲学家霍鲁日。霍鲁日生于 1941 年，毕业于莫斯科大学物理系，后从事俄罗斯宗教哲学研究。他思想深刻，个性鲜明，成绩斐然，是当今俄罗斯宗教唯心主义哲学研究领域最有影响的哲学家。[①]

安启念指出：在“20 世纪上半叶俄罗斯哲学”学术讨论会上，丛书主编普鲁日宁（Б. И. Пружинин）提出五个议题：①20 世纪上半叶俄罗斯哲学是不是一个整体现象，如果是，其整体性表现何在；②如何比较 20 世纪上半叶俄罗斯哲学与现代西方哲学；③如何比较 20 世纪上半叶俄罗斯哲学与苏联时期的哲学；④20 世纪上半叶俄罗斯哲学与当前俄罗斯哲学之间有没有继承关系；⑤从现代哲学的发展前景看，20 世纪上半叶俄罗斯哲学家的思想还有没有意义。应该说，这正是讨论 20 世纪上半叶俄罗斯哲学时人们普遍关注的问题。针对这些问题，霍鲁日率先发言，旗帜鲜明地提出自己的意见。

第一，“20 世纪上半叶俄罗斯哲学”这一提法本身就是人为地拼凑出来的，因为找不到相应的对象。1900—1950 年俄罗斯有许多哲学家、哲学事件、哲学作品，但是绝对没有任何完整的哲学。这一时期的俄罗斯“有一个具有欧洲意义和世界意义的完整的文化现象，这就是白银时代俄罗斯思想和宗教哲学的复兴。1917 年的革命内在地蕴含了这种文化现象的中断和随后的消亡，在俄罗斯它是以暴力的方式迅速地消亡的，在移居国外的俄罗斯人中是缓慢地和自然而然地但不可避免地消亡的”[②]。与此同时，还有一种“被布尔什维克政权作为哲学以命令的形式强行灌输的东西”，它和前一种现象之间没有任何哲学联系。

第二，由于这一时期不存在统一的哲学，前述两种现象只能被分别加以考察。第一种现象已经成为现代思想史的有机组成部分，一些代表性学者如巴赫

① 安启念. 俄罗斯哲学界关于苏联哲学的激烈争论. 哲学动态，2015（5）：44.

② Конференция - “круглый стол” “Философия России первой половины XX века”. Вопросы философии，2014（7）：5.

金、施佩特（Г. Г. Шпет）、波格丹诺夫（А. А. Богданов），其作品至今仍有现实意义。“至于第二种现象，它与现代西方哲学没有任何联系，但同样具有现实意义——虽然已经不是哲学意义，而是社会学意义。这就是：由于俄罗斯人没有对苏联的极权主义进行反思，没有作出评价，这种苏联极权主义的某些特征完全可以存活下来并且（或者）重新出现。对它的研究迄今还只是西方思想界在做的事”[①]。这就是说，所谓“苏联哲学”只具有作为社会学研究对象、用以防止苏联式极权主义再现的意义，从哲学角度看毫无价值。

第三，从哲学上看，20 世纪上半叶的前三分之一属于“白银时代”，后三分之二则属于苏联时期，“苏联哲学”和白银时代的哲学格格不入。

第四，即使是牵强附会也谈不上 20 世纪上半叶统一的哲学思想与哲学风格，同样地，今天的俄罗斯哲学在思想与风格上也极不统一。讨论两者的继承关系其实是在讨论两个不存在的东西之间的关系。今天的俄罗斯哲学延续了白银时代哲学的某些思想，只有讨论它们之间的继承性才是有意义的。

第五，现代哲学的发展前景晦暗不明，未必有可能对问题作出有充分依据的回答。如果不讨论它的前景，而代之以讨论现代哲学的关键问题与任务，则是可以取得积极成果的。对于这些问题和任务，白银时代俄罗斯哲学作出了重要贡献。具体而言，探寻主体性的新构造、新样态（即主体之后谁将出场）是现代哲学的迫切任务，“对于研究这个问题而言极为重要的思想资源可以在卡尔萨文（Л. П. Касавин）、洛斯基（Вл. Н. Лосский）、弗洛罗夫斯基（Г. В. Флоровский）的著作中找到。可以说，后世俗主义（постсекуляризм）是今天迫切需要解决的一个问题。而白银时代的思想，就其类型而言，可以被归入后世俗主义范式”[②③]。可以看出，在霍鲁日看来，从白银时代的哲学，到苏联哲学，再到当今的俄罗斯哲学，三个阶段只是在时间上有连续性；而如果从思想内容上考量，中间阶段的苏联哲学可以忽略不计——苏联哲学既和白银时代的哲学没有任何联系，也与当今俄罗斯哲学毫无关系，如果一定要谈继承

---

① Конференция - “круглый стол” “Философия России первой половины XX века”. Вопросы философии，2014（7）：6.

② Конференция - “круглый стол” “Философия России первой половины XX века”. Вопросы философии，2014（7）：6.

③ 安启念. 俄罗斯哲学界关于苏联哲学的激烈争论. 哲学动态，2015（5）：44.

性，就只能谈当今俄罗斯哲学对白银时代哲学的继承。在霍鲁日眼中，苏联哲学只是被用来作为反面典型因而具有了社会学意义。

苏联解体后，在众多对马克思主义的评价中，著名哲学家弗罗洛夫的观点较为客观，他在谈到20世纪50年代中期的苏联哲学研究时指出，50年代中期扩大了哲学研究问题的界限。当时哲学著作自身的风格是稍有些教条主义，但更多的是开放和自由。他指出苏联哲学对遗传学、控制论等学科恢复自身地位，对自组织理论在苏联的传播，以及人口学的复兴发挥着积极的作用。正因如此，不能把苏联科学技术的不幸，甚至整个社会的全部不幸，都不分青红皂白地扣到马克思主义哲学家的头上①。他说："如果对我国哲学家在以往时期所做的一切作一个总体的结论，那么就必须明确指出，那些断言这一哲学似乎带来的只是危害，而不能带来任何确实可感知的成果的人，他们的看法是错误的，他们的思维是极其肤浅的。"② 在弗罗洛夫看来，苏联哲学在20世纪60—80年代所取得的重大成就不会马上被消灭，一些在这个时期积极参与哲学创造的哲学家现在也未急于改变立场，他认为这就是俄罗斯哲学未来的希望。当然他并不主张回到过去，这是不可能的，也是不必要的。但是通过那些优秀的知识分子的积极努力，苏联哲学的成就将会得到广泛接受。弗罗洛夫认为，经过人们的科学研究和冷静思考，大部分人还会选择马克思主义哲学并使其获得进一步发展。③

斯焦宾的观点也较为客观，他指出：在俄国的哲学中，既有悲剧，也有正剧。然而，在它的发展过程中，不仅有思想的低潮，也有思想的高潮。在评价俄国过去的事情时，往往采取极简单的转换：从前是从正的方面来评价规律，现在则从负的方面来评价规律。这样的评价是意识形态化的表现，这种意识妨碍对历史情况进行客观的分析。当然，意识形态上的控制，妨碍了哲学思想的自由发展。马克思主义被教条化，并在苏联社会的条件下履行着独特的国家宗教的角色。然而，决不能认为，除了教条化的马克思主义，就没有其他任何哲

---

① Развитие научных и гуманистических оснований философии: итоги и перспективы. Вопросы философии, 1992（10）：88.

② Развитие научных и гуманистических оснований философии: итоги и перспективы. Вопросы философии, 1992（10）：89.

③ 徐凤林. 俄罗斯哲学的历史、现状与未来. 北京大学学报（哲学社会科学版），1993（3）：124.

学了，那是违反这一传统的……在 20 世纪 60 年代，即赫鲁晓夫解冻的时代，出现了新的趋向：转向真正的马克思主义，富有成效地发展黑格尔-马克思主义的辩证法传统，与教条化的马克思主义对立（伊利延科夫学派）。在这一时期，开始恢复哲学家的专业著作。20 世纪 70—80 年代，在哲学史、逻辑、科学哲学的研究方面，取得了明显的成就，形成了独创的学派，获得了扬名西方、获得国外的同行高度评价的成果。[①] 可见，斯焦宾批判的不是真正的马克思主义，而是马克思主义理论中被教条化了的部分，他尤其肯定苏联时期学者在科学哲学等方面作出的巨大贡献。

苏联解体之初，对马克思主义哲学的态度几乎“一边倒”，都是批评的声音，如今苏联解体近三十年，俄罗斯学者对马克思主义哲学有了越来越多的客观分析与评价。其中不乏一直坚守马克思主义的哲学家。我国学者安启念就曾指出，苏联解体后当今俄罗斯坚持马克思主义的人不少，但是全面系统地研究反思马克思主义哲学和苏联哲学的人却很少，这里包括梅茹耶夫和奥伊则尔曼等人[②]。

梅茹耶夫是俄罗斯当代著名的哲学家，主要从事文化哲学和社会哲学的研究。他从 20 世纪 60 年代就开始进行文化学和文化哲学研究，从马克思的唯物史观出发研究马克思哲学中的文化理论，从文化哲学层面探讨文化与历史的关系。[③]梅茹耶夫认为，在当今的俄罗斯，马克思主义已经从意识形态领域消失，不再是俄罗斯共同的意识形态，这对马克思主义来讲既有利亦有弊。过去在俄罗斯仅仅从意识形态的角度来看待、研究马克思主义，今天对马克思主义的研究已经从意识形态角度转到了纯学术的角度，仍有包括马克思主义者在内的很多人对马克思主义感兴趣，从马克思主义的立场研究政治、经济和国际问题。俄罗斯近几年出版了很多有关马克思主义的著作、期刊，其中也不乏介绍西方马克思主义的著作和期刊。大学不再开设专门的马克思主义课程，但仍有不少教师从马克思主义的立场、观点和方法出发进行传道、授业、解惑。总之，马

① 斯捷平．世纪之交的哲学（下）．黄德兴译．现代外国哲学社会科学文摘，1998（10）：51．在该文中作者 Стёпин 的名字被翻译为斯捷平，而后来我国学者对该作者的通用翻译为斯焦宾。

② 安启念．从奥伊泽尔曼看后苏联时期俄罗斯哲学．俄罗斯研究，2013（6）：130—145．

③ 孙秀红．梅茹耶夫文化哲学思想研究．哈尔滨：黑龙江大学，2011：Ⅰ．

克思主义在当前的俄罗斯没有消失，而是从新的角度得到了发展。[①] 在梅茹耶夫的论述中，我们能够看到马克思主义哲学在当今俄罗斯应当有的较为正常而又平稳的发展态势。

俄罗斯著名哲学家奥伊则尔曼是更坚定的马克思主义者，他整个一生都在致力于对马克思主义哲学的研究和完善。早在苏联解体之前，1991年3月奥伊则尔曼在苏联科学院年会发言时，在谈到马克思主义社会科学的危机以及整个哲学和人文科学的危机时就曾指出：要想正确理解这一危机的实质，我们只能把它理解为它是那样一种文化-历史心态造成的结果，这种心态是在苏联社会存在的几十年里形成的，它实际上把马克思主义凌驾于所有科学之上，从而使它丧失正常的科学地位。这门科学成了神圣不可侵犯的国家学说，成为法定的国家思维方式，成了占绝对主导地位的知识和最高权威，它的指令不仅适用于它自己的领域，而且也适用于各门科学（如控制论、遗传学、农业生物学等等）。然而，任何科学的有效范围都是由它的对象和它业已达到的水平限定的，这当然也适用于马克思主义。[②] 可以看出奥伊则尔曼的观点客观且公正，他在一定程度上指出了苏联时期哲学中存在的政治扩大化的错误倾向，同时也为马克思主义哲学的正确发展指明道路。特别是苏联解体之后，奥伊则尔曼仍在从事马克思主义哲学研究，发展和完善马克思主义理论，是马克思主义理论真正的信仰者，更是这一理论的完善者和践行者。

斯焦宾对马克思主义哲学的评价到后期也更多侧重肯定的方面。他在1993年来华时强调，在俄罗斯只有少数人完全否定马克思主义哲学，大部分人认为马克思主义哲学还是一个重要的哲学流派，还能获得公平对待，没有被排斥和打击。著名学者弗罗洛夫也指出：但至少可以说，我国整整一代哲学家，终生都在为清除哲学科学中的反动的和教条主义的东西而奋斗，为摆脱扭曲真理探索的意识形态影响并使真理探索逐步前进而努力。[③] 此外，俄罗斯科学院院士、《哲学问题》主编 B. A. 列克托尔斯基（B. A. Лекторский）认为，今天在俄罗斯，苏联哲学并没有终结。他指出，最近在俄罗斯哲学界关于苏联哲学有两种不同的观点：一种观点认为，苏联哲学95%都是好的；另一种观点认为，苏联

---

① 孙秀红. 梅茹耶夫文化哲学思想研究. 哈尔滨：黑龙江大学，2011：48.

② 贾泽林，等. 二十世纪九十年代的俄罗斯哲学. 北京：商务印书馆，2008：22—23.

③ 弗罗洛夫. 哲学和科学伦理学：结论与前景. 舒白译. 哲学译丛，1996（Z3）：31.

所有哲学都是不好的，因为只有一种马克思主义哲学。我不赞同这两种观点。因为苏联哲学有不同的体系，除了教条主义的、官方的哲学外，还有一些人按另一种方式理解马克思的哲学，奠定了一种新的哲学基础。这些遗产很值得我们去研究。今天，我们不仅可以在与西方哲学做比较中发展我们的哲学，而且可以在马克思主义哲学基础上发展我们的哲学。[①] 可见，马克思主义哲学在俄罗斯主流哲学家那里仍然具有重要地位，他们一方面肯定马克思主义哲学在苏联历史中的重要作用，另一方面主张在马克思主义哲学的基础上进一步发展俄罗斯哲学。

二、主张西方各种思潮

苏联时期，技术哲学走过了不同寻常的发展道路，如今历经了多年的发展，苏联-俄罗斯技术哲学发生重大变化。伴随着 1991 年苏联解体，马克思主义哲学在俄罗斯失去御用哲学的地位，西方哲学（也包括技术哲学）在俄罗斯哲学中占据越来越重要的位置。特别值得强调的是，在苏联后期，学者针对西方技术哲学的观念就已经发生重要变化。

如前所述，1929 年 Б. 马尔科夫在自己的文章中指出："'现在没有，以后也不可能有独立于人类社会和独立于阶级斗争之外的技术哲学。谈技术哲学，就意味着对唯心主义的思考。技术哲学不是唯物主义的概念，而是唯心主义的概念'[②]。从这时起，在长达几十年的时间里，把技术哲学斥为唯心主义，在苏联哲学界已成定论……"[③]然而，在 20 世纪 90 年代初，在苏联解体之前有关于技术哲学的认识就已发生重大改变，这首先表现为对技术哲学身份的正式认可。1990 年，在白俄罗斯国立大学（明斯克）举行的第十届全苏科学逻辑学、科学方法论和科学哲学大会是其标志。随后第二年苏联解体，西方哲学观念进入俄罗斯学界，并逐渐占据主导地位。正是在这一过程中，俄罗斯学者对西方技术

① 郑镇. 俄罗斯哲学：苏联解体后的动向——全国第十一届俄罗斯哲学研讨会综述. 中共福建省委党校学报，2007（7）：87.

② Марков Б. В "философии" ли дело?. Инженерный труд，1929（2）：41.

③ От редакции. Философия техники. Вопросы философии，1993（10）：26.

哲学家的作品开始大量引介、研究，甚至是肯定。

苏联哲学界对于西方技术哲学问题的关注开始于20世纪70年代，那时主要以批判为主。到20世纪80年代，对西方技术哲学问题的关注呈上升趋势，并开始有了较为客观的评价。而进入20世纪90年代，则进入大量引进西方技术哲学观念的阶段，此时其技术哲学开始与世界技术哲学接轨。在引进西方技术哲学时，苏联哲学类权威杂志《哲学问题》是最主要的阵地。"《哲学问题》杂志曾多次关注技术哲学问题，阐述具有重要意义的技术哲学观念……"[①]该杂志编辑部1993年发表文章指出："最近，在我国文献中技术哲学问题的范围大大拓宽了。包括对西欧和美国技术哲学开展活动分析在内的许多新问题，都已经纳入该研究范围。出版了产生于20世纪70—80年代的论述技治主义和德国技术哲学的文选，还出版了批判性地分析国外技术哲学的著作（作者有Г. Е. 斯米尔诺娃、Г. М. 塔夫里江、В. Н. 波鲁斯）。其中某些著作所具有的负面的偏激倾向，不容许人们思考国外技术哲学的成就，而且这些著作中的批判情绪掩盖了技术哲学理论中所探讨的现实问题。"[②] 作为风向标，哲学权威杂志《哲学问题》的这番评论，表明了俄罗斯学者对西方技术哲学观点发生了根本性的改变。

在这些论著中，于20世纪70年代发表的论述西方技术哲学的主要论文有：Г. М. 塔夫里江1971年写的《海德格尔技术本质的元技术基础——资产阶级哲学家对科学技术进步的评价》[③]和他1978年写的另一篇文章《资产阶级技术哲学和社会理论》[④]，以及Г. Е. 斯米尔诺娃的《资产阶级技术哲学批判》[⑤]。到20世纪80年代，发表出版的与西方技术哲学相关的论文和著作开始渐渐增多，主要包括：莫斯科出版社1989年翻译出版的《联邦德国技术哲学》一书[⑥]，该书收录了Э. 施特列凯尔（Э. Штрёкер）的《技术哲学：一个哲学学科

---

① От редакции. Философия техники. Вопросы философии，1993（10）：26.

② От редакции. Философия техники. Вопросы философии，1993（10）：26.

③ Тавризян Г М. «Метатехническое» обоснование сущности техники М. Хайдеггером（Научно-технический прогресс в оценке буржуазных философов）. Вопросы философии，1971（12）：122—130.

④ Тавризян Г М. Буржуазная философия техники и социальные теории. Вопросы философии，1978（6）：147—159.

⑤ Смирнова Г Е. Критика буржуазной философии техники. Л.：Лениздат，1976.

⑥ Арзаканян Ц Г, Горохов В Г. Философия техники в ФРГ. М.：Прогресс，1989：54—68.

的困难》，Г. М. 塔夫里江的文章《技术、文化、人——20 世纪资产阶级哲学技术进步观批判》，Г. 班泽（Г. Банзе）和 З. 沃尔加斯特（З. Вольгаст）的《联邦德国技术哲学观》，В. Н. 波鲁斯的《西方哲学家和方法论专家观念中的“技术评价”》，以及苏联学者翻译的作品集《西方新技术统治论浪潮》，等等。20 世纪 90 年代初，В. Н. 波鲁斯还发表了《技术哲学：问题概述》。以上是苏联解体之前西方技术哲学思想进入苏联的主要情况。

苏联解体后，如今俄罗斯学者越来越关注西方技术哲学的进展，并将西方技术哲学区分为七种主要流派，他们指出：“可以说，20 世纪的大思想家，无不关注技术现象和现代文化的技术化进程。在这些最重要的技术哲学家当中，应当注意文化-历史论（德绍尔、利特）、胡塞尔的现象学、生命哲学（贝尔松、施本格勒）、存在主义（雅斯贝尔斯、加塞特、海德格尔）、哲学人类学（格伦、普莱斯纳）、别尔嘉耶夫的末日论形而上学和法兰克福学派的新马克思主义（马尔库塞、哈贝马斯等）。”[①] 伴随对西方技术哲学上述流派的关注，俄罗斯学界对西方技术哲学的引进开始呈现出加速态势。

《哲学问题》杂志于 1993 年第 10 期刊出了有关西方技术哲学的专题文章。该专题共有 5 篇文章，除了第一篇是《哲学问题》杂志编辑部以《技术哲学》为题发表的技术哲学简介性的文章外[②]，其余四篇都是对西方著名技术哲学家的技术哲学思想的转载。这里包括加塞特的《对于技术的思考》[③]、布柳缅贝格的《从现象学的观点看生命世界及其技术化》[④]、A. 凯斯特勒的《机器中的精神》[⑤]、海德格尔的《列图尔讲习班，1969 年》[⑥]。这是苏联解体后俄罗斯学术界引进西方技术哲学家思想的重要举动，表明俄罗斯哲学界对西方技术哲学态度发生了重要转变。总之，西方技术哲学思想的大量引入，直接导致了俄罗斯技术哲学研究角度和研究内容的变化。正因如此，我们可以说现代西方主流思潮已经成为俄罗斯当代技术哲学的重要指导思想之一。

---

① От редакции. Философия техники. Вопросы философии，1993（10）：25.

② От редакции. Философия техники. Вопросы философии，1993（10）：24—31.

③ Ортега-и-гассет Х. Размышления о технике. Вопросы философии，1993（10）：32—68.

④ Блюменберг Х. Жизненный мир и технизация с точки зрения феноменологии. Вопросы философии，1993（10）：69—92.

⑤ Кестлер А. Дух в машине. Вопросы философии，1993（10）：93—122.

⑥ Хайдеггер М. Семинар в Ле Торе，1969. Вопросы философии，1993（10）：123—151.

三、坚持俄罗斯思想

俄罗斯思想是俄罗斯民族特有的、最本质的精神因素。它是俄罗斯民族有史以来的全部思想的积淀，是俄罗斯民族精神体验和文化创造的集中体现[①]。俄罗斯宗教哲学是俄罗斯思想的重要组成部分。在谈俄罗斯宗教哲学前，首先需要介绍两个重要的关键词："白银时代的哲学"和"哲学船事件"。正如安启念指出的：十月革命后白银时代宗教唯心主义哲学的重要代表人物先后流亡国外，与留在国内的洛谢夫、弗洛连斯基（П. А. Флоренский）等一起，他们的思想在今天受到俄罗斯哲学界的高度评价，被认为是20世纪俄罗斯最重要的哲学成就。[②] 与此相关联的就是苏联历史上著名的"哲学船事件"。所谓"哲学船事件"是指，由于意识形态的原因，1922年秋俄罗斯宗教哲学的主要代表人物如别尔嘉耶夫、С. Л. 弗兰克（С. Л. Фрак）、Н. О. 洛斯基（Н. О. Лосский）等人被迫乘船离开苏联，流亡欧洲。这些宗教哲学家和此后仍留在国内的洛谢夫、巴赫金和弗洛连斯基等人在事发之后，仍然从事哲学研究和创作，出版了大量宗教哲学著作，使得俄罗斯宗教哲学以非常规的方式得以保留和发展。弗罗洛夫1992年底来华谈到这段历史时指出：苏联在20世纪20年代驱逐了一大批杰出的哲学家和思想家，禁止非马克思主义哲学流派的存在和发展，由于缺少了不同学派的争论和对话，苏联的马克思主义哲学被庸俗化、简单化[③]。

1991年苏联解体后，马克思主义哲学的地位逐渐被其他哲学思想取代，除了西方哲学之外，俄国本国的传统宗教哲学也被推到了极高的地位。俄罗斯开始重印和出版大量宗教哲学著作，历史上许多著名俄罗斯宗教哲学家的名字，如Ф. М. 陀思妥耶夫斯基（Ф. М. Достоевский）、Вл. С. 索洛维约夫（Вл. С. Соловьев）、别尔嘉耶夫等被人们提及和推崇。Ф. М. 陀思妥耶夫斯基认为，俄罗斯人的包容性体现在作为基督教真理全部化身的东正教上。他坚信俄罗斯民族全部的综合性，相信东正教内在的丰富和完美，在东正教中可以找到

---

① 白晓红．"俄罗斯思想"的演变．俄罗斯中亚东欧研究，2005（1）：58．

② 安启念．俄罗斯哲学界关于苏联哲学的激烈争论．哲学动态，2015（5）：45．

③ 徐凤林．俄罗斯哲学的历史、现状与未来．北京大学学报（哲学社会科学版），1993（3）：124．

西方基督教所有支离部分的最高的有机的综合。[①] Вл. С. 索洛维约夫根据基督教和穆斯林的对立状态认为必须用第三种联合的力量去除前两者的片面性，这第三种力量属于斯拉夫世界，排在第一位的就是俄罗斯。他写道：拥有第三种上帝力量的民族应当摆脱任何的局限性和片面性……应当坚信自己有力量超越某种个体狭小范围内的活动和认识，应当淡漠于所有与这种生活相连的卑微的利益，笃信上帝的事业并恭敬上帝，而这些品质无疑属于斯拉夫种族的性格，特别是俄罗斯民族的性格……人之爱不仅是在教会里，而是共同的宗教理解。俄国能够而且应当为世界保存基督教的崇高品质。[②] 别尔嘉耶夫进而认为“俄罗斯思想”的主要特征和内部原则永远是基督教的同一性，他指出：俄罗斯宗教思想按其本质来说是全世界和全人类的思想，它指向世界的联合。[③] 可见，在苏联解体后，追寻并依赖俄罗斯思想成为俄罗斯人获取心灵安慰的主要途径之一。

正如魏玉东指出的：20 世纪 90 年代末，俄罗斯哲学界对过去 100 年里的俄罗斯哲学人物和著作做了一次评价调查。从调查的结果来看，被公认的 30 位著名哲学家中，有 16 位是反马克思主义和非马克思主义的哲学家，而他们大多都是宗教哲学家。从排名上看，排在第一位的是俄国著名的宗教哲学家别尔嘉耶夫。[④]别尔嘉耶夫不仅是俄罗斯思想的创立者之一，而且他对技术有独到的见解，他的技术哲学思想在俄罗斯历史上具有重要地位。他曾在 1933 年 5 月发表的论文《人和机器——技术的社会学和形而上学问题》中指出技术对于现代人的影响。[⑤] 别尔嘉耶夫的观点一方面显示其在技术哲学方面的超前的意识，另一方面也显示其深刻的洞察力。他还指出：在技术里，从自然界内部释放出力量，这些力量以前处于沉睡状态，没有在自然生命的循环里显现出来。如果能够使原子分裂，那么这将是宇宙的巨大变革，这将是从文明内部产生的变革。与此同时，技术在人类社会生活中统治的不断增强是对人的生存的越来越严重的客体化，它伤害人的灵魂，压迫人的生命。人越来越被向外抛，越来越外

---

① 白晓红.“俄罗斯思想”的演变. 俄罗斯中亚东欧研究，2005（1）：62.

② 白晓红.“俄罗斯思想”的演变. 俄罗斯中亚东欧研究，2005（1）：63—64.

③ 白晓红.“俄罗斯思想”的演变. 俄罗斯中亚东欧研究，2005（1）：64.

④ 魏玉东. 苏俄 STS 研究的逻辑进路与学科进路探析. 沈阳：东北大学，2012：71.

⑤ 别尔嘉耶夫. 人和机器——技术的社会学和形而上学问题. 张百春译. 世界哲学，2002（6）：45.

化，越来越丧失自己的精神中心和完整性。人的生命不再是有机的，而是成为组织的，被更理性化和机械化了。人将脱离适合自然生命的节奏，越来越远离自然界（不是在力学自然科学的客体意义上的自然界），其情感的心灵生活将受到损害。技术进步的辩证法就在于，机器是人的造物，而它又指向反对人，机器是精神的产物，它却奴役精神。[①] 而且在别尔嘉耶夫看来，对于普通人来说技术仅仅只是生活的手段，而不是生活的目的；人类生活的目的在精神领域或者说属于精神层面，任何时候技术都不应成为目的或取代目的。尽管对于改善物质生活而言，技术是最强有力的手段，但是技术并没有因此而具有最高价值，最高价值属于精神（无论是人的还是上帝的）。如今，别尔嘉耶夫关于技术的观点被俄罗斯学者广泛认可，在一定程度上反映了俄罗斯当代技术哲学向传统宗教哲学的复归。

在俄罗斯宗教哲学与西方哲学以及马克思主义哲学的对比中，学者得出如下观点。A. B. 切尔尼亚耶夫（A. B. Черняев）指出：实际上俄罗斯宗教哲学复兴的所有领袖都不是直接走向宗教的，而是都先受到世俗的西方社会学说、哲学学说的影响，包括马克思主义的影响。代表人物如别尔嘉耶夫、布尔加科夫（C. H. Булгаков）、司徒卢威（П. Б. Струве）、弗兰克等。一些人还尝试把基督教和革命激进主义结合起来，如斯温兹茨基（B. П. Свенцицкий）、埃恩（B. Ф. Эрн）、弗洛连斯基。也有人起初激烈批评十月革命，但很快改变态度，把社会主义制度按照“第三罗马”的精神解释为实现古代神权政治的尝试。[②] A. B. 切尔尼亚耶夫还认为：宗教复兴与布尔什维克积极的革命活动纲领同时出现，它们只是不同的社会设计方案，是对世纪末社会和文化危机的不同形式的思想反应。俄罗斯宗教哲学与整个“白银时代”文化一样，让人清晰地感到它是现代主义的显现，就此而言它和俄罗斯马克思主义之间没有原则界限。[③] 由此可见，在切尔尼亚耶夫看来，俄罗斯宗教哲学与马克思主义哲学并不是截然对立的，甚至具有同源的特点，两者都是对 20 世纪末的社会和文化危机的思想解读，只不过外在形式有所区别。

---

① 别尔嘉耶夫. 末世论形而上学：创造与客体化. 张百春译，北京：中国城市出版社，2003：231—232.

② 安启念. 俄罗斯哲学界关于苏联哲学的激烈争论. 哲学动态，2015（5）：47.

③ Конференция - “круглый стол” “Философия России первой половины XX века”. Вопросы философии，2014（7）：24. 文中汉语为安启念翻译。

俄罗斯当代著名宗教哲学家霍鲁日也重视俄罗斯宗教哲学，但他对俄罗斯宗教哲学与马克思主义哲学的认识与 A. B. 切尔尼亚耶夫迥异。霍鲁日把传统宗教哲学推崇到极高的位置，但却将苏联哲学贬低得一无是处。安启念曾这样评价霍鲁日：贯穿霍鲁日以上思想的核心观点是把白银时代宗教唯心主义哲学视为整个 20 世纪俄罗斯哲学最重要的甚至是唯一的成果，与此相应的是他对 20 世纪 30 年代形成的苏联哲学的彻底否定。他强调，俄罗斯的哲学传统在苏联哲学出现之后中断了。对苏联哲学和苏联社会制度的厌恶与批判是霍鲁日哲学思想的基本特点。他反对一切为它们所做的辩护。①

综上所述，正如我国学者安启念指出的：围绕对 20 世纪上半叶俄罗斯哲学的认识，俄罗斯哲学界产生严重分歧，争论焦点是对苏联哲学的评价。霍鲁日称赞宗教哲学，但对苏联哲学即苏联版的马克思主义哲学持全盘否定的态度。而其他多数学者否定米丁（М. Б. Митин）、尤金（Б. Г. Юдин）等人所代表的官方哲学，同时肯定具有创新精神的马克思主义哲学家。还有人提出，苏联马克思主义哲学与宗教哲学都是俄罗斯文化与历史的产物，两者并非截然对立。争论双方的共同缺点是没有把苏联哲学放到俄罗斯社会发展的历史中加以考察。②此外，安启念还客观地指出：从深层看，苏联马克思主义哲学与白银时代俄罗斯宗教哲学都是 19 世纪末 20 世纪初时代的产物，都植根于俄罗斯文化传统之中，都有其自身的合理因素。这一认识极大地深化了对苏联马克思主义哲学的理解，是对霍鲁日的直接反驳。③ 总之伴随苏联的解体，俄罗斯宗教哲学早已摆脱苏联时期被批判、被压制的尴尬处境，获得了自由的发展，成为影响当今俄罗斯技术哲学走向的重要思想之一。

第二节 研究主题：从个性化到大众化的转向

苏联解体后，其技术哲学的研究主题从个性化走向了大众化。苏联哲学形

① 安启念. 俄罗斯哲学界关于苏联哲学的激烈争论. 哲学动态，2015（5）：45.

② 安启念. 俄罗斯哲学界关于苏联哲学的激烈争论. 哲学动态，2015（5）：43.

③ 安启念. 俄罗斯哲学界关于苏联哲学的激烈争论. 哲学动态，2015（5）：47.

成于 20 世纪 30 年代。正如万长松所讲：广义地讲，这一马克思主义哲学的“变种”始于 1917 年十月革命而终于 1991 年的苏联解体；狭义地讲，1930 年 12 月，斯大林与“哲学和自然科学红色教授学院党支部委员会”就“哲学战线上的形势问题”进行的“谈话”是苏联哲学彻底国家化、政治化、官方化和意识形态化的标志。[①] 其技术哲学的形成也大致在这一时期，由于众所周知的原因，苏联哲学具有鲜明特色，这在技术哲学领域表现得也尤其突出。

在技术哲学的历史上人们不会忘记几位大师级的人物：恩斯特·卡普（Ernst Kapp）、卡尔·米切姆、F. 拉普（F. Rapp）和恩格尔迈尔等人。如果说前三个人的研究明显带有欧美哲学的研究特色，那么以恩格尔迈尔为首的苏俄哲学家的研究则具有鲜明的“俄式”风格。如前所述，恩格尔迈尔 1912 年提出了技术哲学第一个研究纲领，他在 1929 年再次发表文章强调技术哲学的重要性，然而以 Б. 马尔科夫为代表的一些人对恩格尔迈尔的主张进行批判，认为谈技术哲学就是唯心主义，致使苏联学界在长达几十年的时间里，拒斥技术哲学[②]。但值得一提的是，这一时期技术哲学研究并没有停止，而是或者转入地下，或者转到国外，或者使用其他名义。在这种情况下，苏联技术哲学走上了颇具特色的发展道路，取得了让世人瞩目的成绩。

概括说来，苏联技术哲学的特色在于：它是以马克思列宁主义理论为指导的技术哲学理论，这就决定了苏联技术哲学与西方技术哲学有本质的不同。具体表现在以下四个方面。首先，苏联技术哲学的研究域特殊。苏联时期，学者扩大了传统意义上对于技术哲学范围的理解，把技术史、技术的哲学问题、技术科学的方法论和历史、设计和工程技术活动的方法论和历史等问题不同程度地纳入技术哲学的研究范围内。其次，苏联技术哲学的研究风格深受自然科学哲学问题的影响。相对于西方技术哲学，苏联学者对于技术科学方法论的研究最为充分，且具有鲜明的俄式风格，表现为对技术科学的研究往往是在与自然科学问题的对比中进行的。再次，苏联技术哲学的研究导向也与西方有显著的不同，苏联学者尤其强调社会主义制度在科学技术革命和科学技术进步方面的巨大优势。最后，即使在研究范围基本一致的科学技术价值论问题上，苏联学

---

① 万长松. 俄罗斯科学技术哲学的范式转换研究. 自然辩证法研究，2015（8）：90.

② От редакции. Философия техники. Вопросы философии，1993（10）：26.

者也与西方学者有显著的差别。苏联学者尤为关注人的问题，这体现在对技术的本质问题、人与技术的关系问题、人与自然的关系问题、人道主义问题的研究中。这样与人相关的技术哲学问题就成为苏联后期技术哲学的重要内容。苏联技术哲学上述特色的形成，既涉及苏联技术哲学与意识形态的相关性问题，同时它也直接导致苏联技术哲学形成了个性化的、独特的研究纲领。

苏联解体后，尽管学者对于技术哲学的现状仍有不满，但是对技术哲学开始有了新的认识和评价，1993 年发表的《技术哲学》一文指出："当代，技术研究从不同的方向扩展开来，技术在人的整个生活中显示出重要的作用，并且现在已经形成了各种不同的技术哲学观。但是仍有许多哲学家指出，尽管最近人们对于技术哲学这一领域的兴趣在明显增长，但是迄今为止技术哲学在哲学自身中所起的作用仍是微不足道的；他们还指出技术哲学具有多维性，它既包括科学哲学，又包括工艺学，还包括技术社会学；他们还认为对技术做哲学思考是不合要求的。虽然某些哲学家说技术哲学中缺乏系统化和被认真加以研究的哲学传统，但是我们很难认同对于技术哲学状况的这种评价，这是因为技术哲学问题的范围越来越清晰，哲学家对于技术和技术进步的立场和目标变得更加明确并且彼此区分开来，技术哲学中各种不同的研究纲领和不同的传统正在形成并扩展开来。"[①] 如今，俄罗斯技术哲学关注的主题也发生重大变化：转向关注研究人与自然关系、技术文明论、技术评估等问题。事实上，这种变化是原有技术价值论问题的延伸和具体化。而且，如今俄罗斯技术哲学的研究主题越来越具体、越来越实用、与社会生活的关系越来越密切，已经从个性化走向了大众化。

一、转向人与自然关系研究

苏联解体后，俄罗斯技术哲学发生的变化首先表现为对人与自然关系的重新解读和研究。应当说人与自然关系并不是新问题，但是由于苏联时期技术哲学更关注技术本体论和认识论问题，因此有关人与自然的关系问题并没有获得

---

① От редакции. Философия техники. Вопросы философии，1993（10）：24—25.

技术哲学家的广泛关注。苏联解体前后，伴随着对科学技术价值论的关注，人们开始重新反思人与自然的关系。

“人类中心主义”（антропоцентризм）思想在历史上曾经长期占据主导地位，难怪 B. 库迪廖夫说：B. 维尔纳茨基生活的时代使人们相信生物圈可以和谐地按人类共同智慧发展。智力圈概念似乎使人们都寄希望于将大自然变成一个在自己这个指挥家领导下的强大乐队。[①] 而 1991 年在新西伯利亚举行的全苏会议成为“人类中心主义”思想变化的转折点，此次会议的议题是讨论“把人的因素有效地纳入智能系统问题”。在类似的背景下，人们常说到克服人类中心论。[②] 人们之所以要克服人类中心论，其根本原因在于人类中心论的支持者一味地把人看成是宇宙的主宰，因而决策时只着眼于个人的短期利益，而不计未来的长远利益，只注重人的社会性一面——人是社会力量的代表，而忽视人的生物性的一面——人是宇宙有机的组成部分，是生物圈乃至生物链中的一个环节，其结果必将导致整个人类的长期利益遭受损失。尤其是全球性问题的不断展开，更加剧了苏联学者对“人类中心论”的批判。此时，对人类中心论的批判直接指向的是科学技术飞速发展所引发的负面后果。

简单说来，20 世纪科学技术迅猛发展，一方面，人们成为科技发展的受益者，人们逐渐从繁重的工作中解放出来，生活水平日益提高；但是另一方面，人们又是科技发展的受害者，科学技术在给人带来好处的同时，也带来了巨大的灾难，这里除了有交通肇事、机械操作失败等日常生活和工作中随处可见的事故外，还有科学技术按原有方向持续发展所导致的，而且势必会越来越严重的人口膨胀、能源匮乏、粮食短缺、生态失衡、环境污染等重大问题。在此过程中，自然界遭到严重破坏，而人类赖以生存的所有资源恰恰都孕育其中，这使人们不得不重新反思人与自然的关系问题，人的中心地位直接受到威胁。此时，“哲学家的注意力经常放在对人类主体性的理解和对个人生活的理解上”[③]。当今与使用现代科学成就相联系的危害已经出现了，如今被人监控的先进工艺的传播所产生的不良后果是显而易见的，这些先进工艺间接地对人的基本生存造成

① 库迪廖夫. 地球的宇宙化是对人类的威胁. 立秋译. 国外社会科学，1994（10）：13—14.

② 库迪廖夫. 地球的宇宙化是对人类的威胁. 立秋译. 国外社会科学，1994（10）：14.

③ Развитие научных и гуманистических оснований философии: итоги и перспективы. Вопросы философии, 1992（10）：91.

威胁。“人还是宇宙的中心吗？”“人还可以像过去一样按自己的意愿任意行事吗？”这些问题在科技和社会发展新背景下被再次提出来。“重新认识以往片面的、纯理性的人的概念已经开始了。此时人不再只是社会力量和社会关系的利益代表……”① 此后，俄罗斯学者开始批判人类中心论，并提出了人与自然协同进化（коэволюция）的思想，即主张放弃人对自然的绝对主宰权，人与自然应处于平等地位。В. И. 萨马赫瓦洛夫（В. И. Самохвалова）在《人与世界：人类中心主义问题》一文中指出，人是宇宙的合作者，是宇宙整体发展过程中的一个环节。人之所以重要不是因为他是宇宙的中心，而是因为他是自身和宇宙两者同时发生而又互为前提的协同进化的条件和开端，是使这种协同进化不断发展和完善的促进因素，人只有在协同进化中才能完成揭示宇宙中一切可能性的使命②。而且，“如今自然界不能简单地被认为是人类生存所必需的物质和能源的宝库，它还是一个特殊的、完整的有机体”③。在这里，人被看成是自然界有机体整体中不可分割的一个组成部分或重要成分。

俄罗斯学者的上述思想一直持续至今，1997 年 Р. С. 卡尔宾斯卡娅（Р. С. Карпиская）、И. К. 利谢耶夫（И. К. Лисеев）和 А. П. 奥古尔佐夫合著的《自然哲学：协同进化战略》一书成为这种新转向的标志④，他们抛开了以往人与自然关系中人占绝对主导地位的观念，更加明确地主张应当在自然哲学中建立起自然界的整体形象，人与自然界应共同发展⑤。

上述思想被看成是反人类中心论的，是对人类中心论的否定。然而事实上通过分析我们能够发现，人与自然协同进化的思想并不是对原有人类中心论的全盘否定，而是原有人类中心论的变种，我们可以称之为“新人类中心论”。这种新人类中心论并不是全盘否定人在人与自然所构成的世界体系中所处的核心位置，它批判的只是过分强调人在人与自然关系中至高无上的“绝

---

① Развитие научных и гуманистических оснований философии: итоги и перспективы. Вопросы философии, 1992（10）：91.

② Самохвалова В И. Человек и мир: проблема антрапоцентризма. Философские науки，1992（3）：166.

③ Развитие научных и гуманистических оснований философии: итоги и перспективы. Вопросы философии, 1992（10）：100.

④ 白夜昕，李金辉. 俄罗斯新自然哲学的兴起. 自然辩证法通讯，2004（1）：95—98，112.

⑤ Каганова З В, Сивоконь П Е. Образы природы и космоса в современной российской философии. Вестник Московского университета. Серия 7, философия，1997（6）：100.

对主宰”地位，而主张人与自然和平共处，其目的是使整个人类的长远利益得到保障。可以说，以协同进化思想为核心的新人类中心论是先前所倡导的人类中心论思想的继续，只不过是由低级的“人类权利中心论”上升到高级的“人类利益中心论”。这就是说，新人类中心论的本质是“人类利益中心论”，它与人们最初倡导的人类中心论的共同点是：都把人放在世界万物的中心位置。两者的不同之处在于：最初倡导的人类中心论把人（特别是个人）的欲望和权利看成是第一位的，一切为人的欲望和权利服务，它是一种即时理性，可以不计任何后果；而新人类中心论则把全人类的长远利益和幸福看成是第一位的，该理论主张在行事之初先预期可能的后果，如果预期的后果对人类有益就可以实行，反之就禁止，因而这种理性具有前瞻性。新人类中心论把全人类的利益和幸福置于首位，它反映在人与自然的关系上，要求人与自然要协同发展、共同进步，从而使全人类享受长远的幸福生活，这与我国倡导的“可持续发展理论”是相一致的。其实，有关人与自然界一致性的思想在恩格斯的著作中早有阐述，他在《劳动在从猿到人的转变中的作用》中指出：我们一天天地学会更正确地理解自然规律，学会认识我们对自然界习常过程的干预所造成的较近或较远的后果……认识到自身和自然界的一体性，那种关于精神和物质、人类和自然、灵魂和肉体之间的对立的荒谬的、反自然的观点，也就越不可能成立了。

站在今天的历史高度上，我们不可否认“人类中心论”的提出是历史性的进步，它使人摆脱了过去那种听命于自然、任凭自然界摆布的境地，人开始具有了自主地位。但是现实表明，人过高地估计了自身的实力，在强大的自然力面前，人类的许多努力都失败了。如今人类一改以往与自然界的对抗，尝试与自然界和平共处，以谋求整个人类的长远利益。表面看来这是人类对自然界屈服，人类失去了往日“皇帝”般的地位，但仔细品味一下，这种做法是为了什么？是为了谁的利益？答案只有一个，为了“人”，为了“整个人类”。人类学鼻祖 H.普莱斯纳曾说过，人并非科学的研究对象和自我意识的主体，而是作为自己生活的客体和主体，也就是说，对他而言，他自己就是研究对象和中心。[①] 换句话说，不是由于人是认知的主体，而恰恰由于

① 普利亚耶夫. 社会人类学：地位、对象、问题. 夏芒译. 国外社会科学，1994,（5）：14.

人是被认知的客体，是大家所关注的对象，人才具有了今天这样的重要地位——人的利益和命运已经成为我们一切活动的终极目标。因此正视人道主义的发展，我们应当看到“人类权利中心论”思想的提出无疑是历史的进步，但它也存在不可克服的弊病，作为人道主义的一种低级形式它最终会被更高级的形式——“人类利益中心论”所取代。“人类利益中心论”恰恰最能充分体现当今哲学中的人道主义观念。在这种观念的转变过程中，人的地位由宇宙的中心变为宇宙的因素之一，他和自然并列成为宇宙的两个基本元素；不同的是，宇宙一切活动的重心永远向人类倾斜，全人类的幸福和利益是人的一切行动的出发点。

此外值得一提的是，苏联人道主义思想从“人类权利中心论”向“人类利益中心论”的转变是从 20 世纪 90 年代初开始的，特别是 1991 年在新西伯利亚举行的全苏会议成为这种转变的标志。如今人们更关心的是整个人类的生存和命运，“一切为了人，一切为了人的幸福”成为一切活动的目标和准则，这正是民主气氛渗入政治所带来的结果。如果说 20 世纪 60 年代末 70 年代初是苏联人道主义思想兴起的时代；那么 70 年代、80 年代则是人道主义思想进一步发展和人类中心论（其本质是人类权利中心论）的形成时期；从 90 年代初至今，已进入人道主义思想的成熟阶段——人类利益中心论。人类权利中心论是政治专权、一切以个人利益为转移的体现，而人类利益中心论则是一切为了整个人类的人道主义思想和民主意识的反映。从人类权利中心论向人类利益中心论的转变是苏联-俄罗斯人道主义的巨大进步。

二、转向技术文明论研究

伴随着对科学技术社会后果的反思，俄罗斯学者对技术文明（техногенная цивилизация）的关注力度也在增加。在这个方向上，斯焦宾的观点最具代表性，他在技术哲学中最主要的成就是对技术文明的研究，斯焦宾技术文明思想主要反映在他的文明类型理论中。斯焦宾认为文明类型理论的基本内容有三个方面：其一，人类文明可以分为三种类型。第一种是传统文明，相当于马克思主义所说的前资本主义文明。第二种是技术文明，实际上包括通常所说的资本主义社会和社会主义社会。第三种是未来文明，它的特点是克服了追求物质财富这一价值目标以及由此而来的技术工艺对人的支配，从而使当前人类遇到的环境、人的生存发展等危机得到解决。第三种文明实际上就是我们通常所说的共产主义社会。其二，技术文明思想。对人类文明的以上分类，核心是技术文明思想。事实上第一种文明是前技术文明，第三种文明是后技术文明。所谓“技术文明”，俄文为 техногенная цивилизация。其中 цивилизация 即中文的“文明”一词；техногенная 是形容词，техно 是技术的意思，ген 指基因，二者结合形成的复合词，意思是“由技术决定的”。简而言之，技术文明就是“一切由生产技术决定的文明”。这是斯焦宾对工业文明特征的集中概括。其三，每一种文明都有自己的基因，这就是它特有的文化。正如每一个物种的特性，这些特性的遗传变异以致该物种演变为一个新的物种，都取决于它的基因一样，每一种文明的特点在一代又一代人之间的继承与改变，是由社会的文化决定的。[①]

我国学者张百春在翻译和研究斯焦宾的文献时指出，在论述技术文明论时斯焦宾着重强调了“文化基因”的重要性。斯焦宾认为：如果把社会看作经历历史进化的完整有机体，那么对于解释社会进化的动态进程而言，仅仅揭示出与自然选择类似的那些结构和过程是不够的。重要的是还要揭示与遗传密码类似的东西——能够储存历史上积累下来的经验的信息结构。马克思主义唯物史观提供了一个对社会生活加以唯物主义解释的图式，它的一个重要缺陷是没有揭示出文化的社会密码功能。文化是活动、行为和交往的发展着的程序系统，这些程序以符号的形式被记录下来，充当传递积累下来的社会历史经验（人类生活的超生物的程序）的方法，决定人们的生产方式和生活方式。现实的人同时由两组遗传密码加以制约，一组是肉体组织的基因，另一组是社会组织的基因，即文化。斯焦宾还对哲学世界观在文化系统中的重要作用作了深入分析。斯焦宾的文明类型理论，其中的技术文明概念，与西方马克思主义，尤其是法兰克福学派遥相呼应，从一个角度突出了当今工业社会中人自身所处的被支配地位。更重要的是，这一理论中的文化基因思想，对马克思主义的唯物史观做了重要补充，可以说是苏联解体以来俄罗斯马克思主义哲学原理研究取得的最有价值的成果。近一个多世纪以来西方学者对文化的社会功能做了大量研究，

① 安启念. 当代学者视野中的马克思主义哲学：俄罗斯学者卷. 2 版. 北京：北京师范大学出版社，2012：173. 本部分张百春译。

成绩斐然，但无论从什么角度看，斯焦宾的工作都有自己的特色，值得重视。[①]可以看出，作为翻译者和研究者，张百春对斯焦宾文化基因思想与唯物史观关系的评价是准确而深刻的。

俄罗斯著名学者罗津也同样强调了文化的重要性。他在1997年出版的《技术哲学：历史与现实》一书中提出下列观点，并在2006年出版的《技术的概念及其现代观点》一书中微调并再次重申："毫无疑问，我们应当改变对技术的理解。首先，必须克服自然主义和工具主义的技术观念。取而代之的应该是理解技术。一方面，应该把技术理解为复杂的智力和社会文化过程（包括对工程和设计活动的认识与研究，工艺的发展，以及经济与政治决策层面等）的展现；另一方面，技术还是人生存的特殊环境，它把环境原型、运行节奏、审美方式等强加给人。新的工程和技术带来了不同的科学-工程世界图景，这样的图景不能建立在自由利用自然界的力量、能源和物质的思想上，也不能建立在随意创造的思想上。上述这些思想在当时的特定时期（文艺复兴时期和16—17世纪）是富有成效的，有助于阐明工程构思和形象。但是如今这些思想已经不能够适合形势。新的工程和技术善于和各种自然界（第一自然、第二自然及文化）协同工作，并且注意倾听自己和文化的声音。倾听意味着理解——我们同意哪种技术，为了发展技术和技术文明我们限制了哪些自由，技术发展过程中的哪些价值对于是符合我们本性的，哪些价值与我们对人和人的尊严的理解、与我们对文化、历史和未来的理解是不相容的。"[②]罗津的观点表明了技术应当与我们的文化、历史，以及我们的价值观保持一致，而不是与它们相背离。

在分析现代工程技术引发的危机时，罗津指出现代工程技术日益强大，在推动人类文明发展的同时引起三种类型的危机："第一自然的变化和损害（生态危机），人的变化和损害（人类危机）以及第二、第三自然即活动、组织和社会基础的不可控制的变化（发展危机）。"[③] 罗津进一步指出这种"危机"来自四个方面：工程被非传统的设计所融合；工程被工艺所融合；对工程活动负面结

---

① 安启念. 当代学者视野中的马克思主义哲学：俄罗斯学者卷. 2版. 北京：北京师范大学出版社，2012：173—174. 本部分张百春译。

② Розин В М. Понятие и современные концепции техники. Москва：ИФ РАН, 2006：246.

③ Розин В М. Философия техники и культурно-исторические реконтукция развития техники. Вопросы философии，1996（3）：26.

果的意识；传统科学-工程世界图景的危机[1]。在寻求摆脱危机的道路时，魏玉东借用了弗罗洛夫在《哲学导论》一书的观点：而在寻找生态危机的出路上弗罗洛夫倍加推崇采用马克思主义哲学的理论、观点和方法，认为马克思主义哲学既不接受狂妄的、毫无根据的技术至上主义的乐观论，也不接受消沉的、保守的卢梭主义的悲观论。它对生态问题采取现实的、客观的科学分析态度，目的在于寻找彻底的人道主义的方法，以解决各个不同方面的问题。而这需要保证为实现消除生态危险目标所必需的经济、生态、社会文化和价值等方面的进展。[2] 可见，在解决技术文明危机过程中，俄罗斯学者仍然以马克思主义哲学作为指导思想来解决俄罗斯当前所面临的生态难题。

三、转向技术评估研究

苏联时期技术哲学家侧重从技术本身（即内史的角度）来研究技术，研究技术的角度是由内到外的拓展。而如今俄罗斯技术哲学家更多时候是跳到技术以外，来反观和评价技术。其中重要表现之一就是对技术评估（оценка техники）给予高度重视，这是苏联时期技术哲学家很少关注的问题。

关于什么是技术评估，德国和俄罗斯学者曾联合研究指出："技术评估就是一项有计划、有系统、有组织的活动。这一活动能分析技术状况及其发展的可能性；评估这些技术的直接和间接的技术的、经济的、健康的、环境的、人道的、社会的和其他结果以及可能的替代品；根据特定的目标和价值做出判断，或要求进一步满足这些价值的发展；能产生积极的和创造性的机会，为做出明智的决策创造条件，并在这种情况下使相关机构采纳实施。"[3] 关于技术评估的重要性，正如高罗霍夫所说：与把技术和它的某些方面作为自己的研究对象的经典的科学技术学科不同，技术评估不仅要面向技术的社会作用以及根源于它的社会、生态冲突等的研究，而且寻求如何预防这些冲突和确定技术在社会中

① Розин В М, Горохов В Г, Алексеева И Ю, и др. Философия техники: история и современность. М.: ИФ РАН, 1997.

② 魏玉东. 苏俄 STS 研究的逻辑进路与学科进路探析. 沈阳：东北大学，2012：83.

③ Стёпин В С, Горохов В Г, Розов М А. Философия науки и техники. М.: Гардарики，1996.

的长远发展道路，对于现阶段正在建立社会和经济关系完整体系的俄罗斯来说，针对上述现象所做的分析显得尤为重要。在俄罗斯学者眼中，技术评估已经成为技术活动的组成部分。有些时候他们也把技术评估看成是对技术设计的社会-人文的、社会-经济的、社会-生态的检验。[①] 在高罗霍夫的观点中，我们可以看到技术评估与社会中人文、经济、生态等方面的密切联系。

在俄罗斯学者眼中，技术评估的最大特点就是跨学科性。技术评估是一项跨学科性的任务，它要求培养一批宽领域的专家，他们具备的不仅是科学技术和自然科学的知识，而且还是社会-人文知识。但是这并不意味着工程师的个人责任因此就可以减少，相反，集体活动应该和个人责任结合起来。[②] 在强调技术评估跨学科特点的基础上，俄罗斯学者尤其重视德国的经验。高罗霍夫指出："有趣的是，如果能摆脱从事科学研究的研究所，我们科学院的院士就会发挥自己鉴定专家的作用吗？这一活动在西欧通过鉴定专家组和特殊的社会研究所已经得以实现，如德国联邦议院的技术评估局就属于此种。对技术进行评估或者对技术的后果进行评估是跨学科的任务，它需要具有广泛专长的专家，不仅仅具有科学技术专长、自然科学专长，还应当有社会人文知识。通过讨论和初步经验得出结论：应当从安全角度和评价技术对周围自然环境与社会环境的影响角度，对未来工艺和现行工艺过程的控制进行分析。既然这些任务的解决有效地建立在国家管理的普遍作用上，那么这个领域的研究在很大程度上取决于国民的国家结构。德国在这一领域的经验能够提供给俄罗斯非常宝贵的帮助。俄罗斯对技术进行社会评价（与评价对周围环境的影响、生态审计一样）在过去没有这种水平，并且直到现在也没有达到这种水平。"[③] 因此，进行技术评估时要重视工程技术专家、自然科学家和人文社会科学学者的意见，确保技术对于自然环境和社会环境的安全性。

在技术评估的具体原则方面，高罗霍夫有如下主张："在鉴定中应当吸收区域政府和区域社会团体的代表来参加，特别是谈及对科技方案、引进新技术方案和经济方案的评价时，这些方案的实施和运用涉及这些人的切身利益。为了

---

① 万长松. 俄罗斯学者关于技术与社会关系若干问题的思考. 东北大学学报（社会科学版），2008（4）：292—293.

② 万长松. 俄罗斯学者关于技术与社会关系若干问题的思考. 东北大学学报（社会科学版），2008（4）：293.

③ Горохов В Г. Новый тренд в философии техники. Вопросы философии，2014（1）：181.

使选择与这些跨学科鉴定组的评估活动相协调，必须有特殊的系统的方法论专家组，他们不是任何科学或技术领域的专家，但是他们具有关于科技发展和科学技术哲学的普遍的知识。方法论专家‘从各个方向’探索科学研究的、科学技术的和科技革新的所有活动。原则上科学家和工程师本人能够采取这样的立场，在此情况下他们不仅在确定的科学或技术领域完成自己主要的职业活动，还从方法论上反省自身的活动。但是在科技发展的现代阶段，这两种立场通常被分开。技术哲学家的任务要考虑这两个立场，但是首先相对于科技发展而言，对技术的社会评价是技术哲学家职业特殊的本能的立场。”[①] 由此可见，高罗霍夫既强调技术评估的跨区域性，要求区域社会团体代表参与技术评估，同时更强调技术哲学家从方法论的角度对技术进行社会评价，后者更为重要。

特别值得肯定的是，在研究技术评估时俄罗斯学者一方面主张要从方法论层面进行反思与总结，另一方面还主张邀请无利害冲突的国际专家参与技术评估。高罗霍夫强调：“当社会和国家把相当一部分有利可图的有利机会用于发展科学技术研究时，所有人有权期待科学和技术在解决摆在社会面前的社会问题过程中，贡献不断增加。此外，国家机关、议会构成、财务机构，以及俄罗斯公民以选民和纳税人的身份，在把有利的条件分给具体的科学技术方案和引进新技术方案时，但愿会有办法评价他们的预期效果，用以作为采取具体解决对策的科学依据。在把正面的和负面的后果都纳入研究结果的同时，对科学技术发展进行评价势必能够提供这种科学依据。这样的评价不可能来自某些具体领域的学者和工程师，因为他们是当事者一方，而且除此之外，通常他们不具有科学技术发展的经济的、政治的、伦理的、法律的等研究方向领域内的充足知识。在这个意义上，进行评价的不应该是以这样或那样形式从事科技活动的科学家，而应该是站在奖惩科学之外的方法论专家，他们处于对这些活动进行反省与评价的立场上。但是他们有些人不能够深入研究此类评价标准，并进行充分的、有计划的系统评价，因为这类任务是跨学科的，参加者应该既要有各个不同社会科学的代表（经济学家、社会学家、政治学家、心理学家、哲学家和法学家），还要有从内部了解问题并对方法论反思和概括具有天赋的具体科学和技术领域的代表。但是这种评价很少，因为哪怕是相对独立的评价，也不应只

① Горохов В Г. Новый тренд в философии техники. Вопросы философии，2014（1）：181.

是跨学科的，还应当是国际的，也就是说应该把其他国家无利害关系的鉴定专家吸引到评价中来。”①

总之，俄罗斯当代技术哲学主题的转向——无论是人与自然关系、技术文明论，还是技术评估理论，都是围绕“人”来进行的，这反映出在当今俄罗斯技术哲学中技术价值论占据主导地位的总特征。

第三节　研究视角：从“科学—技术—生产”链条到技术人类学、文化学、社会-政治学转向

苏联时期技术哲学侧重在“科学—技术—生产”的框架内研究技术的相关问题，如：技术哲学的定义，技术的本质，技术的产生过程，技术发展的历史分期，技术科学方法论，科学和技术的关系，科学技术与生产的关系，科学技术与工程技术、设计以及实践活动的关系，科学技术革命问题，科学技术进步问题，科学技术的社会后果问题，技术是否威胁到我们的文明的问题，工艺学问题，等等。可以说在“科学—技术—生产”的框架内，学者感兴趣的技术哲学问题均有涉及。

由于意识形态的原因，苏联技术哲学的研究风格与研究方法深受德国影响。一种通常的划分阶段的方法，是把探索研究、基础研究、应用研究、技术发展和生产过程弄成直线式的链条。② 这一点被苏联学者广泛地应用于对自然科学与技术科学的分析中，并且他们往往把探索研究和基础研究等同于自然科学，把应用研究等同于技术科学。民主德国学者还指出，由于上述划分不能解释一些重要的现象，因而它还不能完成“科学—技术—生产”循环的理论模型的职能。E. 阿尔布莱希特和 H. 康特指出，关于“科学—技术—生产”循环的理论模型的基本设想可能是这样的：它包括新的理论的形成，对客观现实中的新规律和新现象的揭示，以及它们后来逐渐在技术、工艺和国民经济上的应用，

① Горохов В Г. Новый тренд в философии техники. Вопросы философии，2014（1）：181.

② 阿尔布莱希特，康特. “科学—技术—生产”循环的哲学问题. 黄文华译. 哲学译丛，1978（1）：33.

简单地说，包括了在科学中和通过科学所进行的革命过程。而且他们把这一循环分为四个阶段：理论形成阶段、技术实现阶段、经济化阶段和工业推广阶段[①]。他们还认为：确定科研任务不允许只着眼于一个阶段，而要考虑到社会需要和政治战略，着眼于“科学—技术—生产”这一循环的所有阶段。“科学—技术—生产”循环的具体进程要由政治的和社会经济的条件来决定。[②] 由此可见，苏联时期技术哲学重视政治因素的特点在一定程度上是受民主德国技术哲学的影响。

此外，在“科学—技术—生产”的关系链条中，民主德国学者特别注意在技术与社会生产（特别是生产力和生产关系）的关系中研究技术。在此他们所依据的原理就是：生产力决定生产关系，生产关系对生产力具有巨大的反作用。民主德国学者 G. 鲍恩指出：任何技术性的工具、全部的技术体系以及决定其使用的方法，都属于社会生产力。人类在使用这些属于生产力的技术成分时，同时也就提高了自觉地、有目的地使用这些成分的能力，并且在实际使用它们的过程中丰富自身的经验。因此，生产力既包括主观因素，又包括客观因素，是两种因素共同发生作用的结果。然而，两者都扎根于人的实际劳动活动中。只有通过人的实际劳动，自然界的事物（石头、木材、骨头等等）才能够转化为技术性的手段。只有在实际的劳动中，人的主观才能——使用技术手段达到预期的目的、在可能的情况下改进技术，或者用新技术取代旧技术——方能得以发挥。[③] 正因如此，G. 鲍恩最终得出两个重要结论：第一，技术的基础存在于社会生产力中，技术就其起源而言是人们在劳动过程中必须提高生产力时产生的。技术的全部历史是同整个生产力的历史紧密联系在一起的。第二，技术是人的本质力量的表现。对此，马克思曾经用最蹩脚的建筑师和“最灵巧”的蜜蜂来加以对比。[④]

众所周知，马克思认为人的本质是“社会关系的总和”。对此 G. 鲍恩强调指出：马克思主义关于人的本质的哲学观点，给判断技术本质提供了一个重要的论点和出发点。马克思主义把人理解成为实践的、活动的本质，对于确定技

---

① 阿尔布莱希特，康特. “科学—技术—生产”循环的哲学问题. 黄文华译. 哲学译丛，1978（1）：33—35.

② 阿尔布莱希特，康特. “科学—技术—生产”循环的哲学问题. 黄文华译. 哲学译丛，1978（1）：35.

③ 鲍恩. 马克思列宁主义哲学的技术观和技术进步观. 郭官义译. 哲学译丛，1978（1）：8.

④ 鲍恩. 马克思列宁主义哲学的技术观和技术进步观. 郭官义译. 哲学译丛，1978（1）：8.

术的本质也是一个决定性的论点。这种看法防止了把技术的独立性加以绝对化，它的产生以及它的运用和发展的种种结果主要是由社会和经济状况决定的。[①] 具体说来，作为生产力的重要组成部分，技术与生产关系有着密切联系。G. 鲍恩指出：生产关系对于生产力的发展和作用具有异常巨大的意义。特别值得注意的是，生产技术——作为生产力的组成部分——的发展，在很大程度上取决于生产关系，首先取决于所有制关系。生产关系在相当长的历史时期内就是生产力发展相对稳定的形式。[②] 他还进一步指出：在生产资料私有制构成社会的经济基础的一切社会制度里，技术的发展、新的技术发明的推广等等，都是由这些制度的经济法则决定的。因此，从奴隶制经济中出现的生产技术的发展也就特别缓慢……毋庸置疑，奴隶社会中的生产力也有进步和发展，特别是出现了农业和畜牧业、农业和手工业之间巨大的社会分工……但是，奴隶制对于生产力的进一步发展，仍旧是十分严酷的限制。[③] 针对封建的生产关系，G. 鲍恩写道：在封建的生产关系中，生产者开始对发展生产力有了较为浓厚的兴趣。然而，封建剥削阶级的根本利益以及他们的经济和政治地位并没有给生产技术的迅速发展带来重大推动，生产技术的发展仍旧建立在以手工操作工具为主的基础上。封建所有制关系不可避免地变成了生产力发展的桎梏。[④] 而针对资本主义，G. 鲍恩同样认为：资本主义私有制形式，已经在相当广大的领域内阻碍了生产力的发展，并且成为促成技术进步种种可能性的“镣铐”。[⑤] 而且他还强调：可以肯定，尽管垄断资本主义国家也部分地采用了现代化的规划方法，但是，它们想要建立的那种人和技术、社会生活和技术进步之间的真正的和谐关系，是无法实现的。自动化能源结构中的变化、科学的高速度发展以及科学技术革命的其他过程，在资本主义国家中提出了越来越新的、更为复杂的经济的、社会的和人的问题。这些问题清楚地表明，资本主义制度无法用完美的、人道主义的、和平的和进步的方法发展和使用全部技术。愈来愈多的事实证明，现代的科学和技术、全部的社会生产力都要求废除生产资料的私人

① 鲍恩. 马克思列宁主义哲学的技术观和技术进步观. 郭官义译. 哲学译丛，1978（1）：9.
② 鲍恩. 马克思列宁主义哲学的技术观和技术进步观. 郭官义译. 哲学译丛，1978（1）：9.
③ 鲍恩. 马克思列宁主义哲学的技术观和技术进步观. 郭官义译. 哲学译丛，1978（1）：9.
④ 鲍恩. 马克思列宁主义哲学的技术观和技术进步观. 郭官义译. 哲学译丛，1978（1）：9—10.
⑤ 鲍恩. 马克思列宁主义哲学的技术观和技术进步观. 郭官义译. 哲学译丛，1978（1）：10.

所有制。[①] 可见，民主德国学者分析了不同社会形态中生产关系对生产力（技术）的限制，要求废除这些与生产力（技术）不相适应的生产关系以促进生产力和社会的进步，这种观点获得苏联时期学者的广泛认可。

此外，民主德国学者在技术哲学的研究中尤为重视对技术概念的研究，强调其作为社会存在的一个方面具有客观性。由于民主德国是社会主义国家，因此其技术哲学研究具有较重的意识形态色彩。G. 鲍恩就曾指出：从马克思主义哲学的观点出发，在对待技术的哲学定义上，我们曾经做过巨大的努力，专就这个问题写过大量的文章。事实证明，就马克思主义的技术定义问题所展开的科学争论具有重大意义。解决这个问题不仅对于同资产阶级的思想斗争，而且对于从理论上和世界观上进一步研究科学技术革命的总过程，都具有十分重要的意义……技术是社会存在的一个方面，它的活动规律和发展规律，从根本上说是和社会存在相联系的，是从社会存在中产生的，也可以说，具有物质性。强调技术具有客观物质性——作为社会存在的一个方面——对于划清唯物主义技术观同形形色色的唯心主义技术观的界线甚为重要。[②] 纵观苏联技术哲学研究的特点，对比民主德国技术哲学的种种见解，我们可以发现两者的共性之处在于：将技术置身于马克思主义劳动理论之中，置身于“科学—技术—生产”的链条之下，来揭示技术的本质及其发展规律，以此论证资本主义制度的不合理性。

如今苏联解体后，当今俄罗斯学者对技术哲学相关问题的研究早已突破这一框架，由技术的内部转向了技术的外部，并向更广泛的空间拓展，开始转向技术人类学、技术文化学和技术社会-政治学等方向。

一、技术人类学转向

1996 年在莫斯科大学举办了首届“哲学和社会学人学”讲习班，总结了俄罗斯学者在人学方面所做的研究。在此过程中，斯焦宾教授介绍了自己在“哲学人学和科学哲学”方面的研究。他指出：作为科学研究主体的人的问题应该

---

① 鲍恩. 马克思列宁主义哲学的技术观和技术进步观. 郭官义译. 哲学译丛，1978（1）：12.

② 鲍恩. 马克思列宁主义哲学的技术观和技术进步观. 郭官义译. 哲学译丛，1978（1）：7.

在科学哲学研究中占有突出的地位。以前的科学哲学研究忽视了人的问题，比如，人的社会性以及人的个性等都没有成为科学哲学研究的对象，这些因素被当作主观的、与科学精神不符的东西加以排斥。具体地说，在以前的认识论研究中，认识主体只是被动地反映客体，主体不能干预客体，主体远离客体。在现代的科学认识中，认识主体不再是被动地参与主客体的反映关系，而是主动地进入客体之中，主体对客体的反映结果直接依赖于主体的情绪、体验以及主体的社会关系等等。[①] 的确，以往科学认识论忽视了人的问题，但是在科学价值论层面却极其重视人的地位与作用。苏联时期不仅科学哲学如此，技术哲学也具有上述特征，即学者在技术本体论方面对人的要素重视不足，只在技术价值论层面重视探讨人的要素。

如今俄罗斯技术哲学无论从本体论层面、认识论层面，还是从价值论层面，都把人放在了极其重要的位置。斯焦宾认为现在俄罗斯哲学研究的主导方向有四个：一是“哲学人文学”（也可译为“哲学人类学”）；二是社会哲学（主要是文化哲学），主张把哲学与文化学结合起来；三是俄罗斯哲学（如俄罗斯的唯心主义哲学和宗教哲学）；四是文化和文明[②]。哲学中的这些转向在技术哲学中都有重要体现，使得俄罗斯当代技术哲学呈现出“技术人类学”转向、“技术文化学”转向和“技术社会-政治学”转向三大趋势。

其实早在苏联后期，技术哲学就越来越多地与“人”发生联系。技术哲学的人类学转向与全球性问题的出现和飞速发展密切相关。我国学者安启念曾强调：以弗罗洛夫和斯焦宾为代表的苏联时期和后苏联时期俄罗斯哲学对全球性问题的研究，意义极其重大。[③] 他还指出：斯大林去世以后，苏联哲学发展最基本的倾向是人道主义化。这一倾向最早出现在认识论领域，随后体现在苏联哲学的一切方面，最集中的体现是以弗罗洛夫为代表的对全球性问题的研究。苏联哲学对全球性问题的研究开始于1972年，到20世纪80年代成为苏联哲学的热点，甚至是中心问题，代表性成果是弗罗洛夫的新人道主义。[④] 弗罗洛夫在全球性问题方面成绩巨大，他将全球性问题转化成哲学人类学，其研究的广

① 张百春. 俄罗斯的人学研究. 哲学动态，1998（4）：42—43.

② 斯杰宾. 转向时期的俄罗斯哲学. 李尚德译. 哲学译丛，1994（1）：76. 现译为斯焦宾。

③ 安启念. 从奥伊泽尔曼看后苏联时期俄罗斯哲学. 俄罗斯研究，2013（6）：144.

④ 安启念. 从奥伊泽尔曼看后苏联时期俄罗斯哲学. 俄罗斯研究，2013（6）：141.

度和深度远远超过西方学术界。也正是在这个思想的影响下，苏联-俄罗斯技术人类学逐步产生、发展和成熟。

特别是苏联解体后，西方技术人类学正式进入俄罗斯学者的视野。如今俄罗斯学者越来越关注西方技术哲学的进展，西方技术哲学的主要流派在很大程度上影响俄罗斯技术哲学的发展，其中技术人类学成为俄罗斯当代技术哲学的重要转向之一。

1993 年，《哲学问题》杂志曾刊出了一组针对外国技术哲学家思想的技术哲学专题。其中有三篇是技术人类学方向的论文，《对于技术的思考》指出技术是用以使人的用力最小化的人的活动，《从现象学的观点看生命世界及其技术化》从人类学立场分析了文化技术化的现象学观点，《机器中的精神》提出了自然主义的技术人类学方案。可见，技术人类学已经进入俄罗斯学者的视野。正像许多哲学家指出的：哲学不可避免地又回到人的问题上。这是因为："首先，在历史中，最先向人类的生存提出了疑义。人类存在的许多条件都发生了变化。其次，由于科技飞速进步，人的机会与实力以无与伦比的速度增长，人的本质力量的开发是文明发展的条件。再次，技术化世界的需求和人类心理和体力的超负荷在飞速增长。"[①] 总之，俄罗斯当代技术哲学越来越关注技术与人、技术与社会的关系。也就是说，在俄罗斯技术哲学家看来，技术哲学不仅仅要研究技术人工物（技术制品），还要研究社会大系统中的技术与技术以外的其他社会要素的关系。

如今，俄罗斯学者将技术哲学研究分为四大方面。他们指出："如果分析一下作为各种技术观念基础的那些问题，那么我们就会区分出决定研究技术方式的四种组织构成关系，它们是技术与人、技术与自然界、技术与存在、技术与社会文化界。与此相适应，从这种或那种被认为是最主要的关系类型出发，技术哲学观念的各种多样性都可以被抽象地公式化。因此可以说成是技术人类学（антропология техники）、自然主义技术本体论（натуралистическая онтодогия техники）、技术本体论（онтодогия техники）和技术文化学（культурология техники）。技术哲学的观念类型就是这样的，当然这些观念正以不同方式决定技术的本质和技术的发展前景。"[②] 可见，在俄罗斯上述技术哲学的研究方向

---

① Развитие научных и гуманистических оснований философии: итоги и перспективы. Вопросы философии，1992（10）：101.

② От редакции. Философия техники. Вопросы философии，1993（10）：27.

中，一方面保留了苏联时期原有的关于技术的研究内容（如技术本体论），另一方面也增加了现代西方技术哲学界所关注的重点内容，其中技术人类学的转向在俄罗斯当代技术哲学中占据重要位置。

二、技术文化学转向

如前所述，苏联解体后俄罗斯学者将西方技术哲学区分为：文化-历史论、现象学、生命哲学、存在主义、哲学人类学、末日论形而上学、新马克思主义七种主要流派。[①] 在技术哲学的众多流派中，俄罗斯学者把文化-历史论放在了特别重要的位置。学者指出，“技术哲学研究的困难不仅与这项研究远远超出技术知识和技术科学方法论问题的研究范围有关，而且还同该研究包括各类问题的庞杂综合——如技术与人的关系，技术与自然界的关系，技术与存在的关系，技术在社会文化界中的地位，对技术创新和科学技术进步的评价，对技术进步的社会的、经济的、社会心理条件和技术进步后果的评价，对技术与劳动、工程活动与技术、技术与周围环境的相互关系，以及对科学技术进步的生态后果的评价等问题相联系”[②]。并且在对于技术哲学这一认识的基础上，俄罗斯学者将技术哲学研究分为四大方面：技术人类学、自然主义技术本体论、技术本体论和技术文化学。可见，俄罗斯当代技术哲学新增了技术与社会文化的关系问题，形成了技术文化学的研究方向。

关于文化的重要性，弗罗洛夫很早在研究“人的问题”时就曾指出：决定人学发展紧迫性的重要因素之一就是现代科学技术的发展往往导致新工艺的出现，这些新工艺可能危及人的自然的、文化的和社会的同一性，破坏人的遗传、生理和心理。[③] 正因如此，俄罗斯学者提出要研究技术与文化的关系。2005 年，第四届俄罗斯哲学大会在莫斯科大学举行，会议的主题是“哲学与文明的未来”。大会共设“圆桌会议”27 个，其中就包括“现代世界中的技术、文

---

① От редакции. Философия техники. Вопросы философии，1993（10）：25.

② От редакции. Философия техники. Вопросы философии，1993（10）：25—26.

③ 弗罗洛夫. 哲学和科学伦理学：结论与前景. 舒白译. 哲学译丛，1996（Z3）：33.

化与环境”等主题[①]。由此可见，技术文化论已成为俄罗斯哲学特别是俄罗斯技术哲学的重要议题。

我国学者万长松曾指出，苏联-俄罗斯科学哲学的发展经历了由逻辑-认识论到社会-文化论的范式转换[②]。其实，其技术哲学何尝不是如此。如果说“逻辑-认识论”侧重从内史角度研究科学技术自身的发展规律，那么“社会-文化论”则侧重从外史的角度研究社会文化要素对科学技术的影响。万长松指出：正是在社会-文化论这一范式下，以斯焦宾为代表的一批哲学家把他们的科学哲学、技术哲学研究同“社会哲学”和“文化学”研究联系起来，关于……技术起源和发展的社会-文化背景、技术与人类文明类型的关系等，成为当今俄罗斯科技哲学研究的重点。[③] 斯焦宾对于技术与文化关系的研究表现在他对“技术文明”即“由技术决定的文明”的思考中，相关代表论著有：1994 年出版的《技术文明文化中的世界的科学图景》、1999 年发表的《技术文明的价值基础和前景》、2011 年出版的《文明与文化》等[④]。

作为俄罗斯科学院院士、俄罗斯科学院哲学研究所所长，斯焦宾是俄罗斯科学技术哲学研究领域的重要代表人物，他在 1993 年来华学术交流时就曾指出在俄罗斯文化哲学研究进展迅速。他认为：有人把文化和文明对立起来，这不对。文化和文明密切相关，不同的文化影响不同的文明。现在，我们集中讨论当代文明如何发展的问题。[⑤] 针对技术，斯焦宾“特别迫切地提出技术社会中的‘文化共相’（культурных универсалий）问题，以及它们在科学解释中的功能问题。斯焦宾试图把某些无论是特殊文化还是普遍文化的共相类型之类的东西当作是公理”[⑥]。他认为马克思主义哲学没有揭示文化的社会密码功能，而事实上对于社会进化过程而言，文化具有重要作用。文化以符号的形式记录人类的活动、行为和交往，传递社会历史经验，决定着人们的生产方式和

---

① 赵岩. 第四届俄罗斯哲学大会侧记. 哲学动态，2005（10）：72.

② 万长松. 从逻辑-认识论到社会-文化论——俄罗斯（苏联）科学哲学的回顾与展望. 科学技术哲学研究，2017（4）：1—7.

③ 万长松. 俄罗斯科学技术哲学的范式转换研究. 自然辩证法研究，2015（8）：93.

④ Розин В М. Философия техники и культурно-исторические реконтукция развития техники. Вопросы философии，1996（3）：26.

⑤ 斯杰宾. 转向时期的俄罗斯哲学. 李尚德译. 哲学译丛，1994（1）：76.

⑥ Ленк Х. О значении философских идей В. С. Стёпина. Вопросы философии，2009（9）：10.

生活方式[①]。斯焦宾还“迫切强调我们地球上文化的一体化过程。总有一天，无论是在文化和社会问题的相互作用中还是在文化与技术进步的相互作用中的综合性的系统进程所起的作用，会使我们理解‘自然、技术、文化和精神的一体化’。未来争论的主题将会是以我们地球上的历史偶然性区别于我们的举世公认的文明的发展的道路问题，还是是否存在着某种类似所有可能的技术文明的普遍的结构问题？这个问题是公开的”[②]。

事实上，“技术哲学于19世纪末20世纪初在德国和俄罗斯同时产生。那时技术哲学的主要趋势表现在技术与文化的相互关系方面，这符合工程技术群体自我意识飞速发展的需求。在20世纪中后期技术哲学的兴趣转移到技术哲学与科学哲学的相互作用方面，即研究科学和技术相互关系的过程，研究方法论问题，这符合当时纯理论科学的取向，此时纯理论科学与自第二次世界大战以来的军事-工业综合体牢固地联系在一起”[③]。俄罗斯当代技术哲学转向技术文化学研究，在一定程度反映出技术哲学向19世纪末20世纪初早期技术哲学的复归，这是对马克思主义哲学唯物辩证法中否定之否定规律的再次印证。

三、技术社会-政治学转向

当代俄罗斯技术哲学不仅转向技术人类学方向和技术文化学方向，还转向了技术社会-政治学方向（социально-политический аспект технологий），表现为俄罗斯学者尤其关注技术与社会和政治因素的关系。

“在20世纪中后期技术哲学的兴趣转移到技术哲学与科学哲学的相互作用方面，即研究科学和技术相互关系的过程，研究方法论问题，这符合当时纯理论科学的取向，此时纯理论科学与自第二次世界大战以来的军事-工业综合体牢固地联系在一起。如今，正如2013年在里斯本（葡萄牙）举行的国际哲学与技术学会（SPT）大会上指出的：‘技术正处于信息时代’，在技术哲学中形成的新

---

① 安启念. 当代学者视野中的马克思主义哲学：俄罗斯学者卷. 2版. 北京：北京师范大学出版社，2012：173—174. 本部分张百春译。

② Ленк Х. О значении философских идей В. С. Стёпина. Вопросы философии，2009（9）：10—11.

③ Горохов В Г. Новый тренд в философии техники. Вопросы философии，2014（1）：178.

趋势在如下方向，即现代工艺的社会–哲学问题、政治学问题和伦理问题。这在某种程度上与现代工艺对世界的影响显著增强相联系，这种影响不仅体现在对科学上，还首先体现在对日常意识和生活方式的影响上。如今，我们很难在没有手机、个人计算机、iPhone、iPad 的情况下展现自己。这为传播和获取信息提供了新的可能。我们无论躺下睡觉还是醒来都与这些装备陪伴在一起，我们在公共交通工具、私家车，甚至在自行车上还在使用它们。但是与此同时，产生了很多社会的、伦理的、政治的和心理的问题，如对信息工艺的依赖、信息过剩、难以确定信息的真假。所有这些都需要特殊的（包括哲学上的）理解和研究。”①

其实在苏联解体前几年，学者就曾将科学技术作为整体，尝试提出它与社会因素的相关性问题。如果说苏联科学技术哲学的本体论是侧重从内史论角度研究科学技术；而到了认识论阶段，学者就开始引入科学技术以外的社会、经济等要素，提出了科学技术革命论、科学技术进步论等；科技哲学发展到价值论阶段时，则将社会、伦理、人的因素放置在了极高的地位上。正如弗罗洛夫1987 年在全苏第四次自然科学哲学会议上强调的：当我们以辩证唯物主义观点分析科学技术的哲学问题和社会问题研究的途径与前景的时候，必须看到这些问题的演变。它们的演变不仅（在许多情况下，主要不）是由纯属科学内部的因素决定的，而且是由作为社会领域的科学发挥社会功能的某些一般条件决定的。② 这表明科学（当然也包括技术）是在它们与社会因素互动的过程中实现自身功能的，科学技术的发展受社会条件的影响和制约。O. M. 古谢伊诺夫（O. M. Гусейнов）进一步指出这种影响的间接性："科学技术进步对日常生活中人们道德关系的影响不是直接的，而是间接的。科技成就通过人们生活条件的变化而对精神过程产生影响，这就必然会相应地改变人们的精神面貌、心理和精神需求。但是不应当把这种依从关系看作是直接的、机械的。”③

弗罗洛夫还在其著作《科技进步与人的未来》中特别强调社会政治因素在解决生态问题时具有的决定性作用。他指出：研究生态问题的本质至少应当考虑到生态问题具有的三个因素：①与危及自然资源枯竭有关的技术经济方面；

---

① Горохов В Г. Новый тренд в философии техники. Вопросы философии，2014（1）：178.

② 弗罗洛夫. 科学技术的哲学问题和社会问题研究的回顾与展望. 戴风文，孙云先译. 哲学译丛，1987（5）：16.

③ Гусейнов О М. Научно-технический прогресс и моральные отношения людей в быту. Философские науки，1985（4）：136.

②在世界性环境污染条件下有关人类社会同自然界的生态平衡，这是狭义的生态学方面；③社会政治方面的因素，这些问题不仅仅在各国、各地区范围内，而且在包括整个人类在内的全球范围内都有着解决的必要性，因此恰恰是社会政治因素在解决生态问题当中具有决定性作用。如果只把生态问题看作是某些协调人与自然相互作用技术措施的评价或筛选，这是极狭隘的。[①] 同样罗津也强调："最重要的不是建立在技术和工艺基础上的财富、舒适和力量的增长，而是无危险的发展、对私有财产的监管、寻找必要的制约条件。此外，还有对出生率的监督和那些需要标准的维持，这些标准确保了健康的生活方式和对技术手段、产品的合理利用。"[②]

2005 年，在莫斯科大学举办的第四届俄罗斯哲学大会上，有一组圆桌会议题目是"《罗素—爱因斯坦宣言》：问世后的 50 年"。这个题目缘于 1955 年 2 月爱因斯坦收到了英国著名哲学家罗素的信，告诉他由于制造核武器的竞赛，人类的前途实在令人担心，希望以爱因斯坦为首团结几位著名的科学家发表宣言避免毁灭人类的战争发生。爱因斯坦在收到信后马上回信表示："你熟悉这些组织的工作。你是将军，我是小兵。你只要发出命令，我就随后跟从。"于是 1955 年 7 月 9 日，罗素在伦敦卡斯顿厅举行新闻发布会，公布他亲自起草、包括爱因斯坦在内的其他 10 位著名科学家联名签署的《罗素—爱因斯坦宣言》："有鉴于在未来的世界大战中核子武器肯定会被运用，而这类武器肯定会对人类的生存产生威胁，我们号召世界各政府公开宣布它们的目的，我们号召，解决它们之间的任何争执都应该用和平手段。"该宣言抛开意识形态、宗教信仰、地域、国家和人种的偏见，保持公正与平衡，站在整个人类的立场，维护全人类的安全利益。宣言所表明的中立立场得到东西方科学家的认可，也逐渐得到各国政府的信任，而这种认可和信任是冷战时期东西方会议能够在各国轮流举行并影响各国政府裁军政策的前提。此次在莫斯科大学举办的第四届俄罗斯哲学大会上再次提出该议题，表明了当今俄罗斯学者对此问题的关切，这也从一定程度上反映出当今世界科学、技术、政治、社会、伦理等要素之间的密切关系。

---

① 徐春. 苏联学者对生态问题的哲学研究——兼谈现代条件下人与自然的关系. 辽宁大学学报（哲学社会科学版），1990（2）：88.

② Розин В М. Традиционная современная технология. М.：ИФ РАН，1999：117.

如今，俄罗斯哲学家特别关注技术与经济和社会发展的关系，强调技术的社会性。高罗霍夫在《技术哲学中的新趋势》一文中强调对技术工艺进行社会人文研究的重要性，他指出："出自一个著名学者之口的这类论断，对于不知内情的听众来说成为真理的担保者，并且能够在社会中作为历史科学事实继续扩散。有人高声宣布基础自然科学（首先是物理学）和最新工艺相结合的必要性，而忘记了工艺是在社会中发展起来的，并被用来服务于社会，正因如此，针对最新工艺进行社会人文研究变得如此重要和必需。"①

俄罗斯当代技术哲学之所以转向了技术社会-政治学方向，除了跟技术与社会和政治因素发生越来越紧密的关系外，还有以下原因，这正如俄罗斯著名技术哲学家高罗霍夫指出的："新一代的技术哲学家对新工艺的社会-政治角度比对新工艺发展的方法论方面和历史-科学方面的特殊性更有研究兴趣。这或多或少与此方向不要求在科学技术领域中有专业造诣相联系。"②

总之，随着现代世界政治格局的变化和科学技术的迅猛发展，技术哲学中的社会-政治学导向在俄罗斯社会中表现得越来越突出，技术也越来越被看作是一种特定的社会现象。在此过程中，人们一方面关注社会因素对技术的影响，即关注技术发展的社会机制；另一方面又关注技术对社会的影响，即关注技术的社会功能等问题。在当代，技术与政治、技术与经济、技术与社会发展之间的相互联系和制约愈来愈密切和错综复杂，如果不能将它们结合起来加以考虑，就既不能把握技术的发展规律，又不能把握政治、经济和社会的发展规律。因此，研究技术哲学中的技术社会-政治学导向，具有重大的现实意义。

第四节　价值取向：从重科技实效性的工程技术哲学到重"人的因素"的人文技术哲学的转向

按照美国著名技术哲学家卡尔·米切姆的观点，技术哲学有两种传统：一

① Горохов В Г. Новый тренд в философии техники. Вопросы философии，2014（1）：180.

② Горохов В Г. Новый тренд в философии техники. Вопросы философии，2014（1）：178.

种是工程学的技术哲学，另一种是人文主义的技术哲学①。前者主要是由工程师和技术专家对技术进行的反思，而后者主要是由人文社会科学工作者，特别是哲学家对技术所进行的思考；前者对技术更多持肯定态度，而后者对技术更多持批判的观点。在苏联-俄罗斯技术哲学家对技术及其相关问题的研究中，也显示出上述两种倾向的交替。

值得一提的是,《俄罗斯工程的技术哲学之评析》将整个俄国技术哲学横向划分为比较稳定的两个流派：一个是沿袭过去传统的工程的技术哲学，另一个是面向西方主流的人文的技术哲学。前者是建设性的，后者是批判性的②。后来《歧路中的探求——当代俄罗斯科学技术哲学研究》一书将苏联-俄罗斯技术哲学的发展方向概括为：从工具主义的技术哲学到人本主义的技术哲学。前者以恩格尔迈尔为代表，后者以别尔嘉耶夫为代表③。综合上述观点，同时也出于与西方人本主义思潮做区分的考虑，笔者赞同把苏联-俄罗斯技术哲学的这一转向描述为：从重科技实效性的工程技术哲学到重“人的因素”的人文技术哲学的转向。

技术哲学是哲学领域特殊的组成部分，尽管如今仍有人怀疑其是否真正属于哲学（因为其研究内容有很大一部分属于实用任务与问题），但不可否认，它所研究的基本问题，如技术的本质问题，技术与人类活动的其他领域——科学、艺术、工程技术、设计以及实践活动的关系问题，技术的产生及其发展阶段问题，技术是否威胁到我们的文明的问题，技术对人与自然的影响问题，以及技术发展变化的前景问题等等，都是我们当前应当重点关注并希望尽快解决的问题。苏联时期技术哲学主要涉及以下四个领域：技术史、技术的哲学问题、技术科学的方法论和历史、设计和工程技术活动的方法论和历史④。由此可见，苏联时期的技术哲学侧重工程技术哲学的研究传统。特别是，苏联学者将技术定义为劳动手段或活动手段，还强调技术科学方法论在技术发展中的重要作用。

---

① 米切姆. 技术哲学. 曲炜，王克迪译. 科学与哲学，1986（5）：63—146.

② 万长松，陈凡. 俄罗斯工程的技术哲学之评析. 自然辩证法研究，2003（4）：26—29，43.

③ 万长松. 歧路中的探求——当代俄罗斯科学技术哲学研究. 北京：科学出版社，2017.

④ Розин В М, Горохов В Г, Алексеева И Ю, и др. Философия техники: история и современность. М.：ИФ РАН, 1997.

首先，苏联技术哲学在很大程度上依赖于马克思的劳动理论，学者将技术视为劳动手段，指出技术是生产力的重要组成部分；学者还依据生产力对生产关系的决定作用，推导出技术对生产关系也具有决定作用。从某种意义上讲，苏联技术哲学属于技术决定论的观点——强调技术的决定作用，同时属于内史论的观点——从科学技术自身的发展规律去研究技术，它是工程传统的技术哲学。

其次，学者尤其重视技术科学的哲学问题。高罗霍夫和罗津认为："是机器生产和资本主义生产关系的发展引发了技术科学的建立；技术科学出现的结果是技术科学从自然科学中分离出来，成为独立的领域；工程师的认识活动和高等技术学校的出现确立了技术科学的形成。"[①]这表明技术科学的形成和发展离不开工程师的活动，离不开工程技术。

技术科学的产生与技术知识的出现有关，而技术知识又与工程实践密切相关，工程实践需求促成了技术知识的出现。Б. И. 伊万诺夫和 В. В. 切舍夫在他们合著的《技术科学的形成与发展》一书中特别强调"只有在经验科学出现之后，技术知识才能获得理论特征。而且那时科学的技术知识的出现与转向机器生产相联系，也就是说，工程实践需求促成科学的技术知识的出现"[②]。高罗霍夫和罗津还进一步对技术知识（技术科学）进行了历史分期。他们认为技术知识（技术科学）的发展过程中存在四个阶段：第一个阶段是前科学阶段（15 世纪中叶之前），第二个阶段是技术科学的产生阶段（15 世纪下半叶到 19 世纪 70 年代），第三个阶段是技术科学的经典阶段（19 世纪 70 年代到 20 世纪中叶），第四个阶段是技术科学的现代阶段（20 世纪中期至今）。其中在前科学阶段，合乎逻辑地形成了三种类型的技术知识：实践方法论知识、工艺学知识和设计技术知识。在技术科学的产生阶段，发生了下列事件：首先在将自然科学知识应用于工程技术实践的基础上形成了科学的技术知识，其次出现了最初的技术科学。高罗霍夫就曾指出，技术科学的重要特征就在于，它是在科学和工程活动的接合处产生的。正是在这种条件下，技术科学应当充分发挥自己的作用，以

① Горохов В Г, Розин В М. Философско-методологические исследования технических наук. Вопросы философии, 1981（10）：175.

② Горохов В Г. Б. И. Иванов, В. В. Чешев. Становление и развитие технических наук. Л., «Наука», 1977，265 стр. Вопросы философии，1979（2）：174—175.

保证工程和科学这两种活动之间的有效联系。而且在技术科学中，工程活动代替了实验，恰恰通过工程活动验证理论结论，并取得新的经验资料。所以，在技术理论中获得的知识必须要达到能说明实际工程活动的水平[①]。可见，技术科学的上述理论的形成基于工程技术哲学的传统。

高罗霍夫强调技术科学中数学工具的重要性。他指出："在技术理论中数学工具同样起着多方面的作用。第一，用来对工程对象的结构和工艺参数进行工程计算；第二，用来分析和综合它们的本体论模式，即技术理论方面的理想模型的各种演绎变换；第三，用来研究发生在工程对象中的自然过程（如分析周期振荡的频谱、脉冲的性能、中间过程的特征等）。在理想模型变换时运用数学方法，可以保证技术理论的自身发展，以及在不涉及工程实践时获得知识的可能，并且在运用过程中，为解决特殊的科学技术问题，数学方法本身也会发生一定的变化。例如，运算微积分学就是为解决工程实际问题而创立起来的，它很晚才具备完整的逻辑形式。在现有计算形式下，在理论电工学和无线电技术中对于分析电路及过程、等效变换、演绎的分化和综合，运用上述计算是非常有效的，即使仅仅是为了工程计算运用数学，也要求在结构模式的层次上对工程对象进行一定的理想化。此外，这里还要运用各种图表，譬如电子管的栅板跨导图、放大器的共振曲线、滤波器的衰减与频率关系曲线、矢量图解等等。"[②] 此外，高罗霍夫和罗津还强调："技术科学的数学化过程促进了它本身理论的形成，因此许多技术科学被称为'理论'学科。例如，理论电工学包含大量的特别详尽、条理分明的基础科学（物理学）知识和理论，以及各种数学方法的介绍（数学分析、矩阵代数、图论等等），用来将一些电工理论问题转换为另一些问题。这样，电工学本身部分（电工原理的证明、演示和计算分析）占据的位置便不大了。"[③] 这也是技术科学数学化过程中的一个显著特点。苏联学者研究技术科学哲学问题的角度与方法充分说明了其工程技术哲学的研究特色。

苏联-俄罗斯工程技术哲学的代表人物主要有高罗霍夫、罗津和 Б. И. 库德

---

① Горохов В Г. Структура и функционирование теории в технической науке. Вопросы философии，1979（6）：97.

② Горохов В Г. Структура и функционирование теории в технической науке. Вопросы философии，1979（6）：95—96.

③ Горохов В Г，Розин В М. К вопросу о специфике технических наук в системе научного знания. Вопросы философии，1978（9）：74.

林等人，万长松称此三人是当代俄罗斯技术哲学的“三驾马车”[①]。在全球性问题出现之后，苏联技术决定论和内史论的观点受到了一定的冲击，人们越来越多地关注技术以外的其他因素，尤其是人的因素，转向了人文的技术哲学的视角。苏联解体后，这种表现更为明显。受自身知识背景和学术经历的影响，高罗霍夫仍属于工程技术哲学的代表人物，但他越来越多地关注了技术的人文因素，这在他的论文《技术哲学的新趋势》中有明显体现[②]。如今俄罗斯技术哲学整体上出现了重视“人的因素”的人文技术哲学的转向，并且形成了三种不同的价值取向：一是转向弗罗洛夫倡导的人道主义的；二是转向西方人本主义思潮的；三是转向东正教人学思想的。这一方面反映出技术哲学不同派别共同关注人的共性趋势；另一方面也反映出技术哲学各个派别在重视“人的因素”的前提下存在着差异。

一、转向人道主义

如今俄罗斯技术哲学关注人的因素，很大程度源自弗罗洛夫的贡献。如果再向前追溯历史，则与对苏联早期政治的清算密切相关，在此过程中人道主义思想开始兴起，并逐渐占据主导地位。这个思想最终被弗罗洛夫系统化，并成为苏联后期新思维政策的理论基础。按照我国学者安启念的观点，苏联时期人道主义的发展经历了三个阶段[③]。第一个阶段是斯大林去世到苏共二十大。苏联早期由于教条地使用马克思主义理论，尤其是政治扩大化，政治对其他领域粗暴干预，当时许多科学家、哲学家和技术专家被迫害或被放逐。苏共二十大会议后，造成苏联学界对“人的问题”的关注和对人道主义的反思。第二个阶段是20世纪60年代。早在1961年10月，苏共二十二大就提出了“一切为了人，一切为了人的幸福”的口号，在这样的口号下形成了“人类中心论”的观点，即认为人是宇宙的中心，是一切利益的中心。可以说在相当长的一段时期里“人类中心论”深入人的意识，在此过程中，人道主义思想在苏联获得极大

① 万长松. 从工具主义到人本主义——俄罗斯技术哲学100年发展轨迹回溯. 自然辩证法研究，2016（5）：92.

② Горохов В Г. Новый тренд в философии техники. Вопросы философии，2014（1）：178—183.

③ 安启念. 从苏联解体看苏联马克思主义哲学发展中的一个重要教训. 理论视野，2010（7）：14—17.

发展。第三个阶段是 20 世纪 70 年代。由于全球性问题及其影响在世界范围内的扩展和加剧，苏联《哲学问题》杂志主编弗罗洛夫召集各领域专家研究相关问题，推动了苏联人的问题的研究，使得人道主义成为苏联哲学发展的主线。第四个阶段是 20 世纪 80 年代，在弗罗洛夫的努力下，苏联人的问题研究再次被推向高潮，为此 1989 年成立“全苏人的问题跨学科研究中心”，下设一个人研究所，对人的问题进行跨学科的综合研究。1992 年，该研究所正式注册成为俄罗斯科学院人研究所。

在弗罗洛夫看来，技术是对科学的应用，因而技术伦理思想蕴含在其科学伦理思想之中，他在《哲学和科学伦理学：结论与前景》一文中阐释了科学技术与人的关系、科学的社会价值和人道主义价值、科学认识的社会伦理和人道主义原则等问题，他指出：现在我想简要地谈谈这个学派在其发展中提出的若干一般思想和我们得出的新结论。我想通过下述论题表述它们，我很清楚，这些论题在许多场合都是有争议的：

（1）在当代科学中可以发现社会基础和世界观基础中的新趋向，特别是科学在社会学化和人道化。科学力图与认识活动的直接主体——人重新结合起来。科学越来越以人为尺度，即直接与人的需要和可能发生联系。

（2）可以看到科学技术和人文艺术这两大文化趋同的倾向。（我们知道，也有许多学者在讲它们的趋异问题。）因此，这一过程一般也和理论与实践的统一和相互作用以及社会科学、自然科学和技术科学的统一和相互作用一样，其中心实际上刚好都是人。

（3）科学认识和各种价值（包括社会价值、世界观价值和伦理人道主义价值）之间存在着根本的统一性。科学认识的基本原则即其客观真理性，不论是与科学认识自身之中的还是与社会的价值关系，都不发生矛盾。因为社会和整个科学及其目的都有关系。科学的目的就充当着最终得出的评价的实用标准、实践标准、规范或理想的标准。

（4）科学的价值不仅与其社会地位有关，而且决定于认识的内在结构。这就赋予当代科学认识的社会伦理和人道主义原则（调节因素）的作用以更为广泛的意义，也大体上界定了今天所谓的科学伦理学；在构筑学者的伦理规范时，必然要考虑这些规范与人类一般伦理价值的关系。在这里，生物伦理学有其特殊意义，近来我们正开始大力研究生物伦理学。

（5）我想，最后一点可以使我们扬弃某些学者宣称的科学与道德的二难论题，即二者的似是而非的“互补性”（如同欧洲文化中主客体割裂的后果）。对于科学问题的全球化、科学的新的时代精神和新的人道主义，我认为其就是新科学的组成部分。今天看来它还仅仅是具有一定启发性调节意义的理想和目标。

这里我们应当指出的基本的和主要的东西是，保证能对当代科学的整体化过程，对社会科学、自然科学和技术科学的相互作用，作出分析；保证以综合的和系统的方法，看待所研究的问题，看待它们与社会发展的实践任务和解决当代全球性问题之间的更密切的联系。

实现哲学的三位一体的任务（整体化演示任务、方法论批判任务和价值调节任务）的上述原则，不仅仅也不单纯是个综合性问题，而是战略性的科研方向，是研究纲领。[①] 由此可见，哲学在科学技术的发展过程中承载了重要的功能与使命。

尽管弗罗洛夫的人道主义思想深刻而系统，但是不可否认，苏联–俄罗斯人道主义思想的提出和应用，更多源于政治上的考量，它侧重从政治角度进行口号式的宣传。如前所述，苏共二十大使得人的问题和人道主义问题被广泛关注。只可惜这种意识并没有在苏联社会主义实践中得到很好的贯彻和执行，最终致使苏联无法应对社会出现的种种问题而解体。因此，许多学者在分析苏联解体时，都把原因归结为其抽象的人道主义。

苏联解体后，1995 年俄罗斯学者 П. 察里科夫（П. Царьков）在其文章《个性与个人》中指出：“个性问题是人们不停争论的话题，很难说我们就此得出了哪些普遍的观点。在近年里我们杂志上刊载了 Э. Ю.索洛维约夫（Э. Ю.Соловьев）有关这个问题的许多文章，对这一问题的研究没有降低，相反却增长了社会舆论对人的本质及其在社会和在世界中存在的意义等问题的兴趣。”[②] 可以说，对人及人道主义问题的关注既是苏联政治压制所导致的必然结果，也是俄罗斯新哲学的开端和生长点。遗憾的是，无论是苏联时期还是当今的俄罗斯都没有抓住这一时机，没有从社会、生产、生活的实际需要出发，将重视人和倡导人道主

---

① 弗罗洛夫. 哲学和科学伦理学：结论与前景. 舒白译. 哲学译丛，1996（Z3）：32—33.

② Царьков П. Личность и индивидуальность. Свободная мысль，1995（6）：84.

义的理念在政治、经济、文化领域内有效地实践和运用，最终致使这种思想仅仅停留在口号式的理论宣传上，没能解决苏联-俄罗斯社会迫切的现实问题。如果说人道主义的提出是苏联政界对以往历史清算的结果，那么人道主义思想最终在苏联“新思维”中占据主导地位，则是出于挽救即将崩陷的苏联而抛出的最后一根救命稻草。可见，无论苏联时期还是在解体后的俄罗斯，有关人的问题一直被政治因素左右。由于其脱离本国经济、社会生活和本国文化，这种人道主义既没有解释力，又没有执行力，因而不可能挽救苏联和俄罗斯的危机，使其获得真正的解放。

综上所述，20 世纪 60 年代及之前，苏联哲学家重点关注的是技术本体论、技术认识论和技术方法论，到了七八十年代，他们关注的重心开始逐渐转向技术价值论问题。特别是与人的问题和人道主义问题相关的技术价值论转向变得尤为显著。如今俄罗斯技术哲学出现人文技术哲学的转向，这在一定程度上是技术哲学人道主义价值转向的延续，只是它由原来的单纯坚持马克思主义的人道主义，又增加了转向西方人本主义和转向东正教俄罗斯思想的角度，这与之前提到的俄罗斯当代技术哲学指导思想在总体上呈现多元论的特征是一致的。

二、转向西方人本主义

俄罗斯当代技术哲学重视人的因素，不仅体现在对弗罗洛夫所倡导的人道主义的重视，而且在苏联解体后还有大量学者把注意力转向西方人本主义思潮。其实，早在 20 世纪 70 年代，苏联哲学界就已经开始关注西方技术哲学，但是当时的目的是批判。到 20 世纪 80 年代，苏联学者对西方技术哲学的关注呈上升趋势，并开始有了较为客观的评价。而到 20 世纪 90 年代，特别是苏联解体后，俄罗斯学术界开始大量引进西方技术哲学成果，这在一定程度上反映出俄罗斯技术哲学开始与世界技术哲学全面接轨。

西方人本主义思潮与科学主义思潮相对立，特别是随着科学技术的负面效果加剧后，人本主义思潮的影响不断扩大。西方人本主义的主要特点之一就是以人为中心，强调人的价值和尊严，主张抛弃理性主义传统，宣扬非理性主义。该思潮的重要代表人物有：叔本华、尼采、柏格森、弗洛伊德、克尔凯郭尔、雅斯贝尔斯、海德格尔、萨特，以及法兰克福学派的霍克海默、马尔库塞、哈贝马斯等人。叔本华和尼采属于“唯意志论”者。叔本华认为一切都是相对于人的生存意志而存在的，整个世界是生存意志的世界。尼采用权力意志替代叔本华的生存意志，认为人的意志不只是求生存，而是追求权力和统治，这种权力意志决定一切。柏格森的理论被称为“生命哲学”，他把“生命冲动”当作人的本质，认为“生命冲动”是任意地、盲目地、偶然地发生的过程，人们通过对人的本质的深刻内省可以揭示整个世界的本质。弗洛伊德主张“精神分析学说”，他将人的精神生活分为意识和无意识，其中无意识是人的精神活动的基础，对人的整个精神活动和人的全部行为起决定作用，人的一切思想行为和社会历史现象都是人的无意识的、非理性的心理本能活动的产物。克尔凯郭尔、雅斯贝尔斯、海德格尔、萨特属于“存在主义哲学”。克尔凯郭尔把孤立的、主观的个人当作他哲学的出发点，他认为真实存在的东西只能是存在于人内心的东西，是人的个性，只有孤独的个人才是真实的，人是世界唯一的实在，是万物的尺度。雅斯贝尔斯继承克尔凯郭尔的基督教存在主义，主张追求上帝，认为哲学应从“存在者”也就是“人”出发，关心其在危机中的生存问题。海德格尔宣扬无神论存在主义，他把个人对自己的“在”的领悟本身叫做“亲在”，认为正是由于它能够领悟到自己“在”，因而相对于其他存在物而言，“亲在”具有优先地位。他还指出人有自我选择和自我控制的自由，忧虑、恐惧使人通向存在，只有存在，才谈得上自我选择的自由，它与光明和快乐相联系。萨特作为存在主义的集大成者认为，所谓存在，首先是“自我”存在，是“自我感觉到的存在”，我不存在，则一切都不存在，“存在先于本质”。他认为存在主义的核心是自由，人在事物面前，如果不能按照个人意志作出“自由选择”，这种人就等于丢掉了个性，失去“自我”，不能算是真正的存在。20世纪50年代以来，法兰克福学派成为西方人本主义思潮的重要派别。在《启蒙的辩证法》(1947年)一书中，霍克海默和阿多诺认为，自启蒙运动以来整个理性进步过程已坠入实证主义思维模式的深渊，在现代工业社会中理性已经变成奴役而不是为自由服务。马尔库塞认为，当代西方社会问题就在于高度发达的科学技术和物质文明严重压抑了人性，使人处于严重的被异化状态。现代工业社会技术进步给人提供的自由条件越多，给人的种种强制也就越多，这种社会造就了只有物质生活，没有精神生活，没有创造性的麻木不仁的单向度的人。哈贝马斯认为，西方理性化进程主要表现为技术理性的发展和在各个生活领域的全面渗透，然而技术理性本身无法解决生活世界的价值观问题，否认历史-解释知识、经验-分析知识和技术控制旨趣的统治地位，造成了资本主义社会的危机。为了克服动机危机和信任危机，必须重视互动过程和沟通过程，只有通过沟通行动才有可能把人类从被统治中解放出来。

西方人本思潮对人的价值的重视对俄罗斯技术哲学价值论思潮的兴起产生重要影响。在引进西方技术哲学时,《哲学问题》杂志是主要阵地。率先介绍了西方人本主义思潮大批学者的代表作和主要观点，并对西方学者关于技术的观点做了重要介绍和评析。这使得文化-历史论、现象学、生命哲学、存在主义、哲学人类学和法兰克福学派的新马克思主义等人本主义思想进入俄罗斯学者的研究视野。

可以说，人及人的价值问题已经成为世界技术哲学界共同关注的话题。但是值得一提的是，在关注人和人的价值方面，俄罗斯学者和西方学者的提法有所不同：前者提倡人道主义，而后者更多时候强调的是人本主义。

西方的人本主义思潮与苏联-俄罗斯的人道主义观念在关注人和人的价值方面具有许多相似之处。如前所述，在西方人本主义是与科学主义思潮并行发展的另外一种哲学倾向，其代表人物是叔本华、尼采、柏格森、弗洛伊德、萨特等。人本主义思潮的开创者、唯意志论的第一个代表人物叔本华把世界的本质归结为“生存意志”，唯意志论的另一个代表尼采把世界的本质归结为“强力意志”，而后来的存在主义代表人物克尔凯郭尔和萨特则把“孤独的个人的存在”作为全部哲学理论的出发点，而个人的存在状态又被归结为非理性的纯粹的意识活动。至于弗洛伊德的精神分析主义则是更明显地把人的潜意识（无意识）的心理动机，即本能的冲动作为人的本质，并以此来解释社会和历史的发展。总之，人本主义拒斥理性至上的观点，把研究人非理性的心理因素作为哲学的要旨，并以此来解释世界、解释人生，他们主张应彻底改变哲学的研究方向，把哲学研究的对象由外部世界转向人的内心世界，探究人的非理性的存在状态和非理性的本质，把意志、情感、直觉、本能冲动等非理性因素当作人最本质的东西，并由此推论其他生物乃至整个世界的本质都是非理性的生命冲动或情感意志。人本主义思潮是以人为中心、以人为本的哲学，其目的是把人从科学理性的束缚中解放出来，认识真实的自我，充分发挥自己的潜能。由此可见，无论是苏联-俄罗斯的人道主义观念，还是西方的人本主义思潮都把关心和关注人和人的价值作为自己学说的核心，都强调人的自由与解放，并且两者都关注科学技术对人的影响。可以说，在技术哲学这一问题上，两者终于找到了共同点，开始了新的对话。

但是，苏联-俄罗斯人道主义观念与西方人本主义思潮仍有本质的不同。这主要表现在：苏联-俄罗斯人道主义观念从不排斥科学主义和理性主义、苏联-俄罗斯的人道主义与科学主义和理性主义是相结合的。苏联-俄罗斯学者认为，通过发展科学技术不仅可以使人从难以胜任的、繁重的、经常发生危险的体力劳动中解放出来，还使人从单调的、令人厌倦的、刻板的脑力劳动中解放出来，因而科学技术有助于实现人道主义，所以应当从保障人的利益、保护人的生命、保证人的生活的一定质量和水平，以及确保工艺和生态安全角度对科学技术进步持一种肯定的态度。而西方人本主义思潮则坚持反科学主义、拒斥理性至上的观点，西方人本主义思潮与科学主义和理性主义相背离，认为重视科学技术、强调科学技术的发展是压抑人性的罪魁祸首，因而主张放弃现代科学技术成就，回归到原本自然的生活状态，他们对科学技术持一种否定的态度。俄罗斯人道主义思想与西方人本主义思想的对立，表明了俄罗斯技术哲学与西方技术哲学在指导思想上仍有重大差异，在一定程度上反映出俄罗斯技术哲学的独特性。

三、转向东正教人学思想

1991 年苏联解体，俄罗斯哲学一蹶不振，人们在极度迷茫的时候，除了把期望寄托于上面所说的西方哲学之外，还转向了传统的俄国宗教哲学。在此过程中，大量过去被批判的西方哲学著作被翻译研究，大量曾经被迫害放逐的俄罗斯宗教哲学家，如别尔嘉耶夫、Н. О. 洛斯基、Вл. С. 索洛维约夫等人的著作被再版重印。在众多宗教哲学家中，别尔嘉耶夫被推崇到极高的位置。正如魏玉东指出的：20 世纪 90 年代末，俄罗斯哲学界对过去 100 年里的俄罗斯哲学人物和著作做了一次评价调查。从调查的结果来看，被公认的 30 位著名哲学家中，有 16 位是反马克思主义和非马克思主义的哲学家，而他们大多都是宗教哲学家。从排名上看，排在第一位的是俄国著名的宗教哲学家别尔嘉耶夫。[①]

别尔嘉耶夫关于人的思想影响俄罗斯技术哲学对人的关注。他的文章《人和机器——技术的社会学和形而上学问题》最早于1933年5月在巴黎发表于他自己主编的杂志《路》第38期中。苏联解体后，伴随着大量西方哲学文献和俄国著名思想家作品的重印和再版，该论文再次进入人们的视野，它被收录到1994年在莫斯科出版的两卷本别尔嘉耶夫文集《创造、文化和艺术的哲学》的第一卷中。别尔嘉耶夫在此论文中指出：说技术问题成了人的命运和文化的命运问题，这不是夸张。当今时代是个缺乏信仰的时代，不但旧宗教信仰弱化了，而且19世纪人道主义信仰也弱化了。现代文明人唯一有力的信仰是对技术，对技术的威力及其无限发展的信仰。[②] 这表明别尔嘉耶夫很早就敏锐地洞察到了技术对人和文化的影响，但是他对技术持有的是批判的态度。

在别尔嘉耶夫看来，技术总是手段、工具，而不是目的，这是毫无疑问的。生活不可能有技术目的，只能有技术手段，生活的目的总是在另外一个领域，即在精神领域。生活手段经常取代生活目的，这些手段在人的生活中可能占有如此重要的位置，以至于生活目的完全从人的意识里消失了。在我们的技术时代里，这种情况是大规模发生的。当然，对进行科学发现的科学家来说，对进行发明的工程师来说，技术可能成为其生活的主要内容和目的。在这种情况下，作为一种认识与发明，技术将获得精神意义，并属于精神生活领域。用技术手段代替生活目的可能意味着对精神的贬低和毁灭，事实上就是如此。技术手段就其本质而言是异质的，无论是针对使用它的人，还是针对使用它的目的，它与人、精神和意义都是异质的。与此相关的是技术统治在人类生活中的作用。人的定义之一：人是制造工具的存在者——在文明的历史上，这是十分流行的定义，该定义表明，生活手段取代了生活目的。人无疑是工程师，但是，他发明工程艺术是为了工程艺术之外的目的。这里重复了马克思对历史的唯物主义理解。无疑，经济是生活的必要条件，没有经济基础就不可能有人的理性和精神生活，不可能有任何意识形态。但是，人生的目的和意义完全不在这个必要的生活基础之中。在紧迫性和必要性方面最强大的东西完全不会因此

① 魏玉东. 苏俄STS研究的逻辑进路与学科进路探析. 沈阳：东北大学，2012：71.

② 别尔嘉耶夫. 人和机器——技术的社会学和形而上学问题. 张百春译. 世界哲学，2002（6）：45.

而成为最有价值的东西。在价值等级中最高的东西也完全不是最强有力的。可以这样说，在我们的世界上最强有力的东西是粗糙的物质，但它也是最没有价值的；在我们的罪恶世界上最没有力量的是上帝。他被世界钉死了，然而，他才是最高价值。技术在我们的世界上拥有如此巨大的力量，完全不是因为它是最高价值。[①] 可见，在别尔嘉耶夫眼中，对于普通人来说技术仅仅只是生活的手段，而不是生活的目的；人类生活的目的在精神领域或者说属于精神层面，任何时候技术都不应成为目的或取代目的。尽管对于改善物质生活而言，技术是最强有力的手段，但是技术并没有因此而具有最高价值，最高价值属于精神（无论是人的还是上帝的）。别尔嘉耶夫的观点属于唯心主义观点，对其思想的重新研读，反映出当今俄罗斯技术哲学在一定程度上向俄罗斯传统宗教哲学复归。我国学者万长松曾这样评价别尔嘉耶夫：别尔嘉耶夫的思考无疑是更加深刻和普遍的。他站在社会学乃至宇宙学（形而上学）的高度深刻解析了技术和机器的两面性，在盛赞技术给人类生活、给文明发展带来促进作用的同时，对技术和机器给人的精神世界带来的戕害和荼毒保持了极大的警惕。[②]

除了传统的宗教哲学家思想被重提，俄罗斯当代宗教哲学家的思想也对俄罗斯哲学产生重要影响。安启念指出：在今天的俄罗斯，彻底否定苏联哲学、坚决反对使用“20 世纪上半叶俄罗斯哲学”概念的学者中，最具代表性的是著名哲学家霍鲁日。霍鲁日生于 1941 年，毕业于莫斯科大学物理系，后从事俄罗斯宗教哲学研究。他思想深刻，个性鲜明，成绩斐然，是当今俄罗斯宗教唯心主义哲学研究领域最有影响的哲学家。[③] 但是，霍鲁日极度厌恶和排斥苏联哲学和苏联社会制度，反对别人为其辩护，他在一定程度上将苏联时期的马克思主义哲学与俄罗斯宗教哲学完全对立起来。而事实上，无论是苏联时期的马克思主义哲学还是东正教哲学都是俄罗斯思想的重要组成部分，对苏联-俄罗斯发展过程中的特定阶段起着至关重要的作用。正如中国人民大学安启念教授认为，俄国当前实际上有两种哲学：一种是苏联哲学；一种是宗教哲学。这两种哲学虽然有对立，但也有共同点。这就是，在历史上它们都拒斥资本主义，它们都追求人的解放，它们都关心人——前者关心人的物质生活，后者关心人的

① 别尔嘉耶夫. 人和机器——技术的社会学和形而上学问题. 张百春译. 世界哲学，2002（6）：46.
② 万长松. 从工具主义到人本主义——俄罗斯技术哲学 100 年发展轨迹回溯. 自然辩证法研究，2016（5）：90.
③ 安启念. 俄罗斯哲学界关于苏联哲学的激烈争论. 哲学动态，2015（5）：44.

精神生活。[①] 此外安启念认为，苏联官方哲学有两点是值得肯定的：①它积极肯定科学理性的作用。落后的俄国搞现代化非常需要科学理性。②历史唯物主义把生产力作为决定性的因素，也就承认人们把自己的物质利益的满足作为历史发展的动力。所以在今天，虽然苏联解体了，但马克思主义哲学仍有它的社会基础，因为当前俄国最需要的是经济的发展。相反，宗教哲学则处于十分尴尬的地位。因为它虽然十分高尚，注重人，注重人的精神，但它不重视人的经济利益的追求，不利于俄国经济的发展。[②] 这正好解释了为什么苏联解体后俄罗斯哲学界高扬宗教哲学旗帜但并没有使俄罗斯社会摆脱当前面临的种种困境。

总之，苏联技术哲学经历七十多年的发展，如今发生全面转向。表现为：在指导思想上，由过去的马克思主义一元论转向了各种派别林立的多元论；在研究主题上，从过去形成独具特色的技术哲学研究纲领，转向了关注人与自然关系问题、技术文明论、技术评估等问题；在研究视角上，由过去主要从“科学—技术—生产”的角度研究技术，转向了从技术人类学、技术文化学、技术社会—政治学角度研究技术；在价值取向上，从过去重视科技实效性的工程技术哲学，转向了重视“人的因素”的人文技术哲学。俄罗斯当代技术哲学仍在变化中，在此我们能够看到技术哲学发展的某种新消息。

① 郑镇. 俄罗斯哲学：苏联解体后的动向——全国第十一届俄罗斯哲学研讨会综述. 中共福建省委党校学报，2007（7）：87.

② 郑镇. 俄罗斯哲学：苏联解体后的动向——全国第十一届俄罗斯哲学研讨会综述. 中共福建省委党校学报，2007（7）：88.

第三章 俄罗斯当代技术哲学转向的动因分析

俄罗斯技术哲学转向离不开其国内政治、经济、科学、技术、宗教、文化的影响，同时也受国际主流思潮，如世界范围内自然科学、技术科学、社会科学一体化和西方人本主义思潮等因素影响，是这些因素合力作用的结果。换个角度说，其中既包括苏联-俄罗斯国内的个性原因，又包括世界范围内的共性原因。从个性角度看，这种转向主要受苏联-俄罗斯国内政治、文化、哲学等方面变化的影响；从共性角度看，则主要受世界范围内科学技术经济全球化、文明论和文化热的兴起，以及西方主流思潮渗透等因素的影响，这些成为俄罗斯当代技术哲学发生转向的社会背景和重要原因。

具体说来，从国内角度看：首先，在政治层面上，苏联解体对其技术哲学的指导思想和技术哲学所处地位产生重要影响；其次，在文化层面上，俄罗斯东正教的复兴对其技术哲学强化对人的问题的关注产生深远影响；最后，在哲学层面上，弗罗洛夫人道主义思想的提出和发展促成了苏联时期工程技术哲学向当今俄罗斯人文技术哲学的转向。从国际角度看：首先，全球科学、技术、经济一体化强化了俄罗斯学者对于跨学科合作问题的研究，这是俄罗斯技术哲学研究中最重要的方法论；其次，当今世界文明论和文化热的兴起引发了俄罗斯学者对于人与自然关系问题和人类命运的关注；最后，俄罗斯当代技术哲学除了继承苏联时期技术哲学的重要研究传统外，还在很大程度上受西方主流思潮的影响，特别是现代西方人本主义思潮对工具理性的批判与反思，对俄罗斯当代技术哲学中技术价值论问题研究产生深刻影响。上述因素直接影响俄罗斯当代技术哲学的发展，成为俄罗斯当代技术哲学发生转向的最重要的原因，对于这些因素的分析，有助于我们把握俄罗斯当代技术哲学的整体面貌和未来走势。

第一节 苏联-俄罗斯国内的个性原因

俄罗斯当代技术哲学之所以在指导思想、研究主题、研究视角和价值取向方面发生重要转向，在国内主要是受苏联-俄罗斯政治、文化和哲学三要素变化的影响。准确地说，正是由于苏联的解体、俄罗斯东正教的复兴，以及弗罗洛夫人道主义思想的发展变化，俄罗斯当代技术哲学发生重要转向。

一、政治层面：苏联解体

苏联，全称苏维埃社会主义共和国联盟（USSR），由 15 个权利平等的苏维埃社会主义共和国按照自愿联合的原则合并而成，它是社会主义联邦制国家，由苏联共产党执政。苏联是当时世界上国土面积最大的国家和人口第三多的国家。第二次世界大战后，苏联成为与美国并称的世界超级大国，自此世界进入两极格局，苏联主张通过大力发展军事力量来同美国争夺世界霸权，之后苏联与美国的冷战在 1946 年 3 月正式拉开序幕。经历了近七十年的发展，1991 年 12 月 25 日苏联总统戈尔巴乔夫宣布辞职，苏联最高苏维埃于次日通过决议宣布苏联停止存在，苏联正式解体，苏共解散，叶利钦所领导的俄罗斯联邦继承苏联主要的综合国力和国际地位，国际共产主义运动遭受重大挫折。

苏联的解体对其国内产生巨大影响，涉及政治、经济、哲学、宗教、科学、技术、社会等方方面面。对技术哲学上的影响主要表现为：其一，导致技术哲学指导思想发生转向；其二，促使技术哲学所处地位发生重要变化；其三，导致技术哲学中发生技术社会-政治学转向，学者越来越关注社会和政治对科技的影响；此外，还导致技术哲学从无人哲学变成有人哲学，即俄罗斯当代技术哲学转向的主线是从过去远离政治意识形态的、工程师传统的“无人哲学”发展演变为不受政治压制的、人文的“有人哲学”，人道主义已成为俄罗斯当代哲学包括技术哲学的主导思想。

首先，苏联解体后意识形态发生改变，导致技术哲学指导思想发生重要转向。苏联解体后，马克思主义的意识形态被放弃，甚至被批得一无是处。例如，在俄罗斯当代著名宗教哲学家霍鲁日看来：所谓“苏联哲学”只具有作为社会学研究对象、用以防止苏联式极权主义再现的意义，从哲学角度看毫无价值。[①] 他认为，苏联哲学与今天的俄罗斯哲学在思想与风格上也极不统一。讨论两者的继承关系其实是在讨论两个不存在的东西之间的关系。今天的俄罗斯哲学延续了白银时代哲学的某些思想，只有讨论它们之间的继承性才是有意义的[②]。正是由于苏联解体，如今俄罗斯哲学（也包括技术哲学）的指导思想发生重要转向：有极少数哲学家仍然坚持马克思主义的原则，并不断完善马克思主义理论，如奥伊则尔曼、梅茹耶夫等；大多数哲学家能够公正客观地评价马克思主义理论，对其中教条的部分给予批判，对马克思主义理论所取得的成就给予肯定，特别是对苏联时期科学技术哲学领域取得的成绩给予高度认可。苏联解体后，当今俄罗斯学者把更多的注意力转向了西方各种时髦哲学，如西方的人本主义、存在主义、现象学等。还有相当数量的哲学家把精神寄托在俄罗斯宗教哲学上，从中寻找心灵慰藉。

其次，苏联解体后意识形态发生改变，促使技术哲学所处地位发生重要变化。早在苏联建立初期，技术哲学就被视为唯心主义学说而加以批判。关于苏联时期技术哲学被抑制的情况，现今俄罗斯技术哲学研究小组主任罗津等在著作《技术哲学：历史与现实》（1997 年）中也有评价：“苏联时期对技术哲学的研究开始于 20 世纪初，由于恩格尔迈尔，技术哲学在俄罗斯获得极大发展。后来这一学科……被视为资产阶级科学而被停止研究。”[③] 1929 年恩格尔迈尔号召建立技术哲学时，遇到了公开的反对。恩格尔迈尔在《我们需要技术哲学吗？》一文中指出技术哲学的重要性，而在这个杂志的同一期中还刊登了马尔科夫的

① 安启念. 俄罗斯哲学界关于苏联哲学的激烈争论. 哲学动态，2015（5）：44.

② 安启念. 俄罗斯哲学界关于苏联哲学的激烈争论. 哲学动态，2015（5）：44.

③ Розин В М, Горохов В Г, Алексеева И Ю, и др. Философия техники: история и современность. М.: ИФ РАН, 1997.

文章，马尔科夫指出："现在没有，以后也不可能有独立于人类社会和独立于阶级斗争之外的技术哲学。谈技术哲学，就意味着对唯心主义的思考。技术哲学不是唯物主义的概念，而是唯心主义的概念。"[①] 正是因为技术哲学在苏联被禁止，再加上作为技术哲学创始人之一的恩格尔迈尔被驱逐到国外，苏联技术哲学走上了极具特色的发展道路，形成了独具特色的技术哲学研究纲领。直到苏联解体前，1990 年在白俄罗斯国立大学（明斯克）举办第十届全苏科学逻辑学、科学方法论和科学哲学大会时，会议一组议题是"技术哲学和技术科学的方法论"，这是苏联时期第一次以公认的提法称呼技术哲学，技术哲学自此才真正地"合法化"。

再次，苏联解体后意识形态发生改变，导致技术哲学中发生技术社会-政治学转向，学者越来越关注社会和政治对科技的影响。苏联解体促使人们思考解体的原因，有人将其归结为新思维政策，也有人对苏联时期的人道主义思想进行质疑，还有人将原因归结为苏联时期国家大力发展军事和航天工业而忽视了人们的社会经济生活。在回应这些问题的过程中，学者加大了对与此相关的众多问题的研究，其中就包括对技术与社会关系以及技术与政治关系问题的分析，从而形成技术哲学发展的社会-政治学导向。在此过程中，学者主张将技术作为社会现象和社会过程来研究，要寻找使工艺和技术安全发展的制约条件，以确保健康的生活方式和合理地利用技术手段和技术产品，当然这种条件首先指的就是社会制约因素。而在技术与政治的关系问题中，学者更多是从技术发展的制约因素角度展开研究，分析俄罗斯政治因素在科学技术发展中所起的作用，以及科学技术发展对俄罗斯政治的贡献。其实，苏联和俄罗斯的发展本身就是此方面问题的最佳例证。例如，苏联时期（特别是苏联早期）政治对技术哲学的影响，以及人道主义对苏联-俄罗斯政治发展所起的作用，都为人们反思政治与技术的关系提供了典型案例，这些问题在后面还有详细论述，在此不再赘述。

最后，苏联解体后意识形态发生改变，导致苏联-俄罗斯社会从压抑人性到人性的彻底释放，导致技术哲学从无人哲学转向有人哲学。苏联时期，几乎一切都被划分为唯心主义和唯物主义。一旦与社会主义、唯物主义相背离，无论

---

① От редакции. Философия техники. Вопросы философии，1993（10）：26.

是专家学者还是相应的科学理论都会遭到批判，致使大批专家学者被批判、放逐，甚至被迫害致死。在这种极端的氛围中，人性受到空前的压抑。正因如此，苏联时期技术哲学主要是在其他名义下被研究，如技术史、技术的哲学问题、技术科学的方法论和历史、设计和工程技术活动的方法论和历史。这样就形成了苏联时期技术哲学远离意识形态并侧重工程师传统的“无人哲学”的特色，直到苏联发展的后十年，伴随着意识形态的弱化和科学技术负面后果的加剧，苏联技术哲学中越来越多地融入人的因素，人道主义观念最终发展为其主导思想。特别是苏联解体后，原有意识形态被放弃，政治压力消失，随之而来的是各种过去被压制的思想在俄罗斯空前繁荣，无论是西方各种时髦思潮，还是俄罗斯宗教哲学在当今的俄罗斯都有一席之地，成为当代俄罗斯多元思想的重要组成部分。

但是无论在苏联时期还是在当今的俄罗斯，人的问题及其指导思想都与我国、与西方有显著的不同。苏联-俄罗斯的人的问题和人道主义的出现，是伴随着对苏联时期教条马克思主义和政治扩大化的批判产生和发展壮大的。从思想政治层面看，苏联是一个强权专制的国家，他们所采用和发展起来的马克思主义理论是带有教条和僵化特点的马克思主义。由于教条、僵化地使用这一理论，苏联哲学具有典型的一元论特征，当时评价哲学家作品的标准，就是看其是否符合官方注释的马克思主义和是否能够为现行体制辩护，违者就要受到迫害，苏联哲学界对遗传学、相对论、控制论等理论的批判就是这个方面的集中体现。苏联解体后，学者对马克思主义批评的锋芒首先指向教条主义和专制主义，正如俄罗斯著名哲学家斯焦宾指出的，在苏联哲学史中存在着一系列粗浅的批判和神话，哲学由于处在残酷的思想体系的监督之下而成为教条的马克思主义，这种教条的思想禁锢使哲学中不可能产生任何新的或令人感兴趣的东西。因此在斯焦宾看来，整个苏联时期是完全失败的，它脱离了世界哲学思想，一味想从世界哲学思想中解脱出来[①]。当然这是在苏联解体初期，斯焦宾当时的观点还较为激进。到后来，他的观点越来越趋于缓和，最终已经能够客观、正确地评价苏联在世界哲学中所处的重要地位。正是由于高压政治的影

① Стёпин В С. Российская философия сегодня: проблемы настоящего и оценки прошлого. Вопросы философии，1997（5）：4.

响，苏联社会对人的自由和人的尊严产生极度渴求，在斯大林去世后伴随着对以往历史的反思，苏联人开始关注人和人道主义问题。

其实，人的问题首先是个哲学问题，它是对自然、社会和思维领域中有关人的问题的概括和总结，应当与社会、政治、经济、文化等要素密切相关；然而，在苏联和当今的俄罗斯社会，人的问题陷入政治的泥潭，它被完全等同于政治问题。如前所述，苏联时期对于人的问题的关注，始于对苏联时期阶级斗争扩大化危害的清算，它促成苏联社会对人的问题的关注和人道主义思潮的兴起。当然，从“左”到“右”，从一个极端走向另一个极端，常常是历史的辩证法。在反对专制主义和教条主义的斗争中，极端的自由主义和个人主义泛滥开来，终至于苏联抛弃社会主义向西方资产阶级意识形态靠拢，这成了对苏联集权主义错误模式的历史报复，也是苏联社会主义道路的时代悲剧。

二、文化层面：东正教复兴

宗教是人类社会发展进程中特殊的文化现象，是人类文化的重要组成部分。从广义上讲，宗教本身是一种以信仰为核心的文化，同时又是整个社会文化的组成部分。东正教文化是俄罗斯文化的重要组成部分，在俄罗斯占有极其重要的地位。东正教从传入俄罗斯起，就深刻地影响着俄罗斯国家、俄罗斯民族、俄罗斯文化和俄罗斯民族精神。1991 年苏联解体后东正教在俄罗斯迅速复兴，如今到处是翻修或者重新起用的教堂，新生儿受洗也越来越普遍，人临死之前又恢复了祷告和忏悔的仪式，就连当今俄罗斯总统普京也对大主教尊崇有加。一切都显示出一种特殊的社会现象：早年曾经被俄罗斯人普遍信奉过、曾遭受镇压的东正教又开始热起来，又回归到俄罗斯人的社会生活中来。据调查，目前东正教是俄罗斯境内人数最多、影响最大的宗教。

按照我国学者韩全会的观点，东正教在苏联-俄罗斯的发展经历了六个阶段。第一个阶段是十月革命后开始的政教分离、宗教被剥夺时期（1917—1941 年）。在沙皇俄国时期东正教原本处于国教的地位，苏维埃国家建立后颁布一批有关宗教的法令，对东正教进行约束和控制。

第二个阶段是政教关系正常化时期（1941—1945 年）。1941 年 6 月德国撕毁《苏德互不侵犯条约》，进攻苏联。东正教信众积极投入反法西斯爱国主义的自卫战中，东正教会在号召俄罗斯人民奋起抗敌、反对侵略中起了积极的作用。之后苏联官方基本上停止对东正教会的打压。1945 年在莫斯科召开东正教最高宗教会议。会议通过了东正教新的决议和宗教法规，选举大牧首，大牧首对各教区有绝对领导权，这样大牧首和正教院的权力增大，苏联国家政权对教区的控制也得到加强。可以说东正教会的地位在此阶段有所改善，但它的行动仍在国家法律保护之外，它所获得的权利随时都可能被剥夺。

第三个阶段是宗教潜在复苏、萌发时期（1946—1958 年）。卫国战争结束后，俄罗斯东正教会曾有过一段潜在复苏和萌发时期。因为有 1945 年最高宗教会议获取的一系列权力，俄罗斯东正教进入了一段相对平稳的发展时期。这时东正教徒有所增加，东正教会的活动也相对频繁，教会与国家的关系也步入了和平发展时期。

第四个阶段是赫鲁晓夫新一轮镇压宗教时期（1958—1966 年）。1953 年斯大林逝世，同年 9 月赫鲁晓夫当选苏共中央第一书记，苏联开始进入赫鲁晓夫执政时期。在苏共二十大会议后，赫鲁晓夫开始对宗教进行新一轮的镇压，俄罗斯东正教会再次跌入发展的低谷。

第五个阶段是宗教复兴、逐步繁荣时期（1967—1991 年）。勃列日涅夫执政后的主要工作是进行一系列改革，比如推行“新经济体制”，确立“全球进攻战略”等。他之后的领导人也没有对东正教采取激进的措施，这样东正教会抓住契机得以发展，并逐步繁荣起来。

第六个阶段是苏联解体后，宗教热时期（1991 年至今）。1991 年底世界上第一个社会主义国家苏联宣告解体。随着苏联解体，出现了可怕的信仰危机。这时宗教以其强大的力量填补了人们的思想空白，俄罗斯社会就出现了空前的“宗教热”。1997 年 9 月，俄罗斯国家杜马和联邦委员会通过《俄罗斯联邦宗教自由和宗教团体法》，承认俄罗斯东正教在俄罗斯历史上、在俄罗斯精神及文化的形成和发展过程中所起的重要作用，同时尊重天主教、伊斯兰教、佛教、犹太教和其他各派宗教。一时间形形色色的宗教团体纷纷成立，据统计，到 1995 年 1 月 1 日俄罗斯登记在册的宗教团体已超过 11 000 个，俄罗斯出现“宗教热”，俄罗斯东正教进入它自传入俄罗斯以来最鼎盛、最蓬勃的发展时期。①

---

① 韩全会. 浅谈俄苏时期的政教关系. 俄罗斯研究，2004（3）：56—59.

苏联解体后，东正教在俄罗斯复兴，它对俄罗斯社会的方方面面产生重要影响，其中就包括对技术哲学的作用。正是俄罗斯东正教重视人，以及它在国内外的影响力，导致俄罗斯技术哲学对人的因素和人的精神极为关注。东正教在沙皇俄国时期占据国教的地位，实质上是“宗教国家化”和“国家宗教化”。虽然东正教在沙皇俄国时期（16—18 世纪）曾经历了四次改革，但它作为沙皇统治工具的这一实质却始终没有从根本上发生改变。从 19 世纪初期开始，俄国“教会”的名称被“东正教主管部门”代替，这意味着东正教会在沙皇专制统治的俄国，其地位几乎近于政府机构的一个职能部门。

十月革命取得胜利之后，开始了对宗教唯心主义哲学的猛烈抨击。从 1917 年到 1927 年，宗教唯心主义派别的哲学家不断出版反对唯物主义的宗教哲学著作。对此马克思主义哲学家如列宁、托洛茨基、布哈林等人出版了大量著作与之相对抗。1922 年斯大林下令驱逐 200 多名哲学家、社会学家、作家等，其中包括别尔嘉耶夫、С. Л. 弗兰克、Н. О. 洛斯基等著名的宗教哲学家。至此，俄国宗教哲学研究由公开转入秘密，甚至趋于沉寂。按当时的观点来看，俄国传统宗教哲学已被马克思主义哲学所取代。但事实上，俄国社会的宗教传统根深蒂固，俄国公众的宗教意识一直顽强地保存下来，成为俄国社会深层结构中的重要组成部分。而且，俄国宗教哲学也没有就此绝种，被放逐的许多哲学家在国外仍然从事俄国宗教哲学的研究，他们一方面致力于对俄国传统思想的继承，另一方面又不断赋予其新的内容。

值得一提的是，尽管这些宗教哲学家的具体思想各不相同，但是他们的共同宗旨都是关注人，关注人的存在、人的精神和人的自由等问题，这成为苏联-俄罗斯技术哲学关注人与自然、关注人与技术以及人道主义问题的重要原因之一。

对个人存在的关心在别尔嘉耶夫的哲学思想中表现得尤为明显。早在 1916 年，他就出版了《创造的意义》这本宗教哲学著作，别尔嘉耶夫把“人正论”原则即在创造中并通过创造为人辩护，作为大量宗教哲学材料和文化史材料相融合的“钥匙”，并以此来否定“神正论”。在他那里，人被置于存在的中心[①]。可见，别尔嘉耶夫在其学说中极力鼓吹个性的解放和精神的自由，他写道：如

① 李昭时. 别尔嘉耶夫的哲学道路. 哲学译丛，1990（3）：70—72.

果设想一种完美的永恒生活、神的生活，但那儿却没有你，也没有任何人，你在那儿消失了，那么这种完美的生活便失去任何意义。[①] 作为基督教的存在主义者，别尔嘉耶夫还认为：只有基督教才确信所有的人以及在他身上所有人类的东西是不朽的。基督教的彻底的人格主义有其独特性和一致性。人的心灵比世界王国更高贵，个人的命运高于一切。[②] 别尔嘉耶夫反对客观化，他认为客观化没有任何意义，意义只存在于主观性中。他指出：他的哲学是精神的哲学。精神对他而言，就是自由、创造行动、个性和爱的沟通。他确信自由高于存在。存在是第二位的，是被决定的，是必然性，是客体。[③]

苏联解体后，别尔嘉耶夫的理论在俄罗斯重新被推崇。尽管别尔嘉耶夫的哲学思想充斥着唯心主义观念，但是以他的思想为代表的俄罗斯宗教哲学无论是在俄国、在苏联时期，还是在今天的俄罗斯都有众多的推崇者和追随者。造成这种状况的原因是比较复杂的，主要有以下三个方面。首先，俄国宗教思想有其深远的历史，在其民众心中占据相当重要的地位。在苏联时期马克思主义与宗教的斗争不是从理论上战胜它，而是依靠国家机器的强大力量进行压制，结果是没有真正克服宗教意识。而后在意识形态放松监控的情况下，这个星星之火便产生了燎原之势。其次，抛开宗教的本质不说，俄国宗教哲学的外在表象是要拯救人，使人处于上帝的关怀之下，这对长期受政治压抑的广大公众来说是莫大的精神支持，因而民众从心里更愿意相信它、接受它。最后，尽管俄国宗教哲学与西方哲学有巨大差别，但在人的问题上可以说是殊途同归，俄国宗教哲学深化人格主义思想，把个人作为哲学的核心，而现代西方人本主义思潮也同样强调关心人的生存状态，强调人文精神的重要性，在此方面两者具有异曲同工之效，这在极大程度上影响苏联-俄罗斯技术哲学对于人和人的价值问题的关注。俄罗斯东正教的优势，除了前面提到的它对人的精神和自由的关注外，更重要的是东正教与天主教的分裂和对峙成为埋在俄罗斯人内心深处的一颗反抗以天主教为核心的西欧文明的种子，成为俄国思想家们的精神家园和战斗勇气的源泉[④]。

---

① 别尔嘉耶夫. 我的末世论哲学. 黄彧生译. 哲学译丛，1991（4）：27.

② 别尔嘉耶夫. 我的末世论哲学. 黄彧生译. 哲学译丛，1991（4）：28.

③ 别尔嘉耶夫. 别尔嘉耶夫集. 汪建钊编选. 上海：上海远东出版社，1999：413.

④ 陈树林. 俄罗斯的选择与俄罗斯哲学使命——世纪之交俄罗斯哲学发展趋势. 社会科学辑刊，2006（1）：21.

当然俄罗斯宗教哲学也有自身缺陷，我国学者给出了较为准确的评价。郑忆石指出：俄罗斯宗教哲学的最大特点之一，就是重直觉拒理性。[①] 陈树林指出：俄罗斯哲学对东正教从未真正地批判和清算过，这与西方的文艺复兴和启蒙运动对基督教的彻底批判相比无疑是一个缺憾。[②] 车玉玲等在分析俄罗斯哲学的处境时指出：现今俄罗斯哲学处于一个尴尬的境地，其主流继承了宗教唯心主义思想（精神、自由、爱），鄙视物质追求，漠视科学理性，这些又与当前俄罗斯经济发展、政治稳定的迫切需要不相适应，因而遭受冷遇。[③] 的确，俄罗斯宗教哲学过于关注人的精神层面和人的自由，而鄙视物质方面，这与苏联时期马克思主义哲学宣扬和肯定科技理性是截然不同的。由于俄罗斯宗教哲学具有典型的抽象性的特征，因而这种思想对于当前俄罗斯社会面临的重要难题不能给予立竿见影的指导——它既不能使俄罗斯民众获得真正的心灵救赎，也不能改变当今俄罗斯意识形态面临的尴尬处境，因此它最终也不会成为主流的意识形态和官方哲学。

反思俄罗斯东正教的发展，正如韩全会评价的：纵观俄罗斯东正教的发展历史，可以给我们以启示，即宗教只有与国家分离，走宗教自己的改革发展之路，不干涉国家的政治、经济和文化政策，才可以得到发展、得到繁荣。如果宗教妄图凌驾于国家之上，势必招致镇压、导致迫害，以至灭亡的命运。当然，如果宗教能与所在国国家的命运和民族精神相结合，就能更多地赢得人民的信奉与尊重，得到政府的首肯与支持，自己也能得到发展。[④]

三、哲学层面：人道主义思想的提出及演化

技术哲学处于哲学发展的大背景之中，因而它的发展演化必然受到哲学发展大背景的影响。如果说苏联时期在哲学发展的整个历史过程中，专制主义和政治扩大化占据了主导位置，那么在苏联后期特别是苏联解体后，伴随着对专

① 郑忆石. 20世纪90年代俄罗斯传统宗教哲学“热”因探析. 俄罗斯研究，2001（2）：48.

② 陈树林. 俄罗斯的选择与俄罗斯哲学使命——世纪之交俄罗斯哲学发展趋势. 社会科学辑刊，2006（1）：21.

③ 车玉玲，李利. 中国与俄罗斯：当代哲学的问题与反思——全国第十一届俄罗斯哲学研讨会综述. 哲学动态，2007（8）：75.

④ 韩全会. 浅谈俄苏时期的政教关系. 俄罗斯研究，2004（3）：59.

制主义、政治扩大化的批判，人的因素和人道主义思想被提出并逐步被上升到极其重要的地位。人道主义思想不仅影响苏联-俄罗斯整个社会、整个哲学界，也深深影响了技术哲学的发展，特别是影响学者对人与技术的认识和对人与自然关系的反思。

我国学者安启念将苏联哲学人道主义化的过程划分为三个阶段。为了确保研究的一致性和连续性，本书在此基础上将苏联时期及当今俄罗斯哲学中人道主义的发展当作一个整体划分为四个阶段，其中前三个阶段仍采用安启念的划分方式。

第一个阶段是斯大林去世到苏共二十大，斯大林时期由于教条地使用马克思主义理论，尤其是政治扩大化，政治对其他领域粗暴干预，当时许多科学家、哲学家和技术专家被放逐、迫害，甚至枪决。斯大林去世后，赫鲁晓夫执政，引起人们对斯大林时期阶级斗争扩大化造成的人道主义灾难的反思与谴责，苏联学界开始了对“人的问题”的关注和对人道主义的反思。

第二个阶段是20世纪60年代，1961年10月，苏共二十二大提出了“一切为了人，一切为了人的幸福”的口号，苏共中央第一次高高举起了人道主义旗帜。1967年11月，苏共中央总书记勃列日涅夫在纪念十月革命五十周年的演说中提出，苏联已经建成了“发达的社会主义社会”。苏共中央把研究如何培养共产主义新人、如何实现向共产主义过渡确定为哲学界的任务。从此哲学家开始大规模地研究人、人的本质等以往很少问津的哲学问题，这极大地促进了人道主义思想的发展。

第三个阶段是20世纪70年代，1972年罗马俱乐部发表了第一个研究报告《增长的极限》，几个月后时任苏联《哲学问题》主编的弗罗洛夫便召集包括哲学家、文学家在内的相关领域专家讨论该书提出的问题，由此开始了苏联-俄罗斯对“全球性问题”的研究。这一研究强调人的价值和人类的共同利益，得出了“全人类利益高于阶级利益和国家利益”的结论。这不仅极大地推动了苏联对人的问题的研究以及人道主义思潮的发展，而且最终成为苏联改革，尤其是“新思维”的来源[①]。

第四个阶段从20世纪80年代持续至今，在此不得不提的人物就是弗罗洛

---

① 安启念. 从苏联解体看苏联马克思主义哲学发展中的一个重要教训. 理论视野，2010（7）：15.

夫，他是苏联科学院院士（后来为俄罗斯科学院院士），长期担任俄罗斯哲学学会主席、俄罗斯科学院人研究所所长。他是俄罗斯人学（человековедение）研究的开创者，提出人学的研究纲领，主张对人的问题进行跨学科的综合研究，从而把人的研究推向高潮，最终使得人道主义成为苏联-俄罗斯哲学研究的主线。上述工作之所以能够实现，主要是因为弗罗洛夫所具有的特殊身份。1986年弗罗洛夫就任《共产党人》杂志主编，1989年任苏共中央书记处书记，1990年又担任苏共中央政治局委员，弗罗洛夫是戈尔巴乔夫的哲学顾问，也是戈尔巴乔夫改革中举足轻重的人物。在人道主义形成过程中弗罗洛夫做了如下工作：在弗罗洛夫的倡导下1989年成立“全苏人的问题跨学科研究中心”（人学中心），1991年3月下设一个“人研究所”，弗罗洛夫任所长。苏联解体后，1992年正式注册成立俄罗斯科学院人研究所。弗罗洛夫在“综合研究人、科学和社会”这一纲领中，在1989年成立的人学中心的活动中，在1992年经法律注册的俄罗斯科学院人研究所的活动中，都把人道主义问题放在优先地位。① 可以说，弗罗洛夫是苏联-俄罗斯人道主义思想的代表人物和集大成者。

弗罗洛夫指出，人学中心和人研究所的主要目标是：在今天俄罗斯的条件下，促进人道主义理想和价值的复兴、保持和发展；组织和进行对人的跨学科综合研究，以求提高世界和我国的人学发展水平；对俄国领土上的人道的创议、人文共同体和人道主义运动，给予学术上的和组织上的支持，提供咨询，做些协调工作。② 他还指出：人的知识的整体化和系统化，是全俄跨部门人学中心和人研究所的主导方向，其目的是建立统一的人学和跨学科的人学研究组织。中心和研究所的科学纲领，集中于综合研究人的自然生物问题、社会文化问题和伦理人道主义问题及其相互联系和相互作用。这样的研究问题的综合体，就科学基础方面和应用方面讲，首次被意指为独立的学派。③ 弗罗洛夫特别强调要将客观性原则与人道主义价值结合起来，强调人的问题的重要性和科学家的责任感，他说：最后他想祝愿这一学派在俄科院系统中受到重视。它不需要特别的物质耗费，但却前途远大，正如历史证明的那样，没有这一派就不

① 弗罗洛夫. 哲学和科学伦理学：结论与前景. 舒白译. 哲学译丛，1996（Z3）：33.
② 弗罗洛夫. 哲学和科学伦理学：结论与前景. 舒白译. 哲学译丛，1996（Z3）：33.
③ 弗罗洛夫. 哲学和科学伦理学：结论与前景. 舒白译. 哲学译丛，1996（Z3）：33—34.

可能较为顺利地发展基础科学。应当不断研究科学的“可思维性条件”，研究科学观念和科学理论，应当使它们成为可以用人的尺度度量的，与伦理相称的和符合全人类人道主义价值的东西。在科学院系统，大概会对这一派的工作给予更多的鼓励。科学的哲学和伦理学正应当是基础科学的必要组成部分，因为基础科学是人类文化的一部分，它能满足人认识世界和自身这一最为重要的精神需求。基础科学的各个组成部分，包括哲学和伦理学部分，构成一个完整的系统，这种系统的基础科学有其人道主义的、文化的和人的意义，这一点已经使基础科学成了人类历史上必不可少的东西，因为人类的一切实际福利将来都仰仗于它。这就是说，从纯实利主义出发对待科学和整个认识，以及对待人本身，是不适宜的，因为它们有许多目的，而且它们在某些方面正在变为目的本身。今天，看待科学的社会价值观系统正发生急剧变化，但真正科学的精神实质始终未变，它包括与人道主义价值相结合的客观性原则，科学探索自由，以及科学家面对社会、人和人类应有的责任感。[①] 虽然弗罗洛夫的许多观点是在科学伦理学的视角下提出的，但如果把技术当作是科学的应用，其观点对于技术哲学仍有重大价值。

其实，人道主义成为苏联-俄罗斯哲学发展主线的原因是多方面的。首先，对科学技术发展给人们生活带来的负面后果的反思，是人道主义兴起的重要原因之一。其次，对以往专制主义和政治扩大化的反思，是苏联-俄罗斯人道主义兴起的另一重要原因。最后，人道主义兴起还源于俄罗斯人对社会生活的现实需求，正如安启念指出的：人道主义思潮的兴起，主要的基本的原因是社会生活客观实际所发生的变化。这些变化的出现是历史的必然。任何社会主义国家，在夺取和巩固政权的斗争基本结束以后，都必须或迟或早地把工作重心由阶级斗争转向经济建设，把注意力放在满足广大人民不断增长的物质文化需要上，放在构建社会和谐上。物质生活的丰裕和个性自由发展必将成为全部社会生活的中心。物质文化生活水平的提高，往往与经济发展相伴出现的是科学技术对人的日益严重的支配和两极分化，特别是因物质生产的迅猛发展而造成的资源、环境等严重威胁人类生存问题的出现，必然促使人们对人与物的关系进行再认识、再思考，并对自己的价值目标加以调整，提出“以人为本”的问

① 弗罗洛夫. 哲学和科学伦理学：结论与前景. 舒白译. 哲学译丛，1996（Z3）：34.

题。以上变化反映在思想观念上，就是人道主义思潮。到改革开始时，人道主义已经成为苏联思想界的主流。[①] 即便 1991 年底苏联发生解体，当今俄罗斯发展中也依然保留了这种需求，人道主义思想被俄罗斯学者不断发展和完善，这在我们之前提到的弗罗洛夫的思想中有最直接的表现，它深深影响着俄罗斯当代技术哲学的发展风格和发展走向，成为俄罗斯当代技术哲学未来发展的重要指针。

第二节　世界范围内的共性原因

俄罗斯当代技术哲学的发展离不开其国内政治、经济、科学、技术、哲学、文化等因素的影响。其技术哲学发生转向有其国内个性的原因，如前所述，在俄罗斯国内主要是受政治、文化和哲学三要素变化的影响。如果忽视了这些因素的作用，就不可能真正把握俄罗斯技术哲学发展的独特性。

但值得一提的是，任何一种理论体系都不可能封闭发展，俄罗斯技术哲学同样处于世界发展的大背景之中，它不可避免地还要受到国际共性因素的影响，这主要包括：世界范围内科学技术经济一体化、文明论和文化热的兴起，以及西方主流思潮渗透等要素的影响。具体说来，从国际角度看，首先，全球科学、技术、经济一体化引发俄罗斯学者对技术社会学问题和跨学科合作的关注，这是俄罗斯技术哲学研究中极其重要的研究主题和方法；其次，当今世界文明论和文化热的兴起引发了俄罗斯学者对于人与自然关系和人类命运的关注；最后，俄罗斯当代技术哲学除了继承苏联时期技术哲学的重要传统外，还在很大程度上受西方主流思潮的影响，特别是现代西方人本主义思潮对工具理性的批判与反思，对俄罗斯技术哲学中技术价值论的研究产生深刻影响。总之，上述因素直接影响俄罗斯技术哲学的发展，成为俄罗斯当代技术哲学发生转向的最重要的国际动因与背景。

---

① 安启念. 从苏联解体看苏联马克思主义哲学发展中的一个重要教训. 理论视野，2010（7）：16.

一、全球科技经济一体化

当今世界正处于全球化的进程，使得全球联系不断增强，国与国之间的政治、经济贸易之间相互联系、相互依存，整个世界被聚合为一个整体。20 世纪 90 年代后，一方面，随着全球化势力对人类社会影响层面的扩张，各国对政治、教育、社会及文化等学科领域更加重视，纷纷开始研究全球化问题；另一方面，全球化也对各国政治、经济、科学、技术、文化等产生深刻影响。苏联解体恰恰是在这种背景下发生的，因此我们不能回避全球化对苏联-俄罗斯科学、技术与社会产生的重要影响。全球化在本质上是世界范围内的科学、技术、经济一体化（科技经济一体化）的进程。科技经济一体化指的是融合了科学、技术以及经济各个发展要素之间相互融合渗透的一种过程及态势，它所包含的内容众多，如科学技术化、技术科学化、科技经济化、经济科技化、科学技术一体化、技术经济一体化等等。

在科技经济一体化的进程中，社会需求、科学、技术、经济四个要素之间存在着密切的联系。首先，社会需求是科学技术经济发展的动力。科技经济一体化的动力来自社会需求，社会需求为科技经济一体化提出了明确的任务，它推动科学、技术和经济的进一步发展。恩格斯很早就曾指出，科学的产生及发展都是由社会的生产来决定的，社会中一旦出现了对于技术的需求，这种需求往往会比十所大学更能让科学向前迈进。其次，科学是技术和经济发展的理论根基，在现代社会中离开了科学，技术和经济的发展几乎无法实现。再次，技术是科学的延伸，它是科学通往经济的中介和手段，如果我们想使经济发展越来越快，那我们就必须要借助更高端的技术手段及工具。发展科技的目的，就是要通过先进的科技手段来实现经济效益的最大化，为此要加强科技创新。最后，经济目标是人类社会的最终目标。也就是说在科技经济一体化进程中，各国的最终目标就是要让本国经济得到更好、更有效的发展。

正是由于科技经济一体化作用的增强，各国在发展过程中都充分认识到科学技术在生产中的重要作用，紧紧追踪国际科技发展潮流，开展科学技术研究。由于受政治等因素的左右，当今世界军事、航空、航天技术的发展处于领先地位。各国都在加大对这些领域的经费投入，加大科学研究和技术开发力度，加快科技成果向现实生产力的转化，不断提高产品的科技含量，以实现科学技术与经济的一体化发展。并且在具体工作中，各国都注重把握以下原则：第一，科技先行的原则。科技经济一体发展的前提是科技，因此在整个工作中要统筹安排，坚持科技先行的原则，集中力量进行科技研究和科技开发，力求取得有利于经济发展的重大科技成果，使科技与经济的结合具有科技支撑和保证。第二，科技渗透的全方位原则。科技经济一体化是一个系统工程，它的发展是多领域、多层次的，因此科技向经济的渗透要全方位地展开。要建立起与之相适应的配套体系，包括融资体系、成果转化体系、政策扶持体系，以及政府支持体系等。还要破除要素之间的各种障碍因素，使基础研究、人才培养、产业培植等环节紧密结合起来，配套衔接，一体化运行。第三，科技发展的伦理制约原则。按照伦理制约原则规定不发展哪些技术和优先发展哪些技术，以确保技术对人的有效性和安全性。这样，技术不再是冰冷的、游离于人的价值之外的要素，而是越来越多地与人发生互动关系、受人的伦理道德制约的要素。

当今世界科技经济一体化进程对俄罗斯技术哲学产生极其重要的影响，它使俄罗斯摆脱苏联时期技术哲学发展的封闭状态，越来越多地与西方技术哲学相融合。如前所述，苏联时期技术哲学家尤其重视研究技术的本质与技术系统的构成，重视研究技术与科学的关系、技术与生产的关系，强调技术科学方法论，强调科技进步和科技革命的社会主义优势说。可以说，苏联时期技术哲学的主要特点是重视科学技术发展的实效性，它是一种工程传统的技术哲学。而随着世界范围内科技经济一体化进程的发展及其影响的加剧，当今俄罗斯技术哲学家越来越关注技术对社会生活的影响。而且，受科技经济一体化进程的影响，俄罗斯技术哲学家在对技术进行社会评价时越来越多地引入人的要素，表现为对人与技术、人与自然、技术与文明、技术的安全性、技术与评估、工程技术伦理学等问题给予极大的关注。

在全球科技经济一体化趋势的影响下，当今俄罗斯学者主张不同领域专家进行跨学科的合作。这是因为“科学成为直接生产力”这一理论本身就具有跨学科的性质。早在苏联后期，C. H. 斯米尔诺夫就曾指出：科学在现代变为直接生产力这一特点，使这个过程在实质上成为跨学科的。在现代科学技术革命条件下，在科学知识，直至最基础的知识的应用必要性不断提高的基础上，正在进行一个紧张的过程，这就是基础自然科学和社会科学同应用科学和技术科学之间原有的联系正在加强，并且形成全新的联系。一方面，应用科学和技术科学本身的基础性极大地加强了，使得它们与对各种现实现象深层相互关系的研究之间的联系，成为有机的联系。这表现为，如今只有在全新的重大科学成就基础之上，才有可能解决产生在现代文明发展道路上的许多根本性的技术问题。世界范围内科技经济一体化的趋势要求进行跨学科研究。对此，C. H. 斯米尔诺夫进一步指出："了解科学的现代一体化过程发展的趋势和规律及其未来的跨学科体系形态的特点，在对现代科学进步作哲学-方法论分析方面，已跃居首位。"① C. H. 斯米尔诺夫还进一步指出现代科学跨学科发展的本体论依据，他写道："在现代科学中，具体科学局部的跨学科性，具有越来越重要的本体论根据。这种跨学科性，是由于把整个科学认识划分为诸如物理学、化学、生物学、关于地球的科学、天文学、社会科学、关于人的科学、技术科学、数学和哲学等这样一些根本不同（首先是按各自对象的不同）的科学部门和领域而产生的。"② 如今，俄罗斯学者认为："在技术哲学观念纷繁多样的情况下，应当注意技术哲学的一个特点，这就是，自然科学家、工程师和专业哲学家一样在技术哲学的形成过程中起着重要作用。"③ 也就是说，自然科学家、工程师和专业哲学家的合作，对于技术哲学的研究是极为重要的。由此可见，技术哲学的研究离不开科学家、工程师、哲学家、科学学家、科学史家、技术史家和大学教授的合作。

关于跨学科产生的原因，C. H. 斯米尔诺夫揭示得比较充分。他从学科内部角度揭示现代科学跨学科发展的原因，他指出："在边缘的跨学科发展的情况下，同我们打交道的是客观的过程和生成物，这些过程和生成物是两门不同学科的相邻领域的共同范围，之所以这样是因为，相邻近领域中一个领域的对象进入另一个对象之中，于是就构成了特殊的横断面，即高级层次中的低级层次。同时，世界上不同客体在本体论上的统一，也表现在这样一些过程和体系

① Смирнов С Н. Некоторые тенденции развития междисциплинарных процессов в современной науке. Вопросы философии，1985（3）：74.

② Смирнов С Н. Некоторые тенденции развития междисциплинарных процессов в современной науке. Вопросы философии，1985（3）：78.

③ От редакции. Философия техники. Вопросы философии，1993（10）：25.

中，这些过程和体系要么是某一相应的科学领域所研究的某一现象范围所普遍具有的，要么是几个或者所有领域范围所普遍具有的。在这个基础上，产生和发展了跨学科性的特殊形式，即构成科学一体化结构的不仅有相邻学科的相互作用，而且还有处于同一科学体系等级中彼此相隔很远的学科的相互作用。在这样一些综合的，就其实质而言是跨学科的（指超越许多科学甚至超越所有现有科学对象界限的）理论形成过程中，经常发生自然科学、技术科学和社会科学的相互作用（全球性的跨学科），或者发生全部（许多）社会学科，抑或全部（许多）技术学科，抑或全部（许多）生物学等学科的相互作用（局部性跨学科）。"[1] 此外，C. H. 斯米尔诺夫还阐明现代科学跨学科发展的外部原因，这里主要指出的是社会性、价值性因素的影响。他指出："现代科学认识体系的运动——主要指由按学科体系向实质上跨学科体系的运动，是由一系列一体化的涉及整个科学领域的过程，由科学和技术发展的强大的科技趋势（实质上是跨学科的发展趋势），同时还由科学认识的普遍的社会化、价值化和人道主义化，以及科学认识中社会实践特征和人道主义特征的价值方面的加强所决定的。"[2] 也就是说，科学技术跨学科的发展受到人的社会价值取向的影响，特别是人道主义已成为诸多社会价值中最为重要的方面。C. H. 斯米尔诺夫还补充了全球性问题对现代科学跨学科发展产生的影响，他写道："我们所研究的跨学科的科学技术发展趋势和涉及整个科学领域的发展过程，如今已进入一个全新的发展阶段，这个阶段与特殊的社会历史现实，即当代全球性问题的产生有关……全球性问题的社会-人的本质，不可避免地使这些问题具有特殊的、跨学科的性质。这些问题不仅仅具有综合性和跨学科性，而是同时将科学认识的全部三个主要分支，即自然科学、技术科学和社会科学交织在一起。因此，由于全球性问题就产生了特殊的、涉及整个科学领域的'社会的-自然的-技术的'跨学科性，或者更确切地说是全球性（包括科学的全部分支）的跨学科性。这比任何其他跨学科的问题都更多地要求更加密切的关于自然、社会和人的所有科学之间的相互作用……首先显然，只有在揭示自然、社会、科学、技术和人的全新的和

---

① Смирнов С Н. Некоторые тенденции развития междисциплинарных процессов в современной науке. Вопросы философии，1985（3）：80.

② Смирнов С Н. Некоторые тенденции развития междисциплинарных процессов в современной науке. Вопросы философии，1985（3）：81—82.

更深刻的基本联系的基础上，才可能做到这一点。其次，只有使科学的所有主要分支在理论-认识上、方法论上、逻辑上进一步接近，才可能做到这一点。最后，只有通过认识自然科学、社会科学和技术科学一体化的全新的社会制度形式这一途径，才可能做到这一点。研究所有这些可能性，从而进一步研究全球性的跨学科发展，将成为最重要的哲学-方法论问题之一。"[①]

世界范围内科技经济一体化的进程，促进了俄罗斯学者对技术伦理学和技术社会学等方向的研究，但是这些研究只具有规约性质，它提示俄罗斯科学技术发展过程中应避免什么，并没有从正面指导科学技术应当如何发展，如何更好地发展。特别是，在俄罗斯社会发展过程中，仍没有很好地解决科学技术在社会及经济领域内的创新问题，更没能通过科学技术和经济的发展解决人们在日常生活中所面临的各种难题，因而俄罗斯科技经济一体化的道路还很漫长，要通过更多长远的规划与设计才能使俄罗斯社会摆脱当前发展所面临的种种困境。在此我们要充分认识到，科学是人类从理论上对于自然规律的认知及把握，如果人们对自然规律的认知有所突破，那么它最终会通过科学理论展现出来、传播出去，在此过程中会使更多人学会运用这些规律和科学理论，充分挖掘和锻炼人类改造自然的巨大潜能。技术恰恰是连接科学及经济之间的枢纽，通过科学应用而产生的技术会给社会带来更强的实践效应。科学理论只有实现自身突破，才能推动技术创新，进而促进社会进步和经济的迅速发展。我们从科技经济一体化的历史过程中可以看到其中的必然规律：科学革命带来了技术革命，技术革命促成了产业革命，产业革命带来了经济的迅猛发展。任何一个国家、社会或者企业，其兴衰从本质上来讲都取决于自身的科学突破能力以及技术创新能力。如果我们把 19 世纪的富裕国家和现今的富裕国家进行对比就可以发现：那些始终处于领先地位的国家以及后来居上的国家，都是源自其极富成效的科技创新，那些仅仅依靠自身地理物质资源的国家，因为其对科技创新关注不足，最终导致了其地位的落后。当然，科技经济一体化的进程还需要有良好的外部环境作为保障。科技经济一体化过程有其内在的运行规律，它是时代的产物，无法摆脱特定的政治、经济和文化等要素的制约。如果一个国家或

---

① Смирнов С Н. Некоторые тенденции развития междисциплинарных процессов в современной науке. Вопросы философии，1985（3）：83—84.

社会大环境运行良好，就会加速科技经济一体化进程；反之，则会阻碍科技经济一体化，进而延缓甚至阻碍社会的进步。从这个意义上讲，俄罗斯和俄罗斯技术哲学还有很漫长的路要走。

二、文明论和文化热的兴起

当今世界“文化”（культура）和“文明”（цивилизация）两个词经常进入人们的视野，这反映出这两个要素对人类意识影响的增强。在分析当今世界不同国家、不同领域的共性和差异产生的原因时，人们越来越多地从“文化”和“文明”的角度去思考。按照陈炎在《文明与文化》一书中的观点，文明是文化的内在价值，文化是文明的外在形式。文明是一元的，是以人类基本需求和全面发展的满足程度为共同尺度的；文化是多元的，是以不同民族、不同地域、不同时代的不同条件为依据的。也有人认为文化与文明的区别在于：文化作为人类的知识体系，可以分为科学知识体系和非科学知识体系，科学知识体系和非科学知识体系都很重要，科学知识体系可以跨越国界、世代相传，可以证实和证伪，人们自然会形成统一认识，而无须说服、宣传、灌输；而非科学知识则恰恰相反。从时间上来看，文化的产生早于文明的产生，可以说，文明是在文化发展到一定阶段时形成的。在原始时代，只有文化，而没有文明，一般称原始时代的文化为“原始文化”，而不说“原始文明”。因此，学术界往往把文明看作是文化的最高形式或高等形式。从空间上来看，文明没有明确的边界，它是跨民族的、跨国界的；而广义的文化泛指全人类的文化，相对性的文化概念是指某一个民族或社群的文化。从形态上来看，文化偏重精神和规范，而文明偏重物质和技术。文明容易比较和衡量，较易区分高低；而文化则难以比较，因为各民族的价值观念不同，价值是相对的。从历史的角度来看，一种文明的形成与国家的形成密切相关，一般在历史上建立过国家的民族才有可能创造自己的文明，而未建立过国家的民族通常只有文化，未必能形成自己的独立文明。从承载者的角度来看，文化的承载者是民族或族群，每个民族或族群都有属于自己的文化；而文明却不同，它的承载者是一个地域，而且一个文明地域可能包含若干个民族或多个国家。这说明“文明”具有国家或地区性，“文化”具有民族性。正是由于文化与文明的重要性，国内外许多学者都对两者在人类社会发展中的作用做了细致的研究，在学术界形成了文明论和文化热。

正如俄罗斯学者指出的：“20 世纪的大思想家，无不关注技术现象和现代文化的技术化进程。在这些最重要的技术哲学家当中，应当注意文化-历史论（德绍尔、利特）……”[①] 世界范围内文明论和文化热的兴起，对俄罗斯技术哲学产生重要影响，表现为：苏联解体后，当今俄罗斯技术哲学研究中出现技术文化学、技术文明论的转向。在此过程中俄罗斯学者特别注重研究技术与文化、与人们生活的关系。

俄罗斯哲学类权威杂志《哲学问题》在 1993 年第 10 期上发表文章指出：“在刊登 20 世纪技术哲学经典原文的同时，本刊编辑部想再次强调技术在现代文化和现代人的整个生活中的重大作用，以及技术哲学在现代哲学思想总体图景中的重要性，但是很遗憾，在我国的文献中，对于技术哲学问题的研究还很薄弱。本刊编辑部打算今后继续讨论技术哲学的各种现实问题。”[②] 而且学者还指出，当前俄罗斯技术哲学界仍关注的技术哲学难题有：如何能够将技术哲学的成果整体化？技术的两难推理——技术是自主的，还是其他东西的异在？在论述技术本质时，是否应直接涉及技术与文化构思和内容的关系？能否出现脱离文化背景的全新的技术？这也正是我们应当认真思考的问题。

2005 年，由俄罗斯哲学学会组织的第四届俄罗斯哲学大会在莫斯科大学举行，本次大会的主题是“哲学与文明的未来”。大会设立了 25 个分会场，包括自然科学哲学、技术与经济哲学、全球化的哲学问题等。大会还有 12 个座谈会，包括现代文明的生态绝对命令、全球化世界中的俄罗斯、作为价值系统的人道主义：历史与现代、安全哲学等。大会的“圆桌会议”共有 27 个，其中就包括“现代世界中的技术、文化与环境”等主题。通过会议主题和议题我们能够发现，文明论和文化论已成为俄罗斯哲学特别是俄罗斯技术哲学的重要议题。在莫斯科大学校长萨多夫尼奇（В. А. Садовничий）院士看来，摆脱人类文明所陷入的困境不应依赖科学知识本身，而应当转向与经验相关的智能，还应当把伦理道德因素作为选择文明道路的主要依据，进行自我约束，实现与自

① От редакции. Философия техники. Вопросы философии，1993（10）：25.

② От редакции. Философия техники. Вопросы философии，1993（10）：31.

然界的和解，而不是对抗。[①]

俄罗斯学者对技术与文化、技术与文明的论述颇多。关于技术对文化的影响，弗罗洛夫曾指出：现代科学技术的发展往往导致新工艺的出现，这些新工艺可能危及人的自然的、文化的和社会的同一性，破坏人的遗传、生理和心理。[②]高罗霍夫对技术哲学的理解生动而深刻，他借用物质文化与精神文化的关系来理解技术哲学，认为“物质文化与精神文化像蜂胶一样密不可分地联系在一起。例如，考古学恰恰是根据物质文化遗迹努力详细地恢复古代人民的文化。从这个意义上讲，针对过去（特别是古代世界和中世纪，技术的书面传统还不十分成熟时），技术哲学在很大程度上是技术知识的考古学；而针对现在和将来，技术哲学则是技术知识的方法论”[③]。罗津则强调重视对技术和技术文明的认识，他指出：“倾听就意味着理解——我们先赞同何种技术，由于技术和技术文明的发展我们如何限制了自己的自由，什么样的技术发展价值观对我们而言是有机的，而什么样的价值观又是与我们对人和人的尊严的理解，对文化、历史和未来是背道而驰的。”[④]

在技术文明论和技术文化学方面，斯焦宾的观点最具代表性。正如安启念指出的：从20世纪80年代末起，斯焦宾院士逐渐形成了自己的技术文明理论，并且至今仍在对它加以深化、完善与宣传。[⑤]而且，斯焦宾还批评苏联时期的马克思主义脱离文化背景谈技术。他指出马克思主义唯物史观的一个重要缺陷就是没有揭示出文化的社会密码功能。在斯焦宾看来，文化是活动、行为和交往的发展着的程序系统，这些程序以符号的形式被记录下来，充当传递积累下来的社会历史经验的方法，决定人们的生产方式和生活方式。现实的人同时由两组遗传密码加以制约，一组是肉体组织的基因，另一组是社会组织的基因，即文化[⑥]。

---

① 赵岩. 第四届俄罗斯哲学大会侧记. 哲学动态，2005（10）：72—73.

② 弗罗洛夫. 哲学和科学伦理学：结论与前景. 舒白译. 哲学译丛，1996（Z3）：33.

③ Стёпин В С, Горохов В Г, Розов М А. Философия науки и техники. М.：Гардарики，1996.

④ Розин В М, Горохов В Г, Алексеева И Ю, и др. Философия техники: история и современность. М.：ИФ РАН, 1997.

⑤ 安启念. 从奥伊泽尔曼看后苏联时期俄罗斯哲学. 俄罗斯研究，2013（6）：143.

⑥ 安启念. 当代学者视野中的马克思主义哲学：俄罗斯学者卷. 2版. 北京：北京师范大学出版社，2012：174. 本部分张百春译。

如今，俄罗斯学者把技术纳入社会文化语境中去考量，对于技术的认识越来越全面而深刻。正如万长松指出的："俄罗斯学者对技术的审视愈发理性。他们不仅把技术看成是人类智慧和实践的产物，是推动人类文明进步的动力，而且把技术看成是人类自身存在的一种方式，这种生活方式在一定条件下会变成奴役人的肉体和精神的一种异化力量，必须加以克服。"①

其实，俄罗斯学者对文化的重视早有体现，安启念指出：早在 19 世纪 30 年代，俄国的斯拉夫派就对西方国家盛行的物质崇拜以及科学理性对人的支配和社会分裂、道德沦丧提出批评，陀思妥耶夫斯基、索罗维约夫、布尔加科夫、别尔嘉耶夫，以及他们代表的俄罗斯传统哲学的主要任务就是继续发扬斯拉夫派的基本精神，对重物轻人的资本主义工业文明加以批判。苏联哲学界对全球性问题的重视以及弗罗洛夫的新人道主义，均产生于俄罗斯文化在 20 世纪后半叶与导致全人类生存危机的西方文化的新冲突之中，它们正是俄罗斯传统文化在 20 世纪后半叶活生生的体现，是俄罗斯民族哲学传统在新历史条件下的延续与创造性发展。② 这种对文化和文明的重视深刻地反映在俄罗斯当代技术哲学中，并且越来越深刻地影响俄罗斯技术哲学的未来走向。

三、西方主流思潮的渗透

俄罗斯技术哲学关注人、关注人与自然、关注人与技术以及人道主义问题，这除了与本国原有的哲学研究传统有关系，还与世界范围内人本主义思潮的复苏及其对工具理性的批判相联系。

现代西方哲学主要涉及两个问题，即关于科学的问题和关于人的问题，与此相对应可分为科学主义（实证主义）和人本主义（非理性主义）两大思潮。

科学主义思潮，由孔德的实证主义开始，大体经历了以下诸流派的演变：马赫主义、实用主义、逻辑实证主义、批判理性主义、科学哲学的历史主义等。科学主义思潮的代表人物为孔德、马赫、罗素、维特根斯坦、库恩、波普尔等一批具有哲学素养的科学家和具有科学素养的哲学家。科学主义思潮的开

---

① 万长松. 俄罗斯学者关于技术与社会关系若干问题的思考. 东北大学学报（社会科学版），2008（4）：291.

② 安启念. 从奥伊泽尔曼看后苏联时期俄罗斯哲学. 俄罗斯研究，2013（6）：142.

创者、实证主义的创始人孔德把“实证”一词解释为“实在”“有用”“确定”“精确”“相对”。他认为这些属性应当是人类智慧的“最高属性”。他宣称哲学只是研究实在和关于有用东西的知识，即关于现象范围内的知识。至于现象后面的本质是什么，规律是什么，都不属于实证范围。孔德认为科学及一切符合实证哲学精神的认识都只是叙述事实，而非说明事实，只问是什么，而不问为什么，知其然不必知其所以然。如果非要去寻根问底，就会陷入虚妄、无用、不精确的神学和形而上学中。总之，科学主义者认为应摒弃对事物的本质、宇宙的本原等高深玄妙问题的研究。人类理性认识研究的对象应限定在人们可感知的经验、现象范围之内，以具体的实证理性代替传统哲学抽象的思辨理性，这是贯穿现代西方科学主义思潮的基本理论线索。

人本主义是与科学主义思潮并行发展的另一种哲学倾向。人本主义是 14 世纪后半期发源于意大利并传播到欧洲其他国家的哲学和文学运动，它是构成现代西方文化的一个极其重要的元素，在相当长时间内影响西方国家的政治、经济、文化和社会生活。人本主义思潮从叔本华、尼采的唯意志论开始，接着出现了生命哲学、现象学、存在主义、结构主义、法兰克福学派、新托马斯主义、人格主义等流派。而且有些大学派里套着小学派，分支颇多。存在主义者自己也承认，有多少存在主义者，就有多少种存在主义。

人类进入 20 世纪后，经历了两次世界大战带来的浩劫，特别是 20 世纪 50 年代西方科学技术革命和其他社会历史条件又分别给两大思潮的发展以新的推动。对科学主义影响最大的是 20 世纪 50 年代西方发生的第三次科学技术革命，其主要标志是电子计算机技术的应用，使生产由电气化进入自动化时代。科学技术的迅速发展推动了科学主义由横向分析到纵向分析、由静态分析到动态分析的不断发展。科学主义持技术乐观论的立场，认为科学技术能解决资本主义的一切问题，医治一切弊端。就人本主义思潮来说，对它影响最大的是第二次世界大战结束后西方的社会历史状况。一方面是科学技术和物质生产高速发展，另一方面是各种社会危机的暴露，如经济危机、社会道德的败坏、精神文化日趋堕落、劳资关系紧张，凡此种种终于导致了 20 世纪 60 年代的“新左派”运动。非理性主义思潮在此过程中广泛流行并得到强有力的发展，与科学主义的技术乐观论相反，非理性主义持技术悲观论，把社会中一切灾难，特别是对人的摧残、压抑都归结于科学技术。

当今世界范围内科学主义与人本主义思潮的对立表现为：前者重视科学（指自然科学），后者重视人、人生和人的价值；前者强调规律结构的森严，后者强调意志的绝对自由；前者用僵硬、冰冷的逻辑取代对人的生存状态的关怀，后者则关注人的生存状态和生活的意义；前者所持有的是科技乐观主义态度，后者持有的则是科技悲观主义态度；前者认为科学是价值中立的，后者认为科学是价值取向的。不可否认科学主义在历史上有一定的进步性，它促进了人的物质生活水平的提高，但是随着科学技术的发展，人们逐渐走入极端的唯科学主义和技术统治论，最终陷入工具理性的泥潭中，致使人的价值丧失殆尽。

如今世界范围内对工具理性的批判，也从一定程度上影响俄罗斯技术哲学的转向。马克斯·韦伯第一次提出“工具理性”和“价值理性”两个术语。他认为最早的启蒙运动以道德自律为前提被称为价值理性。这是一种强调目的、价值和意识的合理性。在价值理性中，科学技术作为手段不断创造物质财富，以满足人的物质生活，进而满足人最根本的精神需求。此时，人成为目的。但是随着科学技术的发展和知识及经验的不断发展成熟，科学技术逐渐获得自主性和独立性，从而取代目的或为别的目的服务，这样就由价值理性转向了工具理性。此时，人们不再关注科学的发展是否有助于弘扬人性，而只关注科学自身的逻辑发展，充其量是关心科学发展所带来的物质利益是否能满足人的物欲，并且人们只是为了消费而消费，而不管人的精神生活是否得到满足。对物质欲望的过度奢求，使得以往作为手段的科学技术成为人们关注的焦点，人们更多关注的是如何采用更简便、快捷的方法来实现科学技术目的。这样手段成了目的，而以往作为目的的人则成为保证科技目的得以实现的手段和工具。由价值理性到工具理性，科学技术和人与手段和目的的关系发生了异位。

工具理性泛滥的直接社会表现就是“技治主义”，就是用技术统治人、扭曲人性并为依靠技术的暴力和霸权张目的社会倾向。对工具理性的批判最有影响的要数法兰克福学派，该派的基本观点如下：当今时代，理性越来越被科学技术进步所支配，按照自然科学的模式塑造人和社会生活已成为当代理性主义的趋势。但是，人的理性在自然科学和技术的完善过程中所起的作用越大，人在社会生活中就越不自由。可以说，为了实现科学技术目标，人成为科学技术的奴仆，成为一系列科技决策指导下的不会反抗的机器。因此，向价值理性回归是人的新的解放。的确，在当今时代人表面上是自然的主人，而实质却受制于自身的物欲，属人的东西隶属于动物的东西，精神让位于物欲，物成了精神的主宰，这种情况渗入人的精神内部，导致精神本身的功利化。对工具理性的批判已经成为"后现代文化思潮"的重要主题，它也在一定程度上影响着对俄罗斯技术哲学中人道主义问题的理解。由此导致了俄罗斯技术哲学主题的转向，表现为对人与自然的关系、技术文明论、技术与评估等问题的关注。

其实，关于人及人的价值问题已经成为世界技术哲学界共同关注的话题。正因如此，西方人本主义思潮与俄罗斯人道主义思想有着密切的联系。不可否认，科学技术在其创立之初是为了更好地服务于人类，使人从繁重的工作中解放出来，因此关心人、关注人是科学技术革命和科学技术进步最初的、最朴素的动力。苏联-俄罗斯学者尤为赞同这种观点，并赋予该思想以人道主义意义。"工人不再是生产过程的主要当事者，而是站在生产过程的旁边。"[①]现今工人的职责，更多时候似乎只是编制程序、对机械控制系统进行管理、监视并根据现场情况随时调整机器的工作状态，"人被从直接工艺过程中排挤出来……这样，自动化在为人们的技术潜能的发展提供空间的同时，不仅使人从难以胜任的、繁重的和经常发生危险的体力劳动中解放出来，还使人从单调的、令人厌倦的、刻板的脑力劳动中解放出来"[②]。正因如此，凯德洛夫认为："应当把改善劳动条件看成是科学技术革命的人道主义趋势之一。"[③]他还指出："改善劳动条件成为最重要的经济任务和社会任务，因为根据马克思的观点，这会使人们'借助于最少的力量消耗，在最无愧于和最适合于人类本性的条件下'劳动。这个原理应当成为国家日常生活的指南。"[④]综上所述，我们可以说"人道主义"是苏联-俄罗斯科学技术发展的首要原则，没有了人道主义原则，其科学技术发展就失去了方向。

但值得一提的是，在重视人和人的价值时，俄罗斯学者和西方学者的提法是有区别的：俄罗斯学者提倡人道主义，而西方学者更多时候强调的是人本主

---

① 马克思，恩格斯. 马克思恩格斯全集. 第46卷（下册）. 中共中央马克思恩格斯列宁斯大林著作编译局译. 北京：人民出版社，1980：218.

② Кедров Б М. Научно-техническая революция и проблемы гуманизма. Природа，1982（3）：3.

③ Кедров Б М. Научно-техническая революция и проблемы гуманизма. Природа，1982（3）：3.

④ Брежнев Л И. Ленинским курсом. Речи и статьи. Т. 6. М.：Политиздат，1978：328—329.

义。从表面看来，“人道主义”与“人本主义”概念是同类意义的词汇，两者似乎是一致的，但是比较起来，就会发现两者仍有本质的不同。这主要表现在：苏联-俄罗斯人道主义观念从不排斥科学主义和理性主义，苏联-俄罗斯的人道主义与科学主义和理性主义是相结合的；苏联-俄罗斯人道主义观念重视人的肉体从劳动中的解放，主张不仅使人从繁重的和经常发生危险的体力劳动中解放出来，还使人从单调的、令人厌倦的、刻板的脑力劳动中解放出来；科学技术有助于实现人道主义，所以应当从保障人的利益、保护人的生命、保证人的生活的一定质量和水平，以及确保工艺和生态安全角度对科学技术进步持一种肯定的态度；苏联-俄罗斯人道主义观念认为人道主义纲领的实现，不能单纯归结为重新定位人的意识，而在于开展实践活动，发展文化、科学和技术，为个人全面和自由的发展创造必要的、现实的条件，把减轻人的工作负担、保护人的安全、维护人的利益看成是发展技术的基本前提。而西方人本主义思潮则坚持反科学主义、拒斥理性至上的观点，西方人本主义思潮与科学主义和理性主义相背离；西方人本主义思潮重视人的精神的自由与解放，主张把人从科学理性的束缚中解放出来，从科学技术所引发的负面后果中解放出来，主张认识真实的自我，充分发挥个人的潜能；西方人本主义认为重视科学技术，强调科学技术的发展是压抑人性的罪魁祸首，因而主张放弃现代科学技术成就，回归到原本自然的生活状态，他们对科学技术持一种否定的态度；西方人本主义思潮把研究人非理性的心理因素作为哲学的要旨，并以此来解释世界、解释人生，主张把哲学研究的对象由外部世界转向人的内心世界，探究人的非理性的存在状态和本质，把意志、情感、直觉、本能冲动等非理性因素当作人的最本质的东西。由此可见，俄罗斯技术哲学在受西方人本主义思潮影响的同时还保留自己独到的见解和主张。

第四章 俄罗斯当代技术哲学转向的动态图景

从静态角度来看，俄罗斯当代技术哲学在指导思想上是各种派别林立的多元论；在研究主题方面侧重对人与自然关系、技术文明论、技术评估等问题的关注；在研究视角方面侧重从技术人类学、技术文化学、技术社会-政治学角度研究技术；在价值导向方面侧重以人道主义为核心的人文技术哲学导向。但如果从动态角度来看，则会发现俄罗斯技术哲学发展到今天，它与苏联时期技术哲学和西方技术哲学呈现出错综复杂的关系。概括说来，俄罗斯当代技术哲学与苏联时期技术哲学存在着批判与继承的关系；苏联-俄罗斯技术哲学与西方技术哲学之间关系是由对立到趋同演化的动态过程。正因如此，全面深刻分析俄罗斯当代技术哲学与苏联时期技术哲学的关系，以及分析苏联-俄罗斯技术哲学和西方技术哲学的关系，对于准确把握当今俄罗斯技术哲学的发展走向具有重要意义，它也有助于我国技术哲学从中总结教训和获得启示。

第一节 俄罗斯当代技术哲学与苏联技术哲学的批判继承关系

当今俄罗斯技术哲学是在对苏联技术哲学批判继承的基础上形成的：一方面，俄罗斯当代技术哲学是在苏联技术哲学以往所取得的重大成就基础上发展而来的，没有苏联时期技术哲学的独具特色的发展道路与模式，当今俄罗斯技术哲学的成绩就无从谈起；另一方面，苏联解体导致意识形态变化，造成人们对苏联时期哲学（也包括技术哲学）的重新反思与定位，正是在对苏联技术哲学批判的基础上，俄罗斯当代技术哲学发生了重要转向。

一、对苏联技术哲学的批判

俄罗斯当代技术哲学对苏联时期技术哲学的批判，主要表现在三个方面：一是批判苏联技术哲学中的政治扩大化倾向；二是批判苏联技术哲学对技术的社会道德维度关注不足；三是批判苏联技术哲学没有重视文化对技术的影响。

（一）批判苏联技术哲学中的政治扩大化倾向

苏联时期政治的过度干预，致使意识形态领域的斗争异常激烈，几乎所有观念都被区分为“唯物主义”和“唯心主义”。正是在这样的背景下，苏联时期技术哲学被视为唯心主义学说而加以批判。与此相联系，技术哲学先驱恩格尔迈尔被放逐国外，技术哲学以其他名义被研究，形成了独具特色的技术哲学研究纲领。总之，苏联时期唯心主义哲学和资产阶级哲学几乎成为技术哲学和其他西方哲学的代名词，因而批判资产阶级哲学也就成为苏联哲学的主要任务。当然，这也是苏联哲学如今饱受批评的重要原因之一。

我国学者安启念也曾指出：列宁斯大林的哲学思想今天在俄罗斯已经很少有人提及，苏联哲学几乎被彻底否定，得到承认的只是苏联时期因背离官方的马克思主义哲学而受到迫害的哲学家，或者是从事科学技术哲学和哲学史研究的学者。[①] 苏联解体后学者对苏联时期的马克思主义哲学进行了批判和反思，这当中有言辞犀利的，例如，俄罗斯著名宗教哲学家霍鲁日对苏联哲学采取全盘否定的态度，他认为俄罗斯的哲学传统在苏联哲学出现之后中断了。对苏联哲学和苏联社会制度的厌恶与批判是霍鲁日哲学思想的基本特点，他反对一切

① 安启念. 从奥伊泽尔曼看后苏联时期俄罗斯哲学. 俄罗斯研究，2013（6）：134.

为它们所做的辩护。[①] 而弗罗洛夫和斯焦宾的观点则相对客观。总之，对苏联时期政治扩大化的批判导致哲学领域的多元论导向。这在技术哲学中直接导致的结果就是俄罗斯技术哲学派别林立。如今无论是文化-历史论、现象学、生命哲学、存在主义、末日论形而上学、哲学人类学，还是新马克思主义，在当下俄罗斯都有拥护者。这是苏联解体后俄罗斯技术哲学发生的最重大的转变。

（二）批判苏联技术哲学对技术的社会道德维度关注不足

众所周知，苏联时期其重工业技术、军事技术和航天技术异常发达，与此相联系，苏联技术发展有三个重要导向：一是工业化导向，二是军事化导向，三是航天化导向。过多地把精力投入上述领域，致使苏联时期技术哲学对社会、生态等问题关注不足，从某种角度说，苏联解体与此不无关系。如今俄罗斯学者主张重视技术的社会因素、政治因素和道德因素等，促成了技术哲学中这些方向的快速发展，形成了技术的社会学导向、技术的政治学导向，促成工程技术伦理学的进一步发展，而且技术评估成为技术哲学中重要的研究主题。

2005 年在莫斯科大学举办了第四届俄罗斯哲学大会，学者号召把道德伦理价值作为选择文明发展道路的主要依据，自我约束，实现与自然界的和解。正如赵岩指出的：尽管议题十分广泛，但就大会报告和数量众多的论文提要以及在各种会议上听到的发言来看，整个大会的基本思想倾向、发言者的共同观点还是很清楚的，这就是：人、社会公正、人类的命运高于一切，特别是高于对物质财富的追求。随处都能感受到俄罗斯人的爱国主义以及对西方文明的批评。在此问题上，莫斯科大学校长萨多夫尼奇院士在开幕布会上的报告很有代表性。他提出，知识与智能是两个有重大区别的概念，所谓知识，是指科学知识，它具有逻辑上的合理性，可以得到证明，认识的结果可以重复。就其本性而言，知识与理性相联系，可以对它做出数量和质量上的评价。智能则主要与经验相关。今天的世界正在全球化，人类的文明由于运用科学知识对自然界的过度改造而陷入困境，它的出路就在于人们把注意力由知识转向智能，把道德伦理价值作为选择文明发展道路的主要依据，自我约束，实现与自然界的和解。他呼吁，未来的科学家应该从科学的教条中解放出来，应该比我们更好地

---

① 安启念. 俄罗斯哲学界关于苏联哲学的激烈争论. 哲学动态，2015（5）：45.

意识到科学知识能力的有限性，不要把科学知识作为解决自己各种重大问题时的唯一希望而且加以绝对化。萨多夫尼奇的报告充分反映了俄罗斯哲学界、科学界，乃至整个俄罗斯社会哲学思想的基本倾向。[①]

弗罗洛夫也曾指出，人学发展的紧迫性取决于三组因素：①现代科学技术的发展往往导致新工艺的出现，这些新工艺可能危及人的自然的、文化的和社会的同一性，破坏人的遗传、生理和心理。②俄国社会深刻的社会经济变革，今天在文化、道德和精神生活领域都有明显的表现，也表现为价值或世界观的冲突和矛盾。③需要支持人可以接受的生活方式，支持基于人道主义价值的非暴力、宽容精神和开放精神，即对异己的文化和宗教经验开放，因为这些经验肯定人的尊严、人的自由发展和获得幸福的权利。对我们来说，研究的出发点是人的完整个性。发掘人的潜力，这归根结底决定着一切社会的和经济的创举的成败。因此我们必须探索出活跃人学研究的途径，提高各项研究方法论工具的水平，为逐步招揽更广泛的俄国和外国的各类专家和组织参与研究而创造条件。[②] 可见，如今的俄罗斯技术哲学更加开放和包容。

（三）批判苏联技术哲学没有重视文化对技术的影响

如前所述，苏联时期的技术哲学是侧重科学技术实效性的工程技术哲学的研究传统。在苏联技术哲学发展早期，学者更多关注的是技术本体论、技术认识论和技术方法论，对于技术的价值论关注不充分；而到 20 世纪 80 年代以后，技术价值论成为研究的重心，人道主义成为技术哲学发展的主线，技术的社会因素开始引起人们的广泛兴趣，但是此时对于技术中的文化要素及其在技术发展中所起的作用关注不足。

苏联解体后，学者加强文化对技术影响的研究，形成了技术文化学的研究方向。其实，苏联时期学者也曾关注了技术在文化中的发展，但是那时候关注的焦点是技术。而如今俄罗斯学者在对技术与文化关系的研究中，更多关注的是文化对技术的影响。他们主张放弃传统的科学-工程世界图景，建立新的科学-工程世界图景。正如万长松指出的：按照这种新的科学-工程的世界图景，工程

---

① 赵岩. 第四届俄罗斯哲学大会侧记. 哲学动态，2005（10）：73.

② 弗罗洛夫. 哲学和科学伦理学：结论与前景. 舒白译. 哲学译丛，1996（Z3）：33.

和技术并不是被分离出来的实践形式，而是人类发展的组成部分；并不是科学、工程、技术发展的内史，而是思维的选择和理性的组织；并不是对科学技术进步的后果袖手旁观，而是时刻关注着影响科技进步的诸多因素和基本条件。[①] 在此过程中，文化对技术起着筛选作用。

二、对苏联技术哲学的继承

苏联时期，技术哲学家在很多方面提出了富有成效的建设性意见，并开展了相关研究，苏联解体后这些建议和研究并没有因苏联解体而废止，而是被继承和发展。俄罗斯当代技术哲学对苏联时期技术哲学的继承主要表现在四个方面：一是在技术本体论方面，继承发展了对技术本质的认识；二是在技术认识论方面，继承发展了对技术科学哲学问题的认识；三是在技术方法论方面，继承发展了对跨学科方法论的认识；四是在技术价值论方面，继承发展了对人和人道主义问题的研究。

在苏联时期，哲学领域中受批判最少、受肯定最多的领域就是科学技术哲学领域。正因如此，美国著名技术哲学家卡尔·米切姆将苏联的技术哲学与民主德国等八个国家的技术哲学合称为苏联-东欧学派。他指出技术哲学有三种学派或三种传统——西欧、英美及苏联和东欧——为技术哲学的广泛探讨作出了重要贡献。[②] 应当说卡尔·米切姆对于技术哲学派别的分析是客观、公正、颇有见地的，他的观点获得技术哲学界的普遍认可。

苏联时期技术哲学家提出的许多建议和主张，为俄罗斯技术哲学的后续发展指明了方向，显示出超前性。例如，高罗霍夫和罗津指出："通过文献分析，能够从最一般的形式中区分出技术科学和工程技术活动方法论今后进一步研究的主要方向：①在文化学方面，在人类文明（首先是欧洲文明）发展的背景中，研究技术和工程技术活动的起源和进化。②对具体的科学-技术科学进行实质的方法论分析：分析其与工程技术活动、社会科学、自然科学和数学的联系，分析它的结构和功能以及它的产生和发展，还分析它存在的社会文化条件

---

① 万长松. 俄罗斯学者关于技术与社会关系若干问题的思考. 东北大学学报（社会科学版），2008（4）：291.
② 米切姆. 技术哲学. 曲炜，王克迪译. 科学与哲学，1986（5）：67—68.

(如工程技术共同体的进程、科学创造和技术创造问题，以及技术科学中理论研究同工程技术干部培训的关系等等)。③进一步研究无论是经典科学技术知识领域中的，还是现代非传统科学技术知识领域中的技术理论(如能源技术、系统工程、程序设计理论、安全性理论、工程技术伦理学等)，其目的是研究技术理论的方法论模型，并更正整个理论的方法论观念。”[①] 此外，苏联时期学者还号召要加强对技术社会问题的研究，1985 年《哲学问题》杂志第 9 期发表了题为《科学技术进步的社会哲学问题和方法论问题》的文章，文章指出：“《哲学问题》杂志在研究和阐述科学技术进步和科学技术革命问题中积累了一定的正面经验。这些问题成为参与讨论的不同科学和技术领域专家、科学家和实践工作者关注的对象。这些发表的文章把很大注意力放在了概括现实的科学技术发展实践，以及对科学技术革命和科学技术进步展开过程进行研究的方法论问题。杂志还定期刊登分析科学技术革命和科学技术进步的社会经济前提和后果的文章。这些研究指出，在 20 世纪科学技术进步已经远远超出生产技术和狭窄的经济问题的范围。刊登的文章强调指出，科学技术进步对于社会和人的生活所有最重要的方面以及对于社会发展过程、思想、文化、日常生活、人们心理的作用规模和强度，促使哲学家和其他社会科学家更深入地研究科学技术进步和社会进步的相互关系问题，研究科学技术革命条件下人的前景问题，以及研究现阶段社会与自然界相互作用的特点问题。”[②] 如今俄罗斯技术哲学在这些研究方向上都有长足的进步，取得了显著的成绩，详情如下。

(一)本体论：继承发展对技术本质的认识

关于技术的本质是什么，在苏联时期最盛行的观点主要有三种：“劳动手段说”、“活动手段说”和“知识体系说”。A. A. 兹沃雷金写道：“技术可以被定义为在社会生产系统中不断发展的劳动手段。”[③] H. И. 德尔雅赫洛夫也表达了类似的观点，他认为“在劳动中有三个成分：人、劳动手段(技术)和劳动对

① Горохов В Г, Розин В М. Философско-методологические исследования технических наук. Вопросы философии, 1981(10): 179.

② Социально-философские и методологические проблемы научно-технического прогресса. Вопросы философии, 1985(9): 4.

③ Мелещенко Ю С. Техника и закономерности её развития. Вопросы философии, 1965(10): 4.

象”[①]。可见他把劳动手段与技术等同起来。Н. И. 德尔雅赫洛夫指出：“我们试图形成一系列最普遍的特征，这些特征建立在技术的历史发展逻辑、技术在劳动过程中基本作用以及技术在社会发展和人自身发展中地位的基础上的同时，帮助我们进一步揭示技术概念。①技术是控制和改造自然的、有针对性的劳动活动的中间环节，是在决定着人类社会进步的人和自然的物质交换过程中，人的天然器官不够完善、存在着不足和局限性与对历史进步的范围和程度的不断增长的客观需求之间发展着的矛盾得以实现的形式。②技术是被‘计算出来的’‘自然事物’，是在人的‘人造器官’中将人类在劳动活动过程中所应用的自然过程和自然规律（科学）物质化并以间接方式表现出来的一种形式。③技术充当人自身、人的精神观念、特征、习惯和经验形成的物质基础，而这些精神观念、特征、习惯和经验产生于建立在有意识地应用自然规律和科学的基础上的实践活动过程中，而且这些自然规律和科学会以间接方式在劳动手段、技术和生产工艺过程中表现出来……④技术是‘被实体化的劳动’，是‘被物质化的知识力量’，是‘人性化的自然事物’，并且这些自然事物充当了作为生产主体的人的活动手段与作为生产客体的自然之间相互联系的形式。”[②] 由此可见，在 Н. И. 德尔雅赫洛夫的技术定义中，技术是一种被实体化、物质化和人性化了的，并且具有中介性、人造性和物质性的劳动手段。但是，后来人们注意到“劳动手段”概念并不能准确表达技术的定义，一方面，“劳动手段总和”的概念比所要表达的技术概念更广泛，因为家畜、土地，甚至在一定条件下人的器官都是劳动手段，但它们却不能归属于技术；另一方面，“劳动手段总和”的概念把社会生活和人类其他活动领域中所采用的诸多技术形式排除在技术定义之外，如没有包括军事技术、医疗技术、通信技术等重要的技术手段。正因如此，Ю. С. 梅列先科定义“技术是人在有目的地利用自然界的材料、规律和过程的基础上建成并应用的物质总和，是人类目的明确的活动（首先是劳动，特别是生产活动）的物质手段”[③]。Ю. С. 梅列先科的技术定义的中心意思就是要说明，技术

---

① Дряхлов Н И. К вопросу об определении техники и о некоторых закономерностях её развития. Вестник Московского университета. Серия 7, философия，1966（4）：51.

② Дряхлов Н И. К вопросу об определении техники и о некоторых закономерностях её развития. Вестник Московского университета. Серия 7, философия，1966（4）：54—55.

③ Мелещенко Ю С. Техника и закономерности её развития. Вопросы философии，1965（10）：7—8.

是人类活动的物质手段，我们称其为“活动手段说”。而 Г.И. 舍梅涅夫对技术的理解则更倾向于抽象的知识形态，他对技术的认识完全建立在对技术科学定义的理解上。他认为：“技术科学是关于有目的地将自然界的事物和过程改造成技术对象，并且是关于构建技术活动的方法，同时也是关于技术对象在社会生产体系中起作用方式的特殊的知识系统。”[①] 我们可以称之为“知识体系说”。

如今俄罗斯著名技术哲学家高罗霍夫在苏联学者关于技术本质研究的基础上，从实体、活动、知识三个角度给技术下了一个综合性的定义，他认为技术“是技术装置和人工制品的总和——从单一的最简单的工具到最复杂的技术系统；是生产不同产品的各种技术活动形式的总和——从科学技术研究和设计到这些研究和设计在生产和经营中的完成，从加工技术系统的单独要素到系统的研究和设计；是技术知识的总和——从专门化的处方技术知识到理论的科学技术知识和系统技术知识”[②]。可以说，该定义涵盖了“劳动手段说”“活动手段说”“知识体系说”三种不同的技术定义，它更全面、更具合理性，反映了俄罗斯技术哲学家在技术本质认识方面的重要进展。

（二）认识论：继承发展对技术科学哲学问题的认识

技术科学的哲学问题是苏联时期技术哲学中极具特色的研究主题，在这个方向上，苏联技术哲学家取得了令人瞩目的成就。苏联时期技术科学的成就主要体现在对技术科学的本质、技术科学与技术知识的关系、技术科学与自然科学的关系的认识上，尤其是在与自然科学对比的过程中，学者揭示了技术科学的起源、对象、结构、功能和主要任务。第一，在技术科学的起源问题上，苏联学者认为技术科学不但是技术科学化的产物，还是自然科学中实用领域具体化的产物。苏联学者 A. H. 鲍戈柳波夫就曾表达过这样的思想，他指出：“技术科学是科学中的实用领域在技术领域的进一步具体化。”[③] 第二，在技术科学的对象问题上，苏联学者认为：“技术对象的人工性在于，它们是人类活动的产物。它们的天然性首先在于，所有人造对象归根到底都

---

① Горохов В Г, Розин В М. Философско-методологические исследования технических наук. Вопросы философии, 1981（10）：173.

② Стёпин В С, Горохов В Г, Розов М А. Философия науки и техники. М.：Гардарики，1996.

③ Боголюбов А Н. Математика и технические науки. Вопросы философии，1980（10）：82.

是由天然的（自然界的）材料制成的。”[①] “技术科学不仅与自然科学（这决定了技术科学的‘天然的’特征）相联系，而且它还与经济学和人文科学有着不同的、极为重要的交叉（而这一点相对于它的‘人工的’特征）。”[②] 第三，在技术科学的结构问题上，苏联学者认为，无论是自然科学的结构还是技术科学的结构都包括三个组成部分：本体论模式、数学工具和概念工具。但在技术科学中的这三个要素要比自然科学中的三要素更为复杂，其原因就在于技术手段具有特殊性，它是主体和客体相互联系的中介，它比自然科学更多兼顾实践的方面。第四，在技术科学的功能问题上，苏联学者认为技术科学功能的起点和归宿都是为了对工程对象的技术结构和工艺参数进行理想描述。工程研究的目的是：把在技术理论中所获得的理论知识变成实践方法的形式，提出新的科学问题。这些问题是在建立工程对象的各个阶段中，在解决工程问题的过程中产生的，而且它们将会被传播到技术领域当中去，以实现技术理论的功能[③]。第五，在技术科学的主要任务问题上，苏联学者认为，技术科学的任务在于“从实践上利用这些成果（指的是自然科学的成果——笔者注），研究自然规律在技术设备中的作用，以及运用知识和计算保障工程技术活动”[④]。

如今俄罗斯技术哲学家在此基础上继续发挥优势，拓展相关研究。1996 年由斯焦宾等人合著的《科学技术哲学》和 1997 年由罗津、高罗霍夫等人合著的《技术哲学：历史与现实》是当代俄罗斯学者以综述方式论述技术哲学的最重要的两本文献，它们成为俄罗斯技术哲学的代表性著作。由此可见，技术科学的哲学问题成为从苏联时期延续至俄罗斯时期技术哲学重要的研究主题，也是苏联-俄罗斯技术哲学不同于西方技术哲学、不同于中国技术哲学的最具特色的研究方向。其相关研究成果如今获得世界技术哲学界的普遍认可。

---

① Горохов В Г, Розин В М. Философско-методологические исследования технических наук. Вопросы философии, 1981（10）: 173.

② Боголюбов А Н. Математика и технические науки. Вопросы философии，1980（10）: 81.

③ Горохов В Г. Структура и функционирование теории в технической науке. Вопросы философии，1979（6）: 97—101.

④ Горохов В Г, Розин В М. Философско-методологические исследования технических наук. Вопросы философии, 1981（10）: 174.

（三）方法论：继承发展对跨学科方法论的认识

严格说来，认识论与方法论并不是截然分开的。认识论属于世界观，有什么样的世界观就会有什么样的方法论。方法论包含在认识论中，只不过它更多地从方法的角度表述有关认识的问题。技术和技术科学的方法论问题是技术哲学公认的研究领域，苏联时期技术和技术科学方法论有两种含义：一种是广义的提法，在这个含义下，技术和技术科学方法论几乎就是技术哲学的代名词，1983 年莫斯科社会科学情报研究所出版了由 Л. К. 别兹罗德内（Л. К. Безродный）撰写的《技术和技术科学的哲学方法论问题——苏联重要文献（1918—1981）》一书，该书被看成是苏联技术哲学文献的主要汇总[①]；另一种是狭义的提法，该提法所指范围要稍小些，它更多的是指应当如何研究技术和技术科学，即研究技术和技术科学的角度与方法，我们这里所谈的技术和技术科学方法论指的就是这种狭义的方法论。

早在苏联时期，学者就关注到了自然科学、技术科学和社会科学一体化的趋势。弗罗洛夫在《科学和技术的迫切的哲学问题和社会学问题》一文中指出当代科学"显然属于'大科学'，自然科学、社会科学和关于人的科学是这种大科学的基础。在认识与实践（物质生产、精神创造、新人培育）的有机统一体中，上述认识领域的相互作用成为当前主要的研究课题……必须加强社会科学、自然科学和技术科学的相互作用。这种各类科学相互统一和相互作用的方向，可能是当代科学发展的基本方向；同时，这不仅是苏联科学发展的明显趋势，而且也是世界科学发展的普遍趋势"[②]。

在世界范围内自然科学、技术科学和社会科学一体化的背景下，苏联学者要求进行跨学科研究，提出了"联盟""合作"等主张。早在 1978 年 4 月召开的苏联自然科学和技术的历史与哲学国家联合会十周年大会（列宁格勒分会）上，关于利用跨学科的方法来研究技术问题的重要性就被提出来："在进行讨论总结时，与会者强调必须综合对待技术和技术科学方法论问题的研究。只有在跨学科合作和联合不同科学知识领域专家的力量的基础上，才能实现对技术和

---

① Безродный Л К. Философско-методологические проблемы техники и технических наук. Основная советская литература（1918—1981）. М.：ИНИОН，1983.

② Фролов И Т. Актуальные философские и социальные проблемы науки и техники. Вопросы философии，1983（6）：16—17.

技术科学的方法论问题的综合研究。”① 1981年4月在明斯克举行的科学理论总结大会上，Б.Г.尤金发表了题为《社会科学、自然科学和技术科学的相互联系》的报告，在报告中他强调：“加强三个主要知识领域之间的相互联系已经成为现代科学认识发展的主要趋势之一。”② 1981年7月在列宁格勒召开了唯物辩证法问题委员会第十一届扩大会议，此次会议用于研究增强社会科学、自然科学和技术科学的相互作用问题。会议把主要注意力放在研究一体化的内容，揭示一体化的本体论、认识论和社会学问题上。并且，在会议上学者提出要进一步加强马克思列宁主义哲学与具体科学的联盟③。

从宏观角度看，苏联学者主张运用合作的方法研究和解决科学技术的相关问题。这里所说的“合作”主要有两层含义。一方面是指主张在国际范围内开展国与国之间的科学技术合作，Д.М.格维希阿尼和 С.Р.米库林斯基曾经指出：“科学技术革命具有的世界性特点，迫切要求发展国与国之间的科学技术合作，其中包括不同社会制度的各个国家之间的合作。这主要是因为：科学技术革命的一系列后果，远远超出了国家甚至大陆的范围，从而要求许多国家共同努力、进行国际协调，例如，同环境污染作斗争，利用宇宙通信卫星，开发世界海洋资源等等。因此，交流科技成果关系到所有国家的相互利益。”④ 另一方面是指在不同学科之间用跨学科的方法研究科学技术。为此，苏联学者主张自然科学家、技术工作者和工程师，以及哲学家和社会学家共同合作来研究技术哲学问题。其实早在1981年，高罗霍夫和罗津指出：“技术科学是复杂的方法论研究对象，这种方法论研究要求将很多科学家的努力结合在一起……不仅仅要使科学学家、哲学家、科学史家和技术史家的工作协调一致，还要使他们与拥有科学技术活动直接经验的专家的工作协调一致。”⑤ 此外，1985年，在克麦罗

---

① Иванов Б И, Кугель С А, Мишин М И. Актуальные проблемы науки и техники. Вопросы философии，1978（10）：157.

② Лукашевич В К. Проблемы взаимосвязи общественных，естественных и технических наук. Вопросы философии，1981（11）：162.

③ Калинин ВП, Фомичев АН. Диалектика интеграции общественных естественных и технических наук. Вопросы философии，1982（1）：150.

④ Гвишиани Д М, МикулинскийСР.Научно-техническаяреволюция.http://cultinfo.ru/fulltext/1/001/008/080/448.html [2004-8-23].

⑤ Горохов В Г, Розин В М. Философско-методологические исследования технических наук. Вопросы философии，1981（10）：178—179.

沃举行“科学与生产相互关系的形式：历史和现实”区域科学理论大会。会议首次提出“工程技术和技术科学的方法论”问题。而且此次会议“特别强调，必须使学者、工程师和大学教授之间的联系活跃起来。因为按照会议参加者的观点，只有这种联盟才能为实现党的战略路线——加速国家社会经济发展，重点加速科学技术进步做出应有的贡献”①。

如今，俄罗斯学者继承并发展了这种观点。他们在此基础上主张要对技术的社会学方面、政治学方面、文化学方面进行研究，强调要从不同角度对技术进行综合性的评估。在此基础上，高罗霍夫进一步主张，要借鉴德国的宝贵经验，在有效建立国家管理机制的基础上对技术进行社会评价。这一观点的提出，在一定程度上反映出苏联时期在此方面存在的不足。高罗霍夫还特别强调对学者和工程师进行集中组织管理的重要性，他指出：“我国著名的科学院院士、诺贝尔奖获得者阿尔费罗夫（Ж. И. Алферов）的意见让我很吃惊，他说：如果没有贝利亚（Л. П. Берия），苏联的科学早就死亡了。众所周知，贝利亚借助于‘软’条件，按照集中营的方式，针对学者和工程师建立了一些新的科学研究所，内务人民委员会高效率的管理人员在那里领导所有人。只是在他们1953年‘离开’（指被枪决——译者注）领导岗位之后，这些方案的发展迅速地急转直下。”② 这为俄罗斯加强对科学家和技术专家的组织管理，提高他们工作的实效性提供了新思路。

（四）价值论：继承发展对人和人道主义问题的研究

苏联时期对人和人道主义问题的关注有两方面的原因：一方面，源于对苏联时期政治扩大化所导致的对人性压抑的反思；另一方面，源于对科学技术迅猛发展所导致的负面效果的反思。针对前者本书已做过充分阐释，在此不再赘述。针对后者，则以全球性问题为主要背景。在世界范围内，有关全球性问题的讨论开始于20世纪60年代，而苏联时期对此问题的热议主要集中在20世纪70年代。20世纪70年代中期《哲学问题》杂志编辑部召开了题为“科学和现代的全球性问题”的圆桌会议。会上时任《哲学问题》杂志主编的弗罗洛夫作

---

① Балабанов П И. Формы взаимосвязи науки и производства: история и современность. Вопросы философии, 1986（11）: 153.

② Горохов В Г. Новый тренд в философии техники. Вопросы философии，2014（1）：180—181.

了题为《全球性问题的实质和社会意义》的重要报告，该报告指出："在现代社会条件下，全球性问题关系到人的未来，这里所说的，不仅是人类的未来，而且是人的自然生物的未来。实际上，无论是生态学问题，还是人口、食品及科技革命过程的发展问题，特别是和战争和平相关的问题，都和人的生存本身有关，这正是全球性问题的特点。"在苏联将全球性问题与人未来发展相结合进行研究是苏联解体前后哲学研究的重点内容。其中最著名的学者要数弗罗洛夫，他把威胁着人类生存与发展的全球性问题的消除归之为人道主义原则。他认为，这是最深刻、最有效的途径，而这种人道主义内在于每个人的意识思维中，是与当今现实相适应的一种新思维。全球性问题把人作为一个物种能否继续存在的问题摆在了一切国家和人民面前，由此，人道主义概念获得了以往时代不曾有过的崭新内容和崭新特点。① 可以说，人道主义的提出和发展是苏联社会和俄罗斯社会的巨大进步，尽管它不够完美，也不是万能的。

如今，俄罗斯学者深刻反思当今世界中人与自然的关系问题，提出人与自然协同进化战略，主张放弃人对自然的绝对的主宰权，认为人与自然应处于平等地位。

第二节　俄罗斯当代技术哲学与西方技术哲学的趋同演化关系

俄罗斯当代技术哲学不仅是在对苏联技术哲学批判继承的基础上形成的，而且同时也是在与西方技术哲学的对立趋同演化过程中发展的。苏联-俄罗斯技术哲学与西方哲学和技术哲学经历了较为复杂的关系演化。总体说来，苏联-俄罗斯学者对西方哲学和技术哲学的态度是由全面批判，到客观评价，再到全面引入。如果说全面批判反映的是两者的对立，那么由客观评价再到全面引入则反映了两者的趋同态势。一方面，在苏联时期尤其是苏联早期，学者将西方哲学和技术哲学完全等同于"唯心主义"而加以批判，形成了两者的截然对立；另一方面，在苏联后期，随着意识形态的弱化，苏联学界对西方哲学采取了较

① 魏玉东. 苏俄 STS 研究的逻辑进路与学科进路探析. 沈阳：东北大学，2012：80—81.

为宽容的态度，开始渐渐有了较为客观的评价；直到苏联解体后，西方哲学和技术哲学被以正面的、肯定的形式大量引入，形成了俄罗斯技术哲学与西方技术哲学趋同的整体态势。正因如此，在全面分析俄罗斯当代技术哲学与苏联技术哲学的批判继承关系之后，进一步来阐释苏联-俄罗斯技术哲学与西方技术哲学的关系演化，对于把握当今世界技术哲学发展的整体图景，揭示技术哲学发展的一般规律具有重要意义。

一、与西方技术哲学的对立

应当说苏联技术哲学在其建立初期就表现出与西方的截然对立。这种对立不但表现为对西方技术统治论和反技术统治论的批判，还表现在苏联学者对于科学技术革命和科学技术进步的社会主义优势说的宣扬等诸多方面。

（一）将技术哲学视为唯心主义学说

如前所述，苏联时期技术哲学被视为资产阶级哲学加以批判。“技术哲学在俄国的命运非常悲惨。关于技术哲学必要性的思想，是由 П. К. 恩格尔迈尔提出的。П. К. 恩格尔迈尔是俄国工程师，他是技术哲学第一个研究纲领的提出者，这个纲领于 1912 年被提出来。1929 年当 П. К. 恩格尔迈尔不得不再次号召建立技术哲学时，他遇到的是不理解和公开的反对。П. К. 恩格尔迈尔在文章《我们需要技术哲学吗？》中发展了技术哲学重要性的思想，而在这个杂志的同一期中还收录了 Б. 马尔科夫的文章，在这篇文章中技术哲学遭到批判，Б. 马尔科夫指出：‘现在没有，以后也不可能有独立于人类社会和独立于阶级斗争之外的技术哲学。谈技术哲学，就意味着对唯心主义的思考。技术哲学不是唯物主义的概念，而是唯心主义的概念。’从这时起，在长达几十年的时间里，把技术哲学斥为唯心主义，在苏联哲学界已成定论，尽管马克思就是 19 世纪的有兴趣从社会-哲学方向研究技术的一个创始人。”[①]苏联时期，唯心主义哲学和资产阶级哲学几乎成为技术哲学和其他西方哲学的代名词。

① От редакции. Философия техники. Вопросы философии，1993（10）：26.

特别值得一提的是，1976年出版的《资产阶级技术哲学批判》一书成为对西方技术哲学进行批判的代表性著作，该书作者 Г. Е. 斯米尔诺娃从不同角度对西方技术哲学进行了评述，这在苏联国内引起巨大反响。1977年，Б. И. 伊万诺夫在评价该书时就曾这样写道："在我国的文献中直到现在还没有综合批判分析资产阶级技术哲学的著作。这一空白在很大程度上被 Г. Е. 斯米尔诺娃的书所填补。"[①] 在对 Г. Е. 斯米尔诺娃的《资产阶级技术哲学批判》一书进行评价时，Б. И. 伊万诺夫指出，资产阶级技术哲学与马克思主义对于技术理解的最大不同在于："资产阶级的技术哲学是在现代唯心主义哲学基础上建立起来的、与马克思主义对技术的理解相对立的一种企图，马克思主义把技术理解为一般的理论形式，这个理论应当与由于科技研究在质上和量上的增长而产生的哲学问题、逻辑-方法论问题、生物学问题、心理学问题和社会问题的广泛领域相联系。"[②] 而且，他还颇为赞同 Г. Е. 斯米尔诺娃的观点，他认为："作者给自己提出了研究资产阶级技术哲学主要流派、其变革以及其现状的任务。在揭露各种技术哲学观的阶级-政治意义及其在理论上无根据的同时，Г. Е. 斯米尔诺娃揭示了这些观念的社会根源和认识论根源，指出了它们论述的简单的错误。她论证了下述思想：不能将资产阶级技术哲学的所有变种都归结为技术乐观主义或者是技术悲观主义，资产阶级意识所理解的科技发展过程是多种多样的。"[③] 总之，Г. Е. 斯米尔诺娃客观分析了西方技术哲学的复杂性，这一思想对于我们今天分析西方技术哲学流派也具有重要启示。

具体来说，苏联学者主要从西方各种技术流派的共同点、其工程技术活动中立的观点、抽象的人道主义、非理性主义的技术观等方面对资产阶级技术哲学进行分析与批判。首先，关于西方各种技术流派的共同点，Б. И. 伊万诺夫在评价 Г. Е. 斯米尔诺娃的《资产阶级技术哲学批判》一书时这样写道："书中详细研究了技术哲学的主要流派……在分析资产阶级就其世界观问题和社会政治目标而言各不相同的技术观念和科技创造时，Г. Е. 斯米尔诺娃揭示了它们内部的

① Иванов Б И. Г.Е.Смирнова. Критика буржуазной философии техники. Л., Лениздат，1976，239 стр. Вопросы философии，1977（6）：175.

② Иванов Б И. Г.Е.Смирнова. Критика буржуазной философии техники. Л., Лениздат，1976，239 стр. Вопросы философии，1977（6）：175.

③ Иванов Б И. Г.Е.Смирнова. Критика буржуазной философии техники. Л., Лениздат，1976，239 стр. Вопросы философии，1977（6）：175.

相似之处，以及作为资产阶级唯心主义特殊形式的技术哲学主要流派在哲学体系中的有机统一……这样，正如书的作者指出的那样，在其自身企图建立一般的技术理论时，资产阶级哲学最终会陷入唯心主义中。”[①] 其次，苏联学者还批评资产阶级技术哲学家脱离社会实践谈工程技术，Б. И. 伊万诺夫支持 Г. Е. 斯米尔诺娃的观点，他认为：“正如作者正确地指出的，在资产阶级技术哲学的各种方案中，技术真实的历史作用、技术的地位和技术的社会实践被曲解。工程技术活动被视为只受技术思维逻辑操纵的中立的社会现象。”[②] 资产阶级技术哲学早期只关注技术思维自身逻辑的发展，而脱离社会文化背景谈技术，这是其致命的弱点。而如今，西方技术哲学家加大了对技术与文化关系的研究，但是在对技术实践的研究方面仍然存在重要的缺陷，而这恰恰是马克思主义技术哲学的优势所在。最后，苏联学者还批判西方非理性主义的反技术统治论的观点。他们对非理性主义的反技术统治论的批判并不是表明其支持技术统治论，而是表明其不赞成资产阶级哲学家从“非理性主义”的立场来批判技术统治论，他们认为非理性主义的反技术统治论的本质依然是唯心的。Б. И. 伊万诺夫曾指出：“在批评技术是非人道主义和社会灾难根源的同时，资产阶级哲学家也在捍卫和巩固对技术的唯心主义的解释。他们批判的不是资本主义的社会生产方式，而是‘理性主义的’技术。”[③] 上述研究反映了苏联学者与西方学者早期在技术哲学观念上的重要对立。

（二）对西方技术统治论和反技术统治论全面批判

其实，在对反技术统治论批判之前，苏联技术哲学家最先批判的是西方的技术统治论思潮。因此可以说，苏联-俄罗斯技术哲学与西方技术哲学的对立还表现为：双方对技术统治论和反技术统治论看法的不同。

苏联时期，许多学者对兴起于美国的技术统治论思潮进行了研究和批判。他们指出，技术统治论（也可称为专家统治论或专家治国论）是官方为资产阶

---

① Иванов Б И. Г.Е.Смирнова. Критика буржуазной философии техники. Л., Лениздат，1976，239 стр. Вопросы философии，1977（6）：175—177.

② Иванов Б И. Г.Е.Смирнова. Критика буржуазной философии техники. Л., Лениздат，1976，239 стр. Вопросы философии，1977（6）：175.

③ Иванов Б И. Г.Е.Смирнова. Критика буржуазной философии техники. Л., Лениздат，1976，239 стр. Вопросы философии，1977（6）：176.

级意识形态辩护的最重要的理论核心，它的许多观点都与马克思列宁主义理论直接对立。苏联学者 Г. Е. 斯米尔诺娃在《资产阶级技术哲学批判》一书中通过对技术统治论思潮的深刻分析，揭示了技术统治论的思想根源。对此，Б. И. 伊万诺夫曾这样评价："在跟踪技术哲学理论体系进化的同时，Г. Е. 斯米尔诺娃指出了'理性主义'技术观的思想根源，在这些观念中看到了构成'技术统治论'基础的、针对科技发展过程的理性主义—技术统治论的态度，而'技术统治论'是技术哲学的唯科学主义的变形。"[①] 而且，特别值得一提的是，苏联学者还分析了技术统治论者的主要社会构成、他们研究技术的角度与态度，以及技术统治论的弱点和缺陷。在此方面 Б. И. 伊万诺夫完全赞同 Г. Е. 斯米尔诺娃的观点，他指出："在分析技术统治论作为反映资本主义条件下科学和技术发展特点与矛盾的意识形态的同时，Г. Е. 斯米尔诺娃注意到，技术统治论的代表（主要是自然科学家以及在大工业公司工作的工程师）主要研究技术和科学、基础知识和实用知识相互关系的重要方法论问题，研究'工艺学元理论'的问题和科技创造的决定论问题……在反对辩证唯物主义理解的决定论和极其夸大科学活动的主观方面（首先是"理性逻辑"和自然科学家及工程师的职业直觉）的同时，技术统治论似乎没有能力揭示科学技术革命的本质，以及科学技术革命的社会特点。Г. Е. 斯米尔诺娃令人信服地指出了技术统治论为资产阶级辩护的特点。"[②]

在西方，关于技术是否具有决定作用这个问题始终存在两种声音：一种是与理性主义、科学主义、工具理性相联系的技术统治论；另一种是与非理性主义、人本主义相联系的反技术统治论。如果说科学技术发展使人们生活水平提高是技术统治论兴起的原因，那么科学技术发展所带来的负面效应则是反技术统治论的源头。随着科学技术负面影响的扩大，西方国家反技术统治论的呼声也越来越高。但是，与对待技术统治论思潮的态度一样，西方国家的反技术统治论思潮同样受到苏联学者的批判。Д. М. 格维希阿尼和 С. Р. 米库林斯基在研究"科学技术革命"概念时，对西方的技术统治论和反技术统治论两种思潮做

---

① Иванов Б И. Г.Е.Смирнова. Критика буржуазной философии техники. Л., Лениздат，1976，239 стр. Вопросы философии，1977（6）：175.

② Иванов Б И. Г.Е.Смирнова. Критика буржуазной философии техники. Л., Лениздат，1976，239 стр. Вопросы философии，1977（6）：175—176.

出了精辟的分析，并在分析中指出马克思主义者对待科学技术革命的不同看法，他们写道："最初，资产阶级改良主义的理论家企图把科学技术革命解释为工业革命的简单继续，或者解释为工业革命的'再版'（见'第二次工业革命'概念）。随着科学技术革命的特性变得日益明显以及它的社会后果变得不可逆转，大多数资产阶级自由主义和改良主义的社会学家与经济学家便在自己的'后工业社会''技术至上社会'概念中运用工艺技术革命，在抗衡劳动人民社会解放运动的同时，站到了技术激进主义和社会保守主义的立场上。西方许多'新左派'则站在对立立场上做出完全不同的回应，即采取技术悲观主义与社会激进主义相结合的立场（如马尔库塞、古德曼、洛札克等）。在谴责自己的论敌是冷酷无情的唯科学主义和企图用科学技术来奴役人的同时，这些小资产阶级激进派称自己是唯一的人道主义者，并主张放弃理性知识，而赞成以宗教来改造人类的神秘论。马克思主义者拒斥这两种观点，认为这两种观点都是片面的，它们在理论上都是站不住脚的。如果不根据社会主义原理对社会进行根本性的社会改造，那么科学技术革命就不能够解决对抗性社会的社会矛盾，就不能够使人类获得大量的物质财富。认为不需要科学技术革命，而只靠政治手段似乎就可以建立公平社会的左倾观念同样是一种天真的幻想。"[①] 如前所述，苏联学者批判反技术统治论的目的并不是支持技术统治论，而是不赞成资产阶级哲学家从"非理性主义"的立场批判技术统治论，他们认为非理性主义的反技术统治论的本质依然是唯心的。Б. И. 伊万诺夫指出："如果说马克思主义是从技术进步后果被生产关系从多方面决定观点来研究该后果、该后果的多义性，以及该后果的具体历史条件的话，那么资产阶级非理性主义则是在社会之外，只从个人方面说明技术进步的后果，把技术同人的所有对象性活动混为一谈。从资产阶级个人的'撕裂的意识'角度并以资产阶级个人所固有的方式抑或自身存在的物质和精神因素的绝对对立来理解技术，就会导致技术的拜物教，并使技术变成资本主义条件下普遍异化的唯一原因。但是，在批评技术是非人道主义和社会灾难根源的同时，资产阶级哲学家同时也在捍卫和巩固对技术的唯心主义的解释。他们批判的不是资本主义的社会生产方式，而是'理性主义的'

① Гвишиани Д М, Микулинский С Р. Научно-техническая революция. http: //cultinfo.ru/fulltext/1/001/008/080/448.html [2004-8-23].

技术。”[①] 由此可见，西方国家的“非理性主义”的反技术统治论对“理性主义的”技术统治论的批判，并没有得到苏联学者的认可。

众所周知，马克思主义认为生产力决定生产关系，生产关系反作用于生产力，而且在这两方面的相互关系中，生产力决定生产关系是最重要的、起决定作用的方面。而技术特别是生产工具又是生产力的重要组成部分，它是衡量社会生产力发展水平的客观尺度，也是划分社会经济发展时代的物质标志。因此，可以说马克思主义是极为推崇技术在社会生活中的作用的。尽管马克思主义推崇技术在社会生活中的作用，但是这并不等于马克思主义赞同和支持技术决定一切的技术统治论的观点。关于这一点，早在20世纪60年代苏联学者M. Б. 米丁就曾经指出：“马克思主义哲学从来不赞成关于社会发展中的‘技术霸权’这个荒谬的唯心主义观点。不但如此，马克思主义最先批判了形形色色的对技术的偶像崇拜。马克思主义认为技术是劳动工具的物质体系，如果没有人，这一体系是僵死的，而且对这一体系利用的性质取决于在一定历史阶段中占统治地位的社会关系。马克思主义根本没有把技术看作是人的某些意识倾向的简单‘物质反映’，譬如说，像尼采那样把技术看作是‘对权力的实践意志’的体现，或者像现代基督教存在主义所做的那样把技术看作‘无神论的虚荣心’的体现。类似这样的抽象心理学的解释从一开始就堵塞了对社会做科学分析的道路。在这种观点下，这样一种技术和对其的态度，以及一定社会制度所特有的利用技术的方式，这一切在这些资产阶级哲学代表中融合为某种统一的图景，例如，融合为‘实用的人类中心论’的图景（这种理论与中世纪神学中的‘恶魔起因’概念有些类似）。”[②]

当今世界，技术统治论的一个典型特征就是美国中心主义，美国技治主义的“技术哲学”是其实施对外侵略政策的理论基础。很明显，技术统治论一旦在美国成为现实，必将给全人类带来巨大危险。事实上，技术统治论之所以在美国乃至在西方占据重要地位，除了上述政治方面的原因外，还有技术统治论自身功能上的原因。技术统治论的功能包括：镇静功能——削弱群众性不满情

---

① Иванов Б И. Г.Е.Смирнова. Критика буржуазной философии техники. Л., Лениздат，1976，239 стр. Вопросы философии，1977（6）：176.

② Митин М Б. Об итогах XIII Международного философского конгресса в Мехико. Вопросы философии，1963（11）：45—46.

绪的激化程度；整合功能——消除资产阶级社会的四分五裂状况[①]。总之，苏联-俄罗斯学者对技术统治论和反技术统治论的分析与批判，无论是在当时还是在今天，都具有重要意义。站在今天的历史高度重新评价技术统治论，我们更应当持一种辩证的观点，这就是：技术统治论思想如果用于军事、政治方面，其危险是巨大的，它会成为某些超级大国与恐怖主义集团之间对抗或他们用以侵略其他对手的强大工具；而当技术被用于物质生产和人们日常生活管理方面时，它的作用是利大于弊的，尽管生态问题是这一原因导致的，但它也可以由于这一原因而得到缓解。

（三）宣扬科技革命和科技进步的社会主义优势说

苏联技术哲学与西方技术哲学观点的对立还表现为：针对科学技术的发展，苏联学者始终坚持科学技术革命和科学技术进步的社会主义优势说。他们认为科学技术革命和科学技术进步在不同社会制度里具有不同的作用。Д. М. 格维希阿尼和 С. Р. 米库林斯基指出：“科学技术革命是人类历史的一个合乎规律的阶段，这一阶段是从资本主义向共产主义过渡时期所特有的。它是一个世界性的现象，但是它的表现形式、它的经过和结果，在社会主义国家和资本主义国家中是根本不同的……对于世界社会主义体系来说，科学技术革命是社会根本改造的自然继续。世界社会主义体系自觉地使科学技术革命为社会进步服务。在社会主义条件下，科学技术革命有助于进一步完善社会结构和社会关系。”[②] 而“资本主义应用科学技术革命成就，首先要服从垄断组织的利益，其目的是巩固垄断组织的经济和政治地位……资本主义生产方式不可能创造出使科学技术潜力得以实现的必要条件。在一些最发达的资本主义国家里，科学技术进步的规模远远不适合于科学技术的现有潜力。在资本主义条件下，科学技术进步的动力始终是竞争和追逐利润，这与科学技术的发展需求是相矛盾的”[③]。 Д. М. 格维希阿尼和 С. Р. 米库林斯基还指出：“由于科学技术革命，

---

① Деменчонок Э В. Современная Технократическая Идеология в США. М.：Наука，1984.

② Гвишиани Д М, Микулинский С Р. Научно-техническая революция. http: //cultinfo.ru/fulltext/1/001/008/080/448.html [2004-8-23].

③ Гвишиани Д М, Микулинский С Р. Научно-техническая революция. http: //cultinfo.ru/fulltext/1/001/008/080/448.html [2004-8-23].

资本主义矛盾加剧，这使得西方盛行所谓的‘技术恐怖症’，即无论在持部分保守观点的居民中，还是在自由民主派的知识分子中，都有仇视科学和技术的情绪。资本主义和科学技术革命进一步发展的不相容性在思想上被歪曲地反映在‘增长的极限’、‘人类的生态危机’以及‘零增长’这些复活马尔萨斯观点的社会悲观主义观念中。然而，大量这类社会预测却证明了：并不存在什么客观的‘增长的极限’，存在的只是外推法这种预测未来方法的限度和作为社会形态的资本主义的限度。”[①]

Г. Н. 瓦尔科夫则从科学技术进步角度说明资本主义与社会主义的不同，他指出：“科学技术进步是社会进步的基础。但是，在资本主义条件下，科学和技术的进步主要是在统治阶级的利益中得以实现的，它被用于军国主义目的和仇视人类的目的，并且往往伴随着人的精神价值的退化和人类个性的损害。而在社会主义制度下，科学和技术的进步是在全体人民的利益基础上实现的，科学和技术的成功发展有助于共产主义建设中经济问题和社会问题的综合解决，并且为全面地、协调地发展个性建立了物质和精神前提。”[②] 具体说来，苏联学者普遍认为：在社会主义条件下，科学技术革命和科学技术进步对于人、经济以及社会进步与发展都有重要意义。1973 年苏联出版了《人・科学・技术》一书，书中详细分析了科学技术革命的概念以及现代自然科学发展的特点等问题，卡尔・米切姆这样评价该书：“贯穿于《人・科学・技术》全书的观点是：只有在社会主义制度下，科学技术革命对人及社会所产生的这些效果，才能为人自身的利益提供逐渐发展的机会，而在资本主义制度下，它们则呈现出罪恶的形式，因为它们倾向于极端片面的发展，而这刚好导致了它的反面，导致了有损于人和社会的行动。”[③] 与上述观点相类似，苏联著名哲学家凯德洛夫也特别强调科学技术对于人的形成、人的智力、人的劳动技能、人的道德水平，以及人的自身发展等方面的重大影响。他指出：“现代技术、工艺、科学的劳动体制，生产的技术水平和其他因素从广义上构成了劳动条件，它们决定着人的形成，提高人的智力能力，有助于积累劳动经验和劳动技能，以及完善人的道

---

① Гвишиани Д М, Микулинский С Р. Научно-техническая революция. http: //cultinfo.ru/fulltext/1/001/008/080/448.html [2004-8-23].

② Волков Г Н. Научно-технический прогресс. http: //cultinfo.ru/fulltext/1/001/008/080/450.html [2006-1-10].

③ 米切姆. 技术哲学. 曲炜，王克迪译. 科学与哲学，1986（5）：93.

德。同时，这些因素也成为生产发展的条件，这种生产在社会主义条件下将经济的有效性和人道主义道德结合于自身。”[①]

为了说明社会主义条件下科学技术革命的优势，苏联学者还把技术与生产紧密联系在一起，他们认为科学技术革命对于无产阶级生产符合自己阶级利益的产品具有重大作用，它必将为实现从社会主义向共产主义的过渡提供坚实的物质基础。关于这一点，卡尔·米切姆在分析不同的技术哲学派别时就曾指出过：苏联学者认为，根据对科学技术革命所做的分析，技术是一种生产过程，因此它生产符合控制它的社会阶级利益的产品与公共设施。而它自然会导致与唯一的一个阶级——无产阶级的利益、期望相一致的经济效果和社会效果，因此科学革命必然有利于社会主义建设，有利于实现社会主义向共产主义的最后转变。[②] 此外，苏联学者认为，社会主义条件下科学技术革命的优势还表现在：社会主义制度对于科学技术的稳步协调发展具有更好的宏观调控作用。Г. М. 塔夫里江就曾指出：“在所有情况下，科学技术革命的开展在一定程度上取决于内在的规律，但是正如马克思主义文献所正确强调的那样，在适当的社会条件下，科学技术革命从总体上要比资本主义条件下工业化的自发过程更容易控制。”[③]确切地讲，这里提到的“适当的社会条件下”，指的就是与资本主义制度相对立的社会主义制度。的确，关于社会主义条件下科学技术革命更容易被控制的论点，已经在我国许多重大突发事件的解决过程中获得证明。

总之，尽管苏联时期学者对科学技术革命和科学技术进步的分析与评价具有鲜明的意识形态色彩，但是其中对于科学技术在资本主义社会的作用、特点和缺陷的分析相当深刻和一针见血。即使在今天看来，这些结论仍然具有重要的现实意义。

二、与西方技术哲学的趋同

苏联技术哲学与西方技术哲学的对立并没有持续苏联发展的全部时期。

---

① Кедров Б М. Научно-техническая революция и проблемы гуманизма. Природа，1982（3）：4.

② 米切姆. 技术哲学. 曲炜，王克迪译. 科学与哲学，1986（5）：93.

③ Тавризян Г М. Проблема преемственности гуманистического идеала человека в условиях современной культуры. Вопросы философии，1983（1）：77.

苏联后期，随着意识形态的弱化，苏联学界对西方哲学采取了较为宽容的态度，开始有了较为客观的评价；直到苏联解体，西方哲学和西方技术哲学才被以正面肯定的形式大量引入，形成了俄罗斯技术哲学与西方技术哲学趋同的整体态势。具体表现为：随着时间的推移，苏联-俄罗斯技术哲学与西方技术哲学研究域不断接近，技术哲学研究主题趋同，技术哲学主要思想日趋融合。

（一）技术哲学研究域不断接近

苏联发展后期，随着苏联国内意识形态的放松，以及世界范围内科技经济一体化的发展，特别是在全球性问题出现后，苏联技术哲学与西方技术哲学开始出现了某种一致性。表现为抛弃以往对西方技术哲学全盘否定的立场，对西方技术哲学开始采取较为宽容的态度，并有了相对客观的评价。苏联技术哲学与西方技术哲学的对立是在由本体论到认识论再到价值论的转换中实现的，同时两者的相互接近也是在这一过程中完成的。如果说 20 世纪 60 年代及之前，苏联技术哲学家重点关注的是技术本体论、技术认识论和技术方法论，那么到了 20 世纪 70—80 年代，他们关注的重心开始逐渐转向技术价值论问题。苏联技术哲学中的技术价值论转向与世界范围内对全球性问题的关注相联系，在这个问题上意识形态逐渐弱化，这样使得苏联学者在技术哲学的某些问题上（特别是在技术哲学的研究内容和角度上）与西方技术哲学开始有了共同的研究域，甚至在某些观点上达成一致。因此，我们可以称这一时期是苏联技术哲学发展的转折期。

Н. И. 德尔雅赫洛夫的《论技术的定义及其发展规律问题》一文可谓是技术认识论的代表性文献。在这篇论文中，Н. И. 德尔雅赫洛夫指出，技术还要受技术以外因素的制约。他写道："还有一组规律，它不涉及技术自身发展的内在逻辑，但是却显示出对技术发展速度的决定性影响。从技术进步的发展与重要的社会经济、政治制度发展之间相互联系的特点中所得出的规律就属于这种规律。这类规律在我们的经济学和哲学文献中相当好地被研究用作生产力和生产关系辩证关系的例子。但是，在此应当作一个重要的注解：在研究技术进步的规律时，无视社会经济和政治条件就会导致单纯的技术主义和对技术的盲目崇拜，这正像我们在大量西方哲学家、经济学家和社会学家所研究的有关技术在社会发展中的地位和作用的著作中所看到的那样。”[①] 其实，即使仅从经济角度考虑，技术的制约因素也是众多的，正如 Н. И. 德尔雅赫洛夫指出的：“由对自然规律和自然过程利用程度决定的技术的规律性变化与人对新形式的物质运动的控制相联系，与利用获取能源的全新方式相联系，与对生产工艺过程的强化等相联系。”[②] 上述情况说明，苏联学者与西方学者从 20 世纪 60 年代开始都关注技术统治主义问题，关注技术所处的社会背景，关注经济、政治、文化等因素对技术产生的影响，这是两者技术哲学研究相互接近的一个重要表现。技术认识论中还有一个重要问题，就是科学与技术的关系问题。尽管在这一问题上，苏联学者与西方学者的观点不尽相同，但是毕竟两者有了越来越多的共同话题。概括说来，苏联学者认为在机器生产方式下，技术离不开科学，并且它是科学的应用，是科学的物质体现者。正如 Н. И. 德尔雅赫洛夫指出的：“只有在机器生产方式下，最先提出了将被科学加以解决的实践性问题。此时经验、观察和生产过程自身的需求就达到这样一种规模，即允许在生产中应用科学，并且这种应用是必须的，而技术从这个时候起就扮演被人们所认识到的科学、自然规律和过程的物质体现者的角色。”[③]

到了 20 世纪七八十年代，随着全球性问题越来越为大家所关注，苏联技术哲学也进一步同世界接轨，苏联学者加大对与此相关问题的研究，使得技术价值论问题成为其技术哲学的研究重心，这与西方技术哲学家的关注焦点出现了高度的一致。苏联技术哲学中的关于价值论问题的研究主要分为两大方面：一是探讨技术相对于自然、人、社会所具有的价值；二是探讨技术活动和技术科学所应遵循的价值论原则。前者涉及技术与自然、技术与人、技术与社会三者的关系问题；后者涉及技术伦理学、技术美学等问题。关于技术与自然、技术与人的关系，我们在前面已充分论述过，在此不再重复。技术的社会价值主要表现在技术对人们日常生活的影响上。科学技术进步对于日常生活中人们精神生活及道德的影响主要表现在：第一，人要适应在科学技术进步影响下不断变

---

① Дряхлов Н И. К вопросу об определении техники и о некоторых закономерностях её развития. Вестник Московского университета. Серия 7, философия，1966（4）：56.

② Дряхлов Н И. К вопросу об определении техники и о некоторых закономерностях её развития. Вестник Московского университета. Серия 7, философия，1966（4）：55.

③ Дряхлов Н И. К вопросу об определении техники и о некоторых закономерностях её развития. Вестник Московского университета. Серия 7, философия，1966（4）：53.

化的日常生活，适应新的、过去所不知道的需要、观念和兴趣。第二，科学技术进步渗入人们的日常生活领域，就需要寻找能够减轻日常生活中使用各种机器和机械给人们带来的不良后果的途径和手段，使各种机器和机械适应于人体机能的特点。第三，科学技术革命的发展必然伴随着工业化、都市化、人口的大规模流动，以及熟悉的生活方式、熟悉的社会环境、劳动环境和生活环境的改变，这会破坏对人们尤其是对青年行为进行社会道德监督的传统形式，使人们失去行为的规范，这往往使得人们在为了适应新的生活条件而进行道德调节和社会调整时造成一系列困难。第四，在科学技术广泛深入日常生活的条件下，科学技术作为交往手段和信息传播者，这同时意味着它们作为培养和形成人的个性的工具的作用大大增加了。但是在社会主义制度下，科学技术进步不仅会促使人们团结、统一和互相理解，它也会使人们脱离和疏远。问题全在于人们如何使用他们所享有的技术，以及同技术打交道的人的道德觉悟水平如何。第五，科学技术成就广泛地渗入日常生活领域，减少了人们花费在家务劳动上和用于个人家庭生活以及运用企业公共日常生活服务的时间。以这样的方式节省下来的闲暇时间可以用来提高精神和文化素养，发展智力和体力才能，教育孩子和从事其他有益于社会的活动①。由此可见，苏联学者对技术对人们社会生活的积极作用和消极影响都作出了较为准确的评价。

总之，在苏联时期，学者经历了从反对“技术哲学”这一提法，到关注技术的本体论问题；从过多关注技术本体论问题，转向关注技术的认识论问题；最后又从关注技术认识论和方法论问题，转向关注技术的价值论研究，并将技术价值论作为技术哲学的核心问题。这些都表明，苏联技术哲学已经从以往的与西方技术哲学背道而驰，开始转向与西方技术哲学逐步接轨。

（二）技术哲学研究主题趋同

苏联解体后，俄罗斯技术哲学褪去意识形态的外衣，与西方技术哲学全面接轨。最突出的表现就是研究主题从个性化走向大众化。如前所述，苏联时期技术哲学具有鲜明特色，其代表性的技术哲学研究主题有：技术科学的哲学问

---

① Гусейнов О М. Научно-технический прогресс и моральные отношения людей в быту. Философские науки, 1985（4）：138.

题、技术本质论与技术系统构成论、科学技术演化论和科学技术发展的人道主义价值观。在对这些问题的论述中，学者充分运用了马克思主义理论的特点及优势，分析了技术科学发展的规律和特点，研究了技术的本质及要素构成，揭示了科学技术发展的源泉和动力，得出了人在技术发展中的重要地位。上述研究不但与西方技术哲学研究结论迥异，而且也受到西方学者的广泛认可。苏联解体后其技术哲学特色逐步淡化，研究主题与西方趋向一致，主要表现为：对人与自然关系问题的关注，对技术与文明和技术与文化关系的关注，以及对技术评估问题的关注等。

首先，由于科学技术发展所导致的负面后果的出现，人们开始重新反思人与自然的关系，这一问题成为俄罗斯学者和西方学者共同关注的主题。俄罗斯学者通过研究得出人与自然协同进化的发展战略，提出人是宇宙的合作者，是宇宙整体发展过程中的一个环节，人被看成是自然界有机整体中不可分割的一个部分或成分。

其次，技术负面后果的出现也促使俄罗斯学者反思技术与文明、技术与文化的关系。对技术与文化关系的重视，反映了苏联-俄罗斯技术哲学与西方技术哲学的殊途同归。

最后，由于技术后果的不确定性，以及技术与其他要素之间存在密切联系，俄罗斯学者开始从不同角度研究技术评估问题。技术评估是充分评价和估计技术，对技术的性能、水平和经济效益以及技术对环境、生态乃至整个社会、经济、政治、文化和心理等可能产生的各种影响，在技术被应用之前进行全面系统分析，权衡利弊，从而做出合理选择的方法。在技术哲学中最开始并没有“技术评估”这一名词，后来随着科学技术的高速发展和影响的扩大，环境污染、能源危机、资源短缺和粮食危机等公害问题日趋严重，而这些负影响，有的经过努力可以克服，有的却很难消除，成为不可逆的非容忍性影响。为了对技术后果做全面的宏观研究，20 世纪 60 年代在美国兴起了技术评估，美国众议院科学技术委员会开发分会提出了建立早期报警系统的建议；20 世纪 70 年代又建立了技术评估局，国会通过了技术评估法案，强调在引入、发展新技术时，要预先查明可能给人类、自然界和社会经济体系带来的不良影响，并采取相应措施使其极小化，全面权衡利弊，使科学技术的发展和应用符合人类利益。受这种观念的影响，如今技术评估也已经成为俄罗斯当代技术哲学研究的重要主题。在研究技术评估时，俄罗斯学者主张要从方法论层面对技术的相关问题进行总结与反思，还主张邀请无利害冲突的国际专家参与技术评估。在技术评估的组织与管理方面，俄罗斯学者的立场更合理，方法更科学。

（三）技术哲学主要思想日趋融合

如前所述，苏联哲学界对于西方技术哲学问题的关注开始于 20 世纪 70 年代，那时主要以批判为主。到了 80 年代，对于西方技术哲学问题的关注呈上升趋势，并开始有了较为客观的评价；而进入 90 年代，尤其苏联解体之后，则进入大量引进西方技术哲学观念的阶段。此时，俄罗斯技术哲学和西方技术哲学全面接轨，这首先表现为对西方技术哲学思想的大量引入和俄罗斯国内技术哲学相关专著的陆续出版①。如今俄罗斯技术哲学的独特性正逐步减少，而且越来越多地融入世界技术哲学的总体框架中。这不仅主要表现在俄罗斯学者与西方学者开始关注相同的技术哲学研究主题，使用共同的技术哲学专业术语，甚至形成相一致或相类似的技术哲学观点。在介绍、引进西方技术哲学思想的过程中，俄罗斯学者的思想与西方学者的思想共性越来越多，甚至针对一些具体问题，观点日趋一致，如技术与人、技术与文化的关系问题、技术的社会后果问题等。

俄罗斯学者与西方学者技术思想趋同还体现在双方都特别重视各种学会和机构在各国技术哲学形成中所起的作用。俄罗斯学者指出："在技术哲学观念纷繁多样的情况下，应当注意技术哲学的一个特点，这就是，自然科学家、工程师和专业哲学家一样在技术哲学的形成过程中起着重要作用。况且，在一些国家（如革命前的俄国和德国），是工程师最先提出了技术哲学的必要性和重要性问题，并制定了该领域最初的研究纲领。在另外一些国家，其中包括法国和美国，提出首倡的是哲学家、各门自然科学的学者和专家，他们同时又是评审工艺、管理科学技术政策的政府顾问。为此，应着重指出成立于 1856 年并且一贯热衷讨论技术的社会-哲学问题的德国工程师学会在德国所起的作用，以及 1972 年创立的美国国会下属的工艺评审管理局在美国所起的作用。其他一些国家也以美国工艺评审管理局为榜样，筹划和创办了类似的评审工艺的政府机构和委员会。在这些国家中，成熟起来的技术哲

---

① Розин В М, Горохов В Г, Алексеева И Ю, и др. Философия техники: история и современность. М.：ИФ РАН, 1997.

学观念的差别和这些技术哲学观念的目标，在很大程度上可能是由技术哲学的构建方式和投身技术哲学的研究人员（指大学的哲学教师和自然科学教师，以及在技术政策领域内兼任政府顾问的工程师或学者）的取向特点所决定的。在分析技术哲学的主导观念时，所有这些都不容忽视。”① 如果说，苏联时期技术哲学的发展处处显示了与西方的不同和对西方的质疑与批判，那么如今在俄罗斯技术哲学发展过程中，学者对于西方技术哲学的态度则进入了全盘肯定的阶段，在此过程中俄罗斯学者恰恰缺少了对西方技术哲学的理性批判。苏联-俄罗斯的历史从来都是如此——周期性地从一个极端走向另一个极端。

第三节　俄罗斯技术哲学民族化与国际化相结合的发展走向

从俄罗斯当代技术哲学与苏联时期技术哲学以及与西方技术哲学关系的演化过程中，我们能够预测到俄罗斯技术哲学未来发展中民族化和国际化相结合的发展趋势。当前技术哲学主要研究机构是技术哲学研究小组，该小组的主要负责人是哲学科学博士、教授 B. M. 罗津。这个小组的主要研究方向是技术哲学，科学技术知识和工程活动、方案的方法论研究，工程技术伦理学，计算机的哲学-方法论问题。目前，他们的主要出版物有：《技术哲学：历史与现实》（1997 年）；高罗霍夫的《为了做应该知道（工程技术职业的历史及其在现代文化中的作用）》（1987 年）；И. Ю. 阿列克谢耶娃的《人类的知识及其计算机方式》（1993 年）；罗津的《心理学与人类文化的发展》（1994 年）和《视觉文化与认识——人怎样观察和理解世界》（1996 年）等著作②。

一、俄罗斯技术哲学民族化走向

2005 年在莫斯科大学举行的第四届俄罗斯哲学大会上，普京总统发来贺信：

① От редакции. Философия техники. Вопросы философии，1993（10）：25.

② Отдел философия науки и техники. http//www.philosophy.ru/iphras/iphras2.html [2005-5-30].

“今天俄罗斯人文领域最紧迫的研究方向之一，是思考俄罗斯在全球一体化过程中的作用与地位，在全球化的条件下保持自己的民族特色和文化特色。我相信，借助于以往杰出人物的科学遗产和精神遗产，你们一定会为深刻全面地分析这些重要哲学问题作出应有的贡献。”[①] 当今俄罗斯哲学民族化的趋势在技术哲学中也有体现。俄罗斯技术哲学发展过程中的民族化走向主要体现在：一方面是对俄国时期重要的哲学成就和技术哲学成就的重视；另一方面是对苏联时期技术哲学成就和与技术相关的哲学问题的重视。前者反映在对技术哲学创始人之一的恩格尔迈尔技术哲学成就的研究和宗教哲学的复兴上；后者反映在对苏联时期技术哲学研究主题和相关研究成果的肯定上。

（一）重视对恩格尔迈尔及其技术哲学思想的重读与研究

早在沙皇俄国时期，恩格尔迈尔就首次提出技术哲学的研究纲领，他本人也因此被视为技术哲学的创始人之一。值得一提的是，与别尔嘉耶夫作为哲学家的身份不同，恩格尔迈尔的身份是工程师，他的技术哲学思想的特点是从工程技术本身反思技术，因而他被视为俄罗斯工程技术哲学的代表人物。众所周知，由于苏联时期意识形态的原因，苏联时期（特别是苏联早期）恩格尔迈尔的技术哲学思想连同西方技术哲学思想一同被当作唯心主义学说而加以批判，恩格尔迈尔本人也因此被放逐。如今，与苏联时期对待恩格尔迈尔的态度截然相反，当今俄罗斯学者特别重视对恩格尔迈尔思想的继承。一方面，学者发文强调恩格尔迈尔在俄罗斯技术哲学中的重要地位，指出：“技术哲学在俄国的命运非常悲惨。关于技术哲学必要性的思想，是由恩格尔迈尔提出的。恩格尔迈尔是俄国工程师，他是技术哲学第一个研究纲领的提出者，这个纲领于 1912 年被提出来。”[②]俄罗斯技术哲学研究小组主任罗津等在《技术哲学：历史与现实》（1997 年）中也强调：“苏联时期对技术哲学的研究开始于 20 世纪初，由于恩格尔迈尔，技术哲学在俄罗斯获得了极大的发展。”[③]另一方面，俄罗斯学术期刊中越来越多地介绍和研究恩格尔迈尔的技术哲学成就，1994 年 E. 舒霍娃

---

① Путин В В. Телеграмма президента Российской федерации В. В. Путина. Вестник РФО., 2005（1）: 13.

② От редакции. Философия техники. Вопросы философии, 1993（10）: 26.

③ Розин В М, Горохов В Г, Алексеева И Ю, и др. Философия техники: история и современность. М.: ИФ РАН, 1997.

（Е. Шухова）在《工程师》杂志上发表文章《工程师和哲学家恩格尔迈尔》，1996 年 И. 科尔尼罗夫（И. Корнилов）在《俄罗斯高等教育》杂志上发表文章《恩格尔迈尔的技术哲学》，等等。不但如此，通过学者的研究，恩格尔迈尔的早期作品也进入公众视野，其中就包括恩格尔迈尔的四卷本的《技术哲学》。

（二）重视俄罗斯宗教哲学对技术及其相关问题的分析与评价

俄罗斯技术哲学民族化的走向还反映在对宗教哲学思想的认同上。早在沙皇俄国时期宗教哲学家别尔嘉耶夫就对技术有自己独到的见解，苏联解体后别尔嘉耶夫的理论在俄罗斯重新被推崇。1994 年在莫斯科出版了别尔嘉耶夫文集《创造、文化和艺术的哲学》，文集收录了别尔嘉耶夫的《人和机器——技术的社会学和形而上学问题》一文，别尔嘉耶夫在文中指出，对于普通人来说，技术仅仅只是生活的手段，而不是生活的目的；人类生活的目的在精神领域或者说人类生活的目的属于精神层面，任何时候技术都不应成为目的或取代目的。尽管对于改善物质生活而言，技术是最强有力的手段，但是技术并没有因此而具有最高价值，最高价值属于精神（无论是人的还是上帝的）[①]。而且别尔嘉耶夫认为：技术赋予人以可怕的毁灭和暴力工具。在技术的帮助下夺取政权的那群人可能残暴地统治世界。所以，关于人们的精神状态问题将成为生死攸关的问题。世界可能由于掌握了毁灭性工具的人们的低级状态而被毁坏。从前的简单工具没有这样的可能性。技术的统治使对人的生存的客体化达到极限，把人变成物，变成客体，变成没有自己的名字的人……机器提出了末世论的主题，导致历史的中断。[②] 应当说别尔嘉耶夫对技术的分析与担忧不无道理，当代世界格局的发展也从一定程度上显示了上述可能性，难怪人们称其为当代最伟大的哲学家和预言家之一。别尔嘉耶夫关于技术的上述观点如今越来越多地被俄罗斯学者所认可，这反映了当今俄罗斯技术哲学在某些方面开始向传统宗教哲学复归。

（三）肯定苏联时期已取得的技术哲学成就

俄罗斯技术哲学民族化不仅体现在向传统宗教哲学的复归上，它的另

① 别尔嘉耶夫. 人和机器——技术的社会学和形而上学问题. 张百春译. 世界哲学，2002（6）：46.
② 别尔嘉耶夫. 末世论形而上学：创造与客体化. 张百春译，北京：中国城市出版社，2003：233.

外一个重要体现就是对不同于西方技术哲学的、独具特色的苏联技术哲学成就的高度认可。正如万长松指出的：反思苏联时期技治主义的经验教训，倡导以人学研究为基础的科学技术人本主义；吸纳辩证法和唯物史观的思想资源，确认科学技术对其发展的经济、社会、文化条件的依赖；借鉴俄罗斯宗教哲学的救世精神和整体信仰观——所有这些都显示了鲜明的俄罗斯民族特色。①

由于众所周知的原因，苏联哲学饱受质疑，但在科学技术哲学（尤其是技术哲学）方面，却得到世界科学技术哲学界的广泛认可。这主要是由于科学技术哲学相对于哲学的其他分支学科而言，与政治意识形态的相关度较低，因此苏联时期技术哲学的主要成就被当今俄罗斯技术哲学界广泛继承，并不断发展完善，成为俄罗斯技术哲学的优势方向。如前所述，在技术本体论方面，俄罗斯学者继承发展了苏联时期对技术本质的认识，从“劳动手段说”、“活动手段说”和“知识体系说”角度定义技术，并且认为技术既有“天然性”的特征，又有“人工性”的特征。在技术认识论方面，不但继承了苏联学者关于科学、技术、生产三者之间相互关系的研究结论，还继承发展了苏联学者对技术科学哲学问题的认识，在当代技术哲学的两部代表作《技术哲学：历史与现实》和《科学技术哲学》中，学者重点研究了技术知识的方法论问题，经典技术科学的起源，自然科学和技术科学的特点，技术科学中有重大价值的实用研究，技术理论的结构、功能、形成和发展等问题。由此可见，技术科学的哲学问题成为从苏联时期延续至俄罗斯时期技术哲学的重要的研究主题，也是苏联-俄罗斯技术哲学不同于西方、不同于中国技术哲学最具特色的研究方向。在技术方法论方面，高罗霍夫指出：“技术哲学问题发展不仅需要议论哲学问题的工程师，还需要这样著名的经典的哲学家，如海德格尔、雅斯贝尔斯、卡西勒等。”② 可见，俄罗斯学者沿袭苏联时期强调不同领域专家（如科学家、哲学家、工程师、学者、大学教授、社会学家等）的合作与联盟，主张对技术哲学的相关问题进行跨学科的研究，并从不同角度对技术进行综合性的评估。

---

① 万长松．俄罗斯科学技术哲学的范式转换研究．自然辩证法研究，2015（8）：95.

② Горохов В Г. Новый тренд в философии техники. Вопросы философии，2014（1）：179.

（四）在传统的全球性问题和人的问题研究中渗透技术哲学研究

俄罗斯技术哲学民族化走向还与学者对全球性问题和人的问题的关注相联系。苏联时期学者研究技术哲学主要是在技术史、技术的哲学问题、技术科学的方法论和历史、设计和工程技术活动的方法论和历史的名义下进行的，但是后来情形有所变化。在20世纪七八十年代，随着科学技术负面效果的出现和加剧，全球性问题进入学者的视野。在分析全球性问题的过程中，苏联学者围绕相关问题组织了大量圆桌会议，在会议中学者重新审视人与自然的关系，分析科学技术与社会的关系等。这些研究中所涉及的技术与人、技术与社会、人与自然的关系问题是对苏联时期技术哲学研究主题的极大补充和拓展，这些问题即使在当今俄罗斯技术哲学界依然保留一席之地。特别是，在对全球性问题探讨过程中，苏联学者建立了重要的学术共同体和研究机构，加大了对人的问题的研究，弗罗洛夫是其代表性人物。这个学派一直活跃至今（尽管弗罗洛夫本人1999年已辞世），使得当今俄罗斯技术哲学研究仍然与此学派密切相关，这也是俄罗斯技术哲学民族化和独特性的重要体现。

二、俄罗斯技术哲学国际化走向

如果说俄罗斯当代技术哲学继承和保留沙皇俄国时期和苏联时期技术哲学的主要成就，反映了其技术哲学民族化的发展走向，那么，其与西方技术哲学关系由对立到趋同演化的过程，则反映了俄罗斯当代技术哲学国际化的发展趋向。具体说来，俄罗斯技术哲学发展国际化的走向主要体现在以下四个方面：一是技术哲学名称的正式确立；二是对西方技术哲学思想由批判到翻译引介再到观点认同；三是组织召开和参与世界哲学会议和技术哲学会议；四是受国际思潮影响从重视工程技术哲学传统到重视技术的文化学和社会学。①

（一）技术哲学名称的正式确立

苏联时期技术哲学被视为唯心主义而加以批判，学者研究技术哲学不是在

① 白夜昕. 俄罗斯技术哲学的民族化与国际化趋向及启示. 学习与探索，2020（3）：18.

技术哲学的名义下开展研究的，而是在其他名义（如技术史、技术的哲学问题、技术科学的方法论和历史、设计和工程技术活动的方法论和历史）下研究。学者在这个时期取得了令人瞩目的成绩，如技术的本质问题、技术系统的构成问题、技术科学的方法论问题、科学技术发展的动力问题、人的问题和人道主义问题等等。直到苏联解体前，1990 年在白俄罗斯国立大学（明斯克）举办了第十届全苏科学逻辑学、科学方法论和科学哲学大会，会议其中一组议题为“技术哲学和技术科学的方法论”，这是苏联时期第一次以公认的提法称呼技术哲学。苏联解体后，随着西方技术哲学思想的大量引进，技术哲学一词越来越多地出现在俄罗斯文献中，技术哲学的合法性最终得到确认，这使得俄罗斯技术哲学与国际技术哲学的对话有了初始条件。特别是 1997 年由 B. M. 罗津等人合著的《技术哲学：历史与现实》是俄罗斯当代学者以综述方式论述技术哲学的最重要的文献，也是专门研究俄罗斯技术哲学的代表性著作。

（二）对西方技术哲学思想由批判到翻译引介再到观点认同

对西方技术哲学由批判到翻译引介再到观点认同，是俄罗斯技术哲学国际化走向最突出的表现。西方哲学家思想最早出现在苏联学者视野中，是以被批判的身份出现的。但是，随着对苏联早期政治扩大化的批判和苏联意识形态的弱化，特别是随着科学技术负面效果的蔓延，全球性问题引起世界广泛关注，苏联学者对西方哲学家的思想开始有了肯定性的分析，但是此时仍然以批判为主。直到苏联解体，西方哲学家（也包括技术哲学家）思想被大量引入俄罗斯。现代西方技术哲学主流思潮已经被俄罗斯当代技术哲学家认可。

此外，值得一提的是，俄罗斯权威杂志《哲学问题》不仅关注西方哲学思想，还对中国哲学给予极大关注。《哲学问题》杂志 2007 年第 5 期刊登一系列中国作者文章，用于介绍现代中国哲学家的研究成果。著名哲学家斯焦宾为此致辞：“中国是我们的邻居。俄罗斯和中国通过重大的政治和经济关系联系在一起，在很长的时期内，中国的哲学思想在我国哲学的影响下发展。在最近十五年我不止一次到过中国，参加中俄研讨会，遇到了许多中国的学者。并且我总能遇到对俄罗斯学者的著作由衷感兴趣的人。俄罗斯学者中很多人的名字，如凯德洛夫、弗罗洛夫、Э. 伊里因科夫、П. 科普宁和一些俄罗斯现代哲学家闻名于中国。俄罗斯学者的许多科学研究成果被译成中文。在各种会议中双方共同讨论迫切的问题和相互交流观点，增强了两个国家哲学家之间友善的联系，促进了俄罗斯和中国两国科学领域合作的发展，促进了两国人民之间的相互理解。"[①] 苏联解体后，俄罗斯许多著名哲学家都曾来中国进行学术交流，这反映出俄罗斯当代哲学（当然也包括技术哲学）已经完全抛弃了苏联时期封闭排外的做法，开始走向国际化。

（三）组织召开和参与世界哲学会议和技术哲学会议

俄罗斯技术哲学国际化的另外的表现就是组织召开世界哲学大会，并参加国际哲学与技术学会学术会议。1993 年，第 19 届世界哲学大会在莫斯科举行，来自世界各地的 800 多名哲学专家和学者参加了这次大会。其中包括加拿大哲学家邦格、美国哲学家罗蒂、法国哲学家利科尔、印度哲学家穆尔蒂、意大利哲学家阿伽齐，以及俄罗斯哲学家弗罗洛夫、斯焦宾、列克托尔斯基、奥伊则尔曼等人，弗罗洛夫是大会筹委会主席。此次会议的主题是"转折点上的人类：哲学的前景"。会议有四个主题报告，其中两个是俄罗斯学者做的，四个报告分别是：斯焦宾的《哲学与未来形象》，探讨了哲学与文化的转型及未来重建问题；列克托尔斯基的《现代人道主义：理论与现实》，主要论述世纪之交人和人类的发展及人道主义的实现问题；邦格的《技术文明的命运：进步的代价》，主要谈论西方工业技术文明或文化的前途、命运和出路；塞内加尔哲学家恩狄艾依的《新思维：传统与创新》，主要阐述世纪之交中文化的批判继承和创新问题。[②]

此外，2013 年，由国际哲学与技术学会主办的第 18 届国际技术哲学学术会议在葡萄牙里斯本科技大学召开（国际技术哲学学术会议每两年举办一次），来自欧洲、美国、澳大利亚、俄罗斯、巴西、中国、日本等地的 150 余名学者参加了本次会议。其中俄罗斯技术哲学家高罗霍夫参加会议，并在会后发表论文《技术哲学中的新趋势》。上述情况表明，如今俄罗斯技术哲学与西方技术哲学开始充分对话与交流，形成了国际化的发展走向。

---

① Стёпин В С. Приветствие. Вопросы философии，2007（5）：4.

② 韩庆祥. 世纪之交的哲学和人类——第 19 届世界哲学大会简介. 哲学动态，1993（11）：6.

（四）从重视工程技术哲学传统到重视技术的文化学和社会学

俄罗斯技术哲学国际化的又一表现，就是放弃苏联时期过分侧重从工程技术哲学角度研究技术哲学，转而重视技术的文化学和社会学的研究方向。苏联时期工业化、军事化和航天化的导向，致使苏联技术哲学始终围绕科学—技术—生产这一链条展开，特别强调社会主义制度在科学技术革命和科学技术进步过程中的绝对优势，而对于技术的社会学，尤其是对技术的文化学角度关注不足。苏联解体后随着西方主流思潮的引入，如今俄罗斯技术哲学不但加大了对技术与社会关系的研究，还尤其重视文化对技术的影响。应当说，关注技术的文化学和技术的社会学是当今世界技术哲学界的共性特征，从中我们能够看到俄罗斯技术哲学国际化的发展趋向。

此外，还应当强调的是，在当今世界技术哲学的总体图景中，不但有苏联-俄罗斯技术哲学与西方技术哲学趋同融合的过程，还存在着西方技术哲学与苏联-俄罗斯技术哲学趋同融合的趋势，其中最明显的表现就是西方技术哲学从关注技术价值论问题开始转向关注技术认识论问题，而对技术认识论的研究在苏联时期就已经有着较为悠久的历史。正因如此，我们可以说，苏联-俄罗斯技术哲学的发展是由技术本体论到技术认识论（也包括技术方法论）再到技术价值论；而西方技术哲学则经历由技术本体论到技术价值论再到技术认识论，这也从一定角度说明俄罗斯技术哲学与西方技术哲学不断相互趋同演化的发展趋势。关于苏联-俄罗斯技术哲学发展的上述特点，我们可以通过对苏联-俄罗斯各个时期刊登技术哲学论文的10余种主要杂志①长期重点关注的技术哲学热点问题进行归纳和分析得出结论。另外，苏联解体后俄罗斯又有新的哲学杂志创刊。《哲学研究》杂志由莫斯科哲学基金会创办，它是一种新型的独立自主的杂志，其特点如下：一是以哲学教育为主要方向，探讨哲学在文化领域中的地位，尤其是在大专院校以及在中小学、人文科学研究团队和管理领域中的地位；二是杂志努力反映俄罗斯国内哲学界同人的活动，包括各种学术研讨会的信息以及人文科学研究人员的就业、培养和使用等问题；三是杂志是“探讨性的”，将为非哲学专业人员参与讨论和决策社会生活的各种问题提供篇幅；四是杂志的出版发行自负盈亏，需作者本人负责自筹编辑和出版的费用或者自找赞

① 这里所指的杂志包括：《哲学问题》《哲学科学》《哲学研究》《莫斯科大学学报》等。

助。《哲学研究》杂志的创办反映出当今俄罗斯人对哲学和哲学教育的重视，但也反映出俄罗斯哲学研究经费短缺的状况。

总之，当今世界已经进入全球化的发展阶段，俄罗斯不可避免地融入全球化发展的时代洪流，俄罗斯文化包括它的技术哲学无法再像苏联时期那样，走自我封闭、孤立发展的道路。整个国际文化思潮必将给俄罗斯技术哲学带来越来越大的影响；同时，孕育着新革命的现代科学技术，也正向俄罗斯技术哲学提出愈来愈尖锐的挑战；俄罗斯技术哲学正在演变中，从这里我们也可以窥见21世纪技术哲学发展的某种消息。

第五章 俄罗斯当代技术哲学转向的反思与启示

在分析了苏联解体后俄罗斯当代技术哲学发生重要转向的原因之后，特别是在揭示了俄罗斯当代技术哲学与苏联技术哲学的批判继承关系，与西方哲学和技术哲学的对立趋同关系，预测了俄罗斯技术哲学民族化与国际化相结合的发展走向之后，我们无法回避下面的问题：俄罗斯技术哲学的独特性是什么？如何评价俄罗斯技术哲学的功过得失？俄罗斯技术哲学在世界技术哲学界所处的地位如何？这是我们对俄罗斯技术哲学应有的深刻反思。此外，还要在此基础上进一步以俄罗斯当代技术哲学转向为个案，分析技术哲学不同于哲学其他分支学科的一般特征，从而揭示技术哲学自身的独特性。特别是，还要全面深刻地分析俄罗斯技术哲学发展道路为我国技术哲学和社会发展提供的教训与启示，这是本书的重要目标和落脚点。

第一节　俄罗斯当代技术哲学转向的反思

从苏联时期学者确立技术哲学独特的研究纲领，到如今俄罗斯技术哲学的指导思想、研究主题、研究视角和价值取向发生重要转向，都反映出苏联–俄罗斯技术哲学的重要性与独特性。而揭示这种独特性，恰恰有助于我们对俄罗斯当代技术哲学转向进行客观的评价和准确的历史定位。

一、俄罗斯当代技术哲学的独特性

相对于苏联时期技术哲学的一元性（即坚守马克思主义，视技术哲学为唯心主义，因而导致苏联技术哲学形成不同于西方技术哲学独特的研究纲领），当今俄罗斯技术哲学最突出的特征就是二元性。俄罗斯技术哲学的这种二元性主要体现在以下三个方面：第一，对苏联时期马克思主义哲学肯定态度和否定态度相结合；第二，技术哲学中工程技术传统与人文传统相结合；第三，俄罗斯技术哲学与西方技术哲学趋同演化和顽强保持原有优势传统相结合。技术哲学的这种二元性恰恰出现在苏联解体之后，并在今天俄罗斯技术哲学发展道路中表现得愈加明晰，这在一定程度上反映了意识形态转变给俄罗斯技术哲学带来的重大影响，也反映出在探寻技术哲学发展道路过程中俄罗斯人的纠结与迷茫。

（一）对苏联时期马克思主义哲学肯定态度和否定态度相结合

这里提“苏联时期马克思主义哲学”而不是“马克思主义哲学”，是因为苏联时期的马克思主义哲学是具有苏联自身特点的、变了味的马克思主义。如前所述，由于政治扩大化，苏联时期无论是与政治意识形态相对立的学者还是与政治意识形态相对立的理论均遭到批判，有些专家和学者甚至被放逐或迫害致死。苏联解体之初，对马克思主义哲学的评价几乎一边倒式地全部是批评甚至是批判的声音。斯焦宾也对苏联时期马克思主义理论中的教条部分给予严厉批评，他指出：“辩证唯物主义和历史唯物主义是肤浅和教条的，它们在苏联生活中起着类似宗教的作用。”[①] 不但如此，他还极力推崇 А. Ф. 洛谢夫和 М. М. 巴赫金等反马克思主义者，认为他们对俄罗斯哲学思想起着重要的推动作用，并指出 Э. В. 伊里因科夫是反对哲学教条主义的主要代表，赞扬 М. К. 马马尔达什维里在 20 世纪 70—80 年代吸收世界哲学的非马克思主义成果时作出了重大贡

① Стёпин В С. Российская философия сегодня: проблемы настоящего и оценки прошлого. Вопросы философии，1997（5）：4.

献，认为他发展现象学要比发展唯物主义辩证法还要快[①]。俄罗斯著名宗教哲学家霍鲁日则对苏联哲学采取完全否定的态度，他认为苏联哲学在历史上与俄国传统哲学极不统一，也与当今西方哲学毫无联系，而且在他看来，今天的俄罗斯哲学延续了白银时代哲学的某些思想，只有讨论它们之间的继承性才是有意义的。他认为苏联哲学最大的用途在于它的社会学意义——用以防止苏联式极权主义再现[②]。而弗罗洛夫对苏联哲学的评价自始至终保持着客观、公正和理性，他指出：20世纪50年代中期扩大了哲学研究问题的界限。当时哲学著作自身的风格是稍有些教条主义，但更多的是开放和自由。[③] 此外，作为坚定的马克思主义者，俄罗斯著名哲学家奥伊则尔曼在苏联解体后还一直坚守马克思主义并不断丰富完善相关理论。

总之，与苏联时期对马克思主义哲学不加任何质疑全部服从，对西方哲学思想不加辨别全盘否定不同，如今苏联解体已经多年，目前俄罗斯绝大多数学者对马克思主义哲学的评价开始变得客观、公正和理性，其中也包括对马克思主义技术哲学态度的转变。如今俄罗斯技术哲学家一方面批评苏联时期对技术哲学名称的禁止和对技术哲学家的打压，另一方面也对苏联时期形成的技术哲学的独特纲领和取得的众多成绩（如技术科学方法论、技术的本质、人与自然关系问题、人道主义问题等）给予高度认可，并不断完善相关理论。我国学者安启念曾指出，在苏联哲学发展过程中，还有一些在离意识形态较远的领域辛勤耕耘的学者，如哲学史、科学技术哲学、逻辑学、心理学以及数学哲学、音乐哲学、古代美学方面的研究者，也在上述各个阶段取得重要成绩，他们中间的一些人即使在今天看来也属于马克思主义哲学范畴。而其他学者中也有许多从马克思的哲学思想中获取了有用资源。基于以上原因，绝大多数俄罗斯学者不赞成对苏联哲学予以彻底否定。[④]

---

① Стёпин В С. Российская философия сегодня: проблемы настоящего и оценки прошлого. Вопросы философии，1997（5）：5.

② 安启念. 俄罗斯哲学界关于苏联哲学的激烈争论. 哲学动态，2015（5）：44.

③ Развитие научных и гуманистических оснований философии: итоги и перспективы. Вопросы философии，1992（10）：88.

④ 安启念. 俄罗斯哲学界关于苏联哲学的激烈争论. 哲学动态，2015（5）：46.

（二）技术哲学中工程技术传统与人文传统相结合

俄罗斯当代技术哲学的二元性还反映在技术哲学中并存着两种不同传统：一种是工程技术传统，另一种是人文传统。与此相联系，技术哲学分为两种类型：一种是工程技术传统的技术哲学，侧重研究技术的本质、发展规律、技术科学和工程设计的方法论等问题；另一种是人文传统的技术哲学，主要研究技术社会学、技术文化学、技术伦理学、人与技术的关系等问题。应当说工程技术传统的技术哲学是苏联时期技术哲学的优势方向，苏联解体后这一方向被俄罗斯技术哲学家传承下来，此方向的代表人物主要有：高罗霍夫、罗津和库德林等人。而人文传统的技术哲学出现在苏联后期，特别是苏联解体之后，伴随着俄罗斯技术哲学与西方技术哲学的趋同演化，人文传统的技术哲学兴起并占据主导优势，此方向的代表人物主要有：弗罗洛夫、斯焦宾和列克托尔斯基等人。

苏联-俄罗斯技术哲学从侧重工程技术哲学传统转向人文技术哲学传统，反映出其技术哲学从"无人哲学"到"有人哲学"的过渡。苏联时期由于意识形态扩大化的原因，在研究过程中，学者对意识形态都采取较为谨慎的态度。因此在苏联时期，技术哲学的研究成果要么远离意识形态，要么就努力为意识形态"唱赞歌"。远离意识形态的技术哲学研究成果主要是指，在本体论上主要是将技术等同于劳动手段；在技术认识论上主要研究技术科学的方法论，研究科学、技术和生产的关系。可以说苏联早期技术哲学是缺少人的因素和人文关怀的工程师传统的"无人哲学"，一切理论正确与否都以其是否能为苏联发达社会主义服务为衡量标准，人在技术中消失了。而随着苏联后期意识形态弱化，特别是随着苏联的解体，哲学领域从压抑人性到彻底释放，随之而来的是俄罗斯技术哲学转向的主线也愈加明晰。相对于苏联时期，俄罗斯当代技术哲学总体特征的变化是从过去远离政治意识形态的、工程师传统的"无人哲学"变成了不受政治强权压制的、以人为本的"有人哲学"，人道主义成为技术哲学价值论的主线。在此背景下，俄罗斯学者关注人与自然的关系、人与社会的关系、技术与人的关系等问题，人在技术哲学发展过程中从隐性因素变成了显性因素，这种变化除了与苏联时期政治扩大化影响的消除有关，还与科学技术对人类生活的影响日益加剧相关。

如果穿越苏联时期向前追溯，我们依稀能够从沙皇俄国时期的哲学中找到俄罗斯当代技术哲学中工程技术传统和人文传统的影子：一个是恩格尔迈尔技术哲学思想所体现的工程技术哲学的研究思路，另一个就是传统俄罗斯思想和俄罗斯宗教哲学所呈现出的重视人和人文因素的重要特征。

（三）与西方技术哲学趋同演化和顽强保持原有优势传统相结合

俄罗斯当代技术哲学二元性的另一个突出表现就是：技术哲学一方面不断与西方技术哲学趋同演化、缩小差距，另一方面又顽强保持自己原有的学术传统和优势。

与西方技术哲学趋同演化主要体现在：苏联解体后俄罗斯技术哲学大量引进西方技术哲学思想。由此可见，俄罗斯当代技术哲学对西方技术哲学的态度早已摆脱原有意识形态的左右，开始了全新的评价，从当前俄罗斯学者引介的西方技术哲学家的论著中我们几乎看不到批评的痕迹。

在与西方技术哲学趋同的过程中，俄罗斯当代技术哲学又顽强保持苏联时期技术哲学所具有的优秀传统，这是一个扬弃的过程。之所以说是“扬弃”，是指当今俄罗斯技术哲学既克服了苏联时期政治扩大化所导致的对技术哲学的破坏和干预，同时又保留了苏联时期技术哲学研究的主要成绩，并将其发扬光大，这是俄罗斯当代技术哲学独特性的重要体现。由于继承苏联时期技术哲学成绩而体现出的俄罗斯当代技术哲学的独特性，主要体现在研究域和研究方法上。从研究域看，俄罗斯当代技术哲学保留苏联时期技术哲学已有优势体现在对技术本质的研究、对技术科学哲学问题的研究、对科学—技术—生产三者关系的研究、对人的问题和全球性问题的关注等。从研究方法看，俄罗斯当代技术哲学在技术方法论上主张不同领域专家进行跨学科的合作与联盟。上述内容都是俄罗斯当代技术哲学保留下来的苏联时期技术哲学的优良传统。

除了二元性的特征外，俄罗斯当代技术哲学的另外一个突出特征就是交叉性。这种交叉性主要体现在俄罗斯技术哲学与全球化问题、人的问题等交织在一起。

全球性问题是苏联-俄罗斯哲学重要的研究主题，这个主题涉及科学、技术、生态、文化、文明等诸多方面。事实上，在研究全球性问题时我们无法绕开技术，全球性问题早在20世纪七八十年代就已形成。苏联-俄罗斯技术价值论转向也与学者们对全球性问题的关注相联系。此外，人的问题也是苏联-俄罗斯哲学重要的研究主题，苏联-俄罗斯技术哲学和人的问题有着密切的联系。其中，弗罗洛夫为技术哲学中人的研究作出了巨大贡献。

二、俄罗斯当代技术哲学的历史评价

在揭示了俄罗斯当代技术哲学转向的表现、国内和国际动因，总结了俄罗斯当代技术哲学的独特性之后，我们有必要对俄罗斯当代技术哲学进行公正客观的历史评价和准确的历史定位，即分析俄罗斯当代技术哲学的功过得失及其在世界技术哲学界所处的地位。

概括说来，苏联-俄罗斯技术哲学经历了如下四个阶段。第一个阶段，在20世纪20年代，尽管“技术哲学”名称在苏联还没有正式确立，但是已经开始形成独具苏联特色的马克思主义技术哲学的研究纲领，此时苏联技术哲学是以工程师传统为主的“无人的”技术哲学，技术本体论居于主导地位。第二个阶段，在20世纪60年代，伴随着全球性问题的出现，技术哲学中出现了人的因素，技术认识论和技术价值论兴起，技术认识论研究达到较高水平。第三个阶段，在20世纪80年代，随着全球性问题在世界范围影响的加剧，技术价值论成为技术哲学中的主导方向，技术哲学中充满对人和人道主义问题的关注，技术哲学成为“有人的”哲学。第四个阶段，从20世纪90年代初持续至今，1990年9月技术哲学名称第一次以官方名义提出，后伴随苏联的解体，俄罗斯技术哲学开启了新的阶段，发生了重要转向，在此过程中人们越来越重视人与自然的关系、人与技术的关系、技术与社会的关系、技术与文化的关系等问题。在第四个阶段，我们可以清晰地看到俄罗斯当代技术哲学存在的主要成绩与不足。

（一）俄罗斯当代技术哲学的主要成绩

俄罗斯当代技术哲学的主要成绩体现在以下几个方面。

第一，俄罗斯当代技术哲学研究中确立自由开放的学术氛围。如今俄罗斯摆脱政治意识形态对技术哲学研究的过度干预，哲学（也包括技术哲学）领域呈现自由开放的学术氛围。学者可以在公平、平等的条件下开展学术交流与对话，而不用再担心苏联时期曾经出现过的政治迫害。当前对马克思主义理论无论是充分肯定，还是极端否定的观点在俄罗斯都能够立足，而且极端否定的个案引发了俄罗斯学者对马克思主义的广泛争论。在争论过程中，越来越多的人得出了对马克思主义较为客观、公正的肯定性评价。

第二，俄罗斯当代技术哲学与世界技术哲学充分接轨，并加强同世界技术哲学界的交流与对话。在此之前，苏联技术哲学受意识形态左右，将技术哲学视为唯心主义学说而加以批判，形成了与西方截然不同的技术哲学研究纲领，两者无论在研究域还是具体观点都存在重大分歧，由于“不理智”地批判，苏联技术哲学走过较为曲折的发展道路，虽也曾取得一定成绩，但却因此缺少了对于技术社会学、技术政治学和技术文化学的充分研究。而如今俄罗斯技术哲学在这些方面加大研究力度，不但与西方主流技术哲学充分对话，甚至有些方面还出现了反超（如斯焦宾的文化基因理论）。

第三，俄罗斯当代技术哲学从“无人哲学”变成“有人哲学”。这里是指苏联早期由于政治因素的限制，技术哲学以其他名义被研究，其研究主题主要是远离意识形态的技术科学的哲学问题或纯工程技术哲学方面的内容，缺少对人和人的价值的关注，我们称其是“无人哲学”。直到斯大林去世和全球性问题的出现，伴随着对以往历史的反思和对科学技术负面效应的关注，人的问题才进入哲学家的视野，技术哲学也因此开始关注人和人的价值。20 世纪 90 年代末，由于弗罗洛夫的努力，人道主义成为苏联-俄罗斯哲学（也包括技术哲学）研究的主线，技术哲学成为“有人哲学”，人道主义观点一直持续至今，在俄罗斯哲学界乃至其他领域占据极其重要的位置。

“有人哲学”的出现，在一定程度上是对“无人哲学”的抗议与批判。两者并不是水到渠成的继承关系，而是矛盾和对立的关系。正如安启念指出的：在苏联，借助辩证唯物主义历史唯物主义哲学宣传科学理性是社会生活的需要，透过人道主义思潮的兴起呼吁对人的关注是社会发展的必然。前者使坚持辩证唯物主义历史唯物主义的哲学家理直气壮，后者使主张马克思主义哲学人道化的哲学家义正词严；前者以物质及其运动解释世界，后者强调人是万物的尺度；前者以恩格斯后期著作为依据，后者大量引证马克思的早期著作。双方都自称马克思主义哲学，但相互势同水火。起初，在 20 世纪 50 年代，前者占压倒优势，到70年代以后，虽然前者继续得到官方支持，垄断了话语权，但现实生活的需要使后者一直以曲折的甚至地下的方式存在，长期承受巨大压力却支持者不乏其人，队伍日渐庞大，事实上成为主流。在苏联解体之前很久，统一的苏联哲学早就消失了。① 苏联哲学的这种矛盾也为后来的苏联解体埋下了伏笔。

第四，俄罗斯当代技术哲学继续强化其在技术科学哲学问题方面的研究优势。如前所述，技术科学的哲学问题是苏联技术哲学重要的研究主题，苏联学者在此方面取得的研究成果被世界技术哲学界普遍认可。正是在此基础上，俄罗斯当代技术哲学家对技术科学哲学问题的研究持续至今，在俄罗斯当代技术哲学的代表著作《技术哲学：历史与现实》和《科学技术哲学》中的技术哲学部分，高罗霍夫、罗津等学者围绕技术知识的方法论问题、自然科学和技术科学的特点、技术科学中有重大价值的实用研究，以及技术理论的结构、功能、形成和发展等问题开展了深入的研究。前面已有论述，在此不再赘述。

第五，俄罗斯当代技术哲学对人与自然关系问题的研究也有重大进展。1991年在新西伯利亚曾举办全苏会议，它成为“人类中心主义”思想变化的转折点，此次会议议题是讨论“把人的因素有效地纳入智能系统的问题”。在类似的背景下，人们常说到克服人类中心论。② 苏联解体后，俄罗斯学者在批判人类中心论的过程中，提出了人与自然协同进化的思想，主张放弃人对自然的绝对主宰权，人与自然应处于平等地位。1997年，P. C. 卡尔宾斯卡娅、И. K. 利谢耶夫和 A. П. 奥古尔佐夫合著的《自然哲学：协同进化战略》一书成为这种新转向的标志③，他们抛开了以往人与自然关系中人占绝对主导地位的观念，明确主张在自然哲学中建立起自然界的整体形象，人与自然界应共同发展④。

第六，俄罗斯当代技术哲学对技术与文化的关系研究有重要突破。斯焦宾“特别迫切地提出技术社会中的‘文化共相’问题”⑤。 他指出马克思主义唯物史观只对社会生活进行了唯物主义解释，但并没有揭示文化的社会密码功能。

---

① 安启念. 从苏联解体看苏联马克思主义哲学发展中的一个重要教训. 理论视野，2010（7）：17.

② 库迪廖夫. 地球的宇宙化是对人类的威胁. 立秋译. 国外社会科学，1994（10）：14.

③ 白夜昕，李金辉. 俄罗斯新自然哲学的兴起. 自然辩证法通讯，2004（1）：95—98，112.

④ Каганова З В, Сивоконь П Е. Образы природы и космоса в современной российской философии. Вестник Московского университета. Серия 7, философия，1997（6）：100.

⑤ Ленк Х. О значении философских идей В. С. Стёпина. Вопросы философии，2009（9）：10.

文化是活动、行为和交往的发展着的程序系统，这些程序以符号的形式被记录下来，充当传递积累下来的社会历史经验的方法，决定人们的生产方式和生活方式。现实的人同时由两组遗传密码制约，一组是肉体组织的基因，另一组是社会组织的基因，即文化[①]。因此，我们不能脱离文化来研究技术和社会的发展。

第七，俄罗斯当代技术哲学还主张技术哲学研究的跨学科性和国际性。跨学科的方法论在苏联时期就已经存在，而当今俄罗斯技术哲学研究（尤其是技术评估）中更加强化了这一优势，他们主张自然科学家、工程师、哲学家、社会学家、大学教授、经济学家、社会学家、政治学家、心理学家和法学家的合作。俄罗斯学者的这种主张，表明其在技术评估方面具有超前的合作意识和国际视野，这与苏联时期学者整体性的思维方式不无联系，而这恰恰是以强调局部和个性见长的西方学者所不具备的特点。

第八，俄罗斯当代技术哲学加大对传统俄罗斯思想的重新解读，彰显了俄罗斯当代技术哲学民族性的特征。苏联时期由于受政治的影响，人们对沙皇俄国时期的技术哲学和宗教哲学是极度排斥的，与此相联系，苏联历史上出现了著名的“哲学船”事件——技术哲学创始人恩格尔迈尔和宗教哲学家别尔嘉耶夫等人被放逐国外。正因如此，苏联技术哲学研究或转至国外，或转入地下，或以其他名义被研究。而如今苏联解体后，俄罗斯重新出版恩格尔迈尔和别尔嘉耶夫等人的早期论著，俄罗斯当代学者对两人的技术哲学思想给予高度认可和肯定。从某种程度上讲，如果将俄罗斯当代技术哲学的工程技术传统和人文传统向上追溯到沙皇俄国时期，我们则能够从恩格尔迈尔和别尔嘉耶夫身上看到这两种传统的影子。特别是对当代俄罗斯人来说，传统俄罗斯思想是俄罗斯民族的精神家园；而对于与技术哲学相关的传统俄罗斯思想的挖掘、保护和传承，则是俄罗斯当代技术哲学的重要成就。

（二）俄罗斯当代技术哲学的主要不足和存在的问题

俄罗斯当代技术哲学的不足主要体现在：技术哲学的趋同性增加、独特性

---

① 安启念．当代学者视野中的马克思主义哲学：俄罗斯学者卷．2版．北京：北京师范大学出版社，2012：174．本部分张百春译。

减少；技术哲学中人道主义思想与社会实践相脱节；缺少对苏联时期技术哲学相关理论的客观反思与清算。

首先，伴随着俄罗斯当代技术哲学与西方技术哲学接轨的过程，我们能够看到俄罗斯技术哲学的趋同性增加、独特性减少。苏联解体后，对原来苏联社会主义建设方面所取得的成就，鲜有人提及。而且，俄罗斯当代学者中盲目学习西方的状况也大量存在。著名技术哲学家高罗霍夫在《技术哲学中的新趋势》一文中批评了这种现象，他指出："在俄罗斯科学院的当代争论中，更能击败我的是，所有人（无论是俄罗斯科学院改革的辩护者还是反对者）都不引用历史科学的事实和结果（这些结果是历史科学和方法论研究的结果），而仿佛是在引用通过传闻获得的所谓的'真的'资料。经常以国外经验为例。某些人甚至还寻求法国、德国或美国论著中特有经验的支持，但这个东西不是研究的结果，而只是这些组织内部工作特有的经验，它能够从整体上引出有关它们发挥作用的虚假认识。"[①] 应当说，高罗霍夫令人信服地指出了盲目将西方特有经验应用于俄罗斯可能会带来的负面问题。技术哲学家对科学技术的预测功能和引导国家规避科技风险的功能大概就在于此。

其次，与苏联时期政治对人性的压抑相比，人道主义思想的提出是历史的进步，如今尽管人道主义已经成为当今俄罗斯技术价值论的主线，但是俄罗斯人道主义仍然存在着与社会实践相脱节的严重缺陷。因而，至今仍有人指责俄罗斯人道主义具有抽象性的特征。正如我国学者安启念指出的，弗罗洛夫以及戈尔巴乔夫等人的问题在于他们无视客观条件，回避现实问题，没能从马克思、恩格斯的经典著作中将其中所蕴含的人道主义思想与辩证唯物主义、历史唯物主义加以整合，进行理论创新，即没有建立起把马克思、恩格斯哲学思想中科学理性与人道主义这两个看似相互排斥的方面统一起来的新理论，最终导致苏联的解体[②]。安启念的这一评价也仍然适用于当今的俄罗斯，如今俄罗斯的人道主义依然是抽象的人道主义，只是口号，并没有完全落到实处。当今俄罗斯人道主义思想仅仅停留在政治层面，使人从以往政治对人的压迫中解放出来，由于俄罗斯人道主义思想脱离人民群众的社会生活和经济生活，没能提高

---

① Горохов В Г. Новый тренд в философии техники. Вопросы философии，2014（1）：180.

② 安启念. 从苏联解体看苏联马克思主义哲学发展中的一个重要教训. 理论视野，2010（7）：16—17.

俄罗斯人民整体的生活水平和提升俄罗斯的国际地位，其口号式的宣传对于解决俄罗斯社会当前面临的种种难题显得力不从心，因而受到俄罗斯人的诟病。这与我国政府对人的问题的重视形成了鲜明的对比。

最后，俄罗斯技术哲学的另外一个不足，就是缺少对苏联时期相关理论的客观反思与清算。当前，俄罗斯人一方面跨过苏联时期向前追溯自己的历史，他们把注意力放在对俄罗斯思想特别是对俄罗斯宗教哲学的争论与反思上；另一方面又努力向后探寻俄罗斯未来的发展出路，试图借助于西方哲学来摆脱当前面临的种种困境。但无论是传统的俄罗斯思想，还是后现代西方哲学，都没能使俄罗斯民众获得真正的救赎，也同样没能改变当今俄罗斯意识形态的尴尬处境。如今俄罗斯唯一缺少的是对苏联时期曲折道路和当下各种现实问题的集中而又深刻的反思。对苏联时期发展道路的反思应当主要包括：对马克思主义的反思，其中也包括对人道主义的反思（尽管其在苏联时期产生并发展壮大），还包括对技术哲学发展历史的反思。俄罗斯学者对上述问题的讨论并不集中，只是散见在对相关问题的论述中，而这恰恰是苏联-俄罗斯历史发展过程中不能简化也不应回避的重要问题。

针对马克思主义，俄罗斯学者虽有客观评价，但是持这种观点的人数量有限，并不是社会的主流方面；而相当数量的人对马克思主义的评价简单而又粗暴，批判指责的声音居多；特别是当今俄罗斯人（无论是学界还是政界），直到今天也很少有人或者准确地说很少有人有兴趣、有愿望对马克思主义进行系统、全面、客观的评价，正是由于缺少这一重要环节，俄罗斯无论是政治生活、社会生活，还是学术研究的发展，都曾徘徊不前或迷失方向。

针对人道主义，俄罗斯人同样缺少反思与清算。事实上，人道主义起源于对苏联早期政治压抑人性的批判，因而它的出现在某种程度上是对苏联早期哲学的一种否定；随着全球性问题的出现和科学技术负面效应的加剧，人道主义在苏联具有了普遍意义而被广泛推崇，成为苏联哲学中重要的理论指针，这时进入了对苏联哲学的肯定阶段；苏联后期，人道主义成为“新思维”的理论基础，但是由于其在实际应用中缺少对现实生活的关照，没能解决苏联当时面临的种种难题，它脱离社会实践的抽象性的特征使其遭到苏联民众的质疑，也使得苏联哲学再次被否定；如今人道主义思想在俄罗斯继续发展，但是由于上述缺陷的存在，它依然没有解决俄罗斯当前面临的尴尬处境。总之，俄罗斯的人道主义无论在理论上还是在实践上，都有很大的上升空间，由于著名哲学家弗罗洛夫在 1999 年离世，这一任务将成为俄罗斯新一代哲学家未来要肩负的历史责任。

针对技术哲学，其发展轨迹同人道主义一样曲折。通过对俄罗斯当代技术哲学论著的研究，我们能够清晰地看到这个国家技术哲学发展的全部历程：在沙皇俄国时期，恩格尔迈尔开创技术哲学，并成为工程技术哲学传统的奠基人；在苏联时期，技术哲学被视为唯心主义学说而加以批判，技术哲学以其他名义被研究，苏联形成独具特色的技术哲学研究纲领，开启了“苏联-东欧学派”，取得了令人瞩目的成绩；而在当今俄罗斯，技术哲学发生了重要转向，在此过程中技术哲学一方面保持原有的优势方向，另一方面又与西方技术哲学不断趋同，并在很多方面呈现出二元性的特征。在这个链条中，我们能够清晰地看到苏联-俄罗斯技术哲学的发展轨迹，但是遗憾的是，我们看不到俄罗斯学者对整个技术哲学发展历程的系统而深刻的反思与评价。究其原因或许是因为，俄罗斯社会发展到今天，无论是技术哲学本身还是技术哲学在社会中所起的作用，都尚未达到预期效果或者尚未达到可以盖棺定论的关节点。但事实上，这种反思与清算无论是对俄罗斯技术哲学的发展还是对俄罗斯社会的发展，都将具有重要的现实意义。以史为鉴，这种反思与清算将会决定俄罗斯哲学甚至俄罗斯社会发展的未来方向。

如果说以上是俄罗斯技术哲学发展道路上的理论欠缺，那么接下来的几个方面，则是其俄罗斯当代技术哲学发展道路上面临的三大客观难题。

一是技术哲学研究人员减少、兴趣转移，发展速度缓慢。苏联解体后，俄罗斯哲学遭受重创，解体初期许多哲学课程被取消，许多哲学机构无法维系正常的运转，许多哲学家从原本关注马克思主义哲学研究转向关注宗教哲学或西方哲学，甚至有些哲学家完全放弃了哲学研究。技术哲学原本就属于冷门学科，在此过程中不可避免地受到影响，表现为技术哲学研究人员大幅度减少，活跃在技术哲学研究领域的人主要是原有的技术哲学大家，这不能不说是一种倒退。同时，这也反映出俄罗斯学者对哲学（也包括技术哲学）的失望与无奈。

二是技术和技术哲学研究经费短缺。高罗霍夫在参加完 2013 年于葡萄牙里斯本举行的国际哲学与技术学会大会后发文指出：关于西方科学的发展只是在综合性大学里的议论，是故意的谎言或者是无知的展示。例如，在德国除了综合性大学还有一些研究所，这些机构中的每一个机构所提供的经费资助都超过整个俄罗斯科学院的好多倍。① 俄罗斯科学院是俄罗斯人针对科学技术和科学技术的哲学问题，以及科学技术的社会问题的重要研究机构，其经费短缺意味着有关科学技术研究支撑的欠缺，这在很大程度上会影响对科学技术所进行的哲学反思。

三是技术哲学研究成果输出的渠道有限，甚至受限。对此，著名技术哲学家高罗霍夫曾指出："在国际文献资料中人们很少引用我们的文献资料，这有我们自己的原因（与具体的研究者无关）。顺便指出，在很多领域我们远远超过了我们的国外同行。原因如下：首先，我们在国外的同胞们在使用俄语资料时，把这些资料冒充为自己的成绩，而不援引俄语来源。有时我们能够看到在美国出现新的研究方向，比如设计的方法论的研究方向，而事实上这是抄袭了 20 世纪 60—70 年代我们研究者的论著，我指的是 Г. П. 谢德罗维茨基（Г. П. Щедровицкий）、К. М. 康托尔（К. М. Кантор）和 В. В. 格拉济切夫（В. В. Глазычев）等人的论著。其次，俄语主导杂志固执地不进入汤普森目录索引，并且不能总是正确地用英语给出作者的姓名和摘要。再次，俄语研究所和大学（除了经济学的高等学校）没有采取办法进入 Web of Science 和 Scopus 数据库体系，以使研究者能够在那里修正自己的文献资料。除此之外，我们的名字被翻译成英语时经常是不同的。在我国的俄罗斯科学引文索引（РИНЦ）中远远没有反映出我们所发表（包括在书籍、报纸、杂志上）的全部文字和它们的引文出处。这就有了问题：具体的研究者在此有什么过失呢？而赫赫有名的赫希索引（Хирш）在学者的引用率方面基本上没有给出任何介绍！众所周知，孟德尔的著作很长时间没被引用，可是李森科院士在那时拥有赫希索引最高的引用率。"② 应当说，不科学、不规范的数据索引限制了俄罗斯技术哲学思想的传播和发展，这也是我们未来应当努力避免的重要问题。

（三）俄罗斯当代技术哲学的历史地位

一方面，俄国是技术哲学创始国之一；另一方面，苏联时期技术哲学被批判，技术哲学在其他名义下被研究，并形成独特的技术哲学研究纲领；而

---

① Горохов В Г. Новый тренд в философии техники. Вопросы философии，2014（1）：180.

② Горохов В Г. Новый тренд в философии техники. Вопросы философии，2014（1）：179.

如今俄罗斯当代技术哲学与前两个截然不同的阶段呈现出错综复杂的关系，因而对其进行准确的定位与客观的评价，成为本书不能回避而又颇为棘手的问题。

关于世界技术哲学的主要流派，美国著名技术哲学家卡尔·米切姆早有论述。他指出，技术哲学有三种学派或三种传统——西欧、英美及苏联和东欧——为技术哲学的广泛探讨作出了重要贡献。[①] 然而，从1877年卡普出版《技术哲学纲要》开始，近代技术哲学发展已延续了一百四十余年，如今世界技术哲学界已经发生巨大变化。特别是苏联解体后，中国技术哲学成为为数不多的马克思主义技术哲学中的重要一支，因此上述三个派别已不能全面、准确地揭示世界技术哲学的总体图景。在此，我们尝试在前人观点的基础上，进一步完善对世界技术哲学总体图景的认识。

作为技术哲学的源头，欧洲技术哲学的地位举足轻重。卡尔·米切姆指出：欧洲（主要指德国和法国）的技术哲学传统是最古老且又最多样化的。它从存在主义、社会学、工程以及神学方面对自然及技术的意义进行了思考，其多样性和深刻性是其他传统所不及的。它的缺陷是，与东欧学派相比缺少内部的综合，而且它也没有像英美学派那样很好地利用历史知识以及经验性的社会科学研究。[②] F. 拉普指出，其中联邦德国的技术哲学大致有四种倾向：工程科学（戴沙沃）、存在主义（海德格尔）、社会人类学（格伦）和法兰克福学派的批判理论（马尔库塞、哈贝尔梅斯[③]）。而法国当前的技术哲学研究主要集中在技术的历史发展和它与文化的关系等问题上[④]。

相对于欧洲技术哲学，英美技术哲学属于新兴的技术哲学流派。针对英美学派，卡尔·米切姆指出：美国的技术哲学无论是在历史的深度上还是在论题的广度上都与西欧的看法不同。尽管实用主义产生于美国，它有时也被解释为一种技术的哲学，但是在美国，技术哲学还没有像在德国那样与工程密切结合起来。甚至最近，关于技术哲学的唯一明确的实用主义的尝试是约瑟夫•科恩1955年发表的一篇文章。在英国和美国，技术哲学产生于对技术

① 米切姆. 技术哲学. 曲炜，王克迪译. 科学与哲学，1986（5）：67—68.

② 米切姆. 技术哲学. 曲炜，王克迪译. 科学与哲学，1986（5）：68.

③ 现在常译为哈贝马斯。

④ 拉普. 技术哲学导论. 刘武，康荣平，吴明泰译，沈阳：辽宁科学技术出版社，1986：181.

所进行的社会学及历史方面的探讨。① F. 拉普指出，在美国，未来工业社会的管理问题激起人们对技术的哲学问题的广泛兴趣，虽然并不都是打出“哲学”的旗号来探讨这些问题的。②杜尔宾认为在英美国家圈子里，技术哲学大致有五种变体，即黑格尔主义（或其他唯心主义）的、现象学的、马克思主义（或其他激进主义或左倾主义或社会主义）的、行为主义-技术统治主义的、分析的技术哲学。③

苏联-东欧技术哲学曾是世界技术哲学的特殊组成部分。尽管由于意识形态的原因，苏联技术哲学曾一度脱离世界技术哲学的主流，但也正是这一原因，使得苏联技术哲学形成了不同于西方技术哲学的独有特色。苏联学者对于技术系统的认识、对于技术科学的认识、对于技术的社会性的认识、对于技治主义与人道主义关系的认识、对于科学技术革命和科学技术进步的本质及其规律的认识等，都具有鲜明的意识形态色彩，这些内容在世界技术哲学领域内占据不可替代的位置。难怪卡尔·米切姆特别强调苏联和东欧等社会主义国家的技术哲学独成一派。针对苏联-东欧学派，卡尔·米切姆这样评价：这是所考察的三个学派中内部最一致的一个学派，而且是唯一可以说持有一种主义的学派。这种主义以卡尔•马克思的思想及他把生产过程作为基本的人类活动，作为社会与历史的基础所进行的分析为依据。④

如今苏联解体之后，俄罗斯技术哲学一方面保持原有技术哲学的部分特色（例如，继承了沙皇俄国时期恩格尔迈尔和别尔嘉耶夫的技术哲学思想，保留了苏联时期技术科学哲学问题、人的问题、技术方法论方面的研究优势），另一方面也在大量介绍引进西方技术哲学思想（既包括欧洲学派，也包括英美学派）。俄罗斯技术哲学正逐步褪去意识形态的外衣，融入世界技术哲学的大家庭。综上所述，正是由于苏联和东欧的解体，意识形态发生重要转换，我们很难从意识形态角度将俄罗斯技术哲学独立划归为一派；而且从俄罗斯技术哲学未来的民族性与国际性相结合的发展趋势中，我们也无法将其归并为其他已有的学派。纵观苏联-俄罗斯技术哲学独特的发展历程，即从沙皇俄国时期，到苏联时

---

① 米切姆. 技术哲学. 曲炜，王克迪译. 科学与哲学，1986（5）：79—80.

② 拉普. 技术哲学导论. 刘武，康荣平，吴明泰译，沈阳：辽宁科学技术出版社，1986：181.

③ 刘文海. 技术哲学研究概观. 晋阳学刊，1994（5）：42.

④ 米切姆. 技术哲学. 曲炜，王克迪译. 科学与哲学，1986（5）：86.

期，再到当今的俄罗斯时期，我们可以将俄罗斯当代技术哲学视为世界技术哲学发展过程的中间类型或过渡类型。俄罗斯技术哲学仍处在发展过程中，它将在俄罗斯科学、技术、文化、哲学、政治以及世界思潮的影响下发挥作用，并在此过程中探寻自己的最终归宿。

苏联解体后，中国技术哲学成为世界范围内为数不多以马克思主义理论为基础，并且具有鲜明中国特色的技术哲学派别。正如黄欣荣指出的，我国著名技术哲学家陈昌曙被国内学者公认为中国技术哲学的奠基人，他不但初步构建了中国技术哲学的研究纲领，而且还建立了独具特色的中国技术哲学的东北学派。1982 年，陈昌曙在东北工学院（现东北大学）成立了全国第一个以技术哲学为研究方向的技术与社会研究所，这个研究所的成立标志着中国技术哲学开始走向建制化。黄欣荣将陈昌曙教授的技术哲学思想分为三个历史时期：20 世纪 80 年代，是他的自发研究和引进、学习日本技术论时期；90 年代前期是引进、消化西方技术哲学思想，并结合中国技术发展的实际，逐步形成自己思想的时期；90 年代后期开始，自己独特的技术哲学思想初步成熟，并逐渐形成中国特色的技术哲学研究纲领，全面发展中国技术哲学。作为中国技术哲学研究第一人，陈昌曙技术哲学思想的发展历程其实也代表了中国技术哲学发展的主线。① 在此应当强调的是，与中国改革开放和现代化建设紧密联系是以陈昌曙技术哲学思想为代表的中国技术哲学原创研究的总特征。具体说来，在研究内容上，陈昌曙的技术哲学重视技术与自然、技术与科学、技术与生产、技术与工程的关系，在此过程中形成了别具一格的技术创新理论；此外，陈昌曙的技术哲学尤其重视技术与社会的关系，特别是他将可持续发展理论也纳入技术哲学的研究视野。在研究视角上，陈昌曙的技术哲学把马克思主义的观点贯彻始终。在研究方法上，他的技术哲学思想虽然不乏人文关怀，但总体来说，应属于工程技术哲学②。

---

① 黄欣荣，王英. 陈昌曙与中国技术哲学. 东北大学学报（社会科学版），2004（6）：400.

② 黄欣荣，王英. 陈昌曙与中国技术哲学. 东北大学学报（社会科学版），2004（6）：400.

第二节　俄罗斯当代技术哲学转向的启示

在全面分析俄罗斯当代技术哲学转向的表现、成因、发展过程、未来走向，及分析了俄罗斯技术哲学的独特性及其功过得失之后，有一个无法回避而又饶有兴趣的问题，这就是：俄罗斯技术哲学为什么会经历由原来极度排斥技术哲学，视技术哲学为唯心主义学说；到后来渐渐关注、批判西方技术哲学，并参与相关问题的讨论；直至最后走上一方面介绍、引进，甚至赞同某些西方技术哲学思想，另一方面又保持自己独特传统的发展道路？这一问题既涉及社会大系统下技术哲学与意识形态的关系，又涉及哲学系统内部技术哲学与哲学其他分支学科的关系。对上述问题的分析不仅有助于我们把握技术哲学学科的特殊性质，更有助于我们充分发挥技术哲学在社会发展中的解释、预测和指导功能。

一、技术哲学独特性分析——以俄罗斯技术哲学转向为个案

如前所述，俄罗斯当代技术哲学发展呈现出二元性的特征：一方面它与西方技术哲学趋同演化，另一方面又顽强地保持自己原有的研究传统。这种发展趋向与意识形态改变有着密切的联系，因此我们有必要进一步分析意识形态变化对技术哲学的影响，概括得出技术哲学不同于哲学其他分支学科所具备的一般特征，从而对技术哲学学科的特殊性作出新的诠释。

（一）技术哲学的意识形态化背景

为了清楚地阐述问题，我们先对意识形态的含义进行界定。在一般意义上，意识形态有广义和狭义两种。众所周知，在马克思主义学说中，“意识形态”与“社会意识”两个概念密切相关。社会意识是与社会存在相对应的概念，所谓社会存在也称社会物质生活条件，是社会生活的物质方面，主要包括物质资料生产方式、地理环境、人口因素等，其中最本质、最根本的东西就是物质资料生产方式。而社会意识是指社会生活中的精神方面、精神过程，是社

会中精神生活现象的总称，它包括政治法律思想、道德、艺术、宗教、哲学、科学等各种社会意识形式和社会心理等。具体说来，社会意识是人们对一切社会生活的过程和条件的主观反映，主要是对物质资料生产方式的主观反映。社会意识包括人的一切意识要素和观念形态，以及人类社会中全部精神现象及其过程。

社会意识的内容和结构也很复杂。马克思主义哲学根据社会意识主体的不同、发展水平的不同和社会意识与经济基础关系的不同，将社会意识进行了分类。根据社会意识相对于经济基础的关系，社会意识可分为两种不同的类型：一类是属于上层建筑的社会意识形式，就是我们通常所说的意识形态，它包括政治法律思想、道德、艺术、宗教、哲学这些具有阶级属性的社会意识；另一类是不属于上层建筑的社会意识形式，它包括没有阶级性的自然科学、语言学、逻辑学等。准确地说，意识形态就是观念上层建筑，它取决于经济基础，即取决于生产关系，而生产关系中最根源的部分就是生产资料所有制，生产资料所有制在生产关系的众多要素中起决定性的作用，决定着生产中人与人的关系、产品的分配关系和消费关系。前面所提的意识形态就是我们所说的广义意识形态。而在实际生活中，当人们说"一个国家的意识形态发生改变"时，往往指的是狭义的意识形态，它专指一个国家的经济基础，它表明一个国家的阶级属性、阶级内容，或者说，它表明的是一个国家归根到底是资产阶级专政还是无产阶级专政。我们将要论述的技术哲学与意识形态的关系，特别是技术哲学与社会转型的关系，就是在这个狭义含义的理解下进行的。

在论述技术哲学与意识形态的关系之前，我们不能不谈与此相关联的政治哲学和科学哲学与意识形态的关系问题，这对于把握技术哲学的特殊性具有重要意义。为此，我们先来区分"政治哲学"、"科学哲学"和"技术哲学"这三个主要概念。政治哲学是指以政治生活为主要研究对象，对政治生活的相关内容进行反思的哲学理论和哲学学说。而科学哲学是从哲学角度考察科学的一门学科，它以科学活动和科学理论为研究对象，探讨科学的本质、科学知识的获得和检验、科学的逻辑结构等有关科学认识论和科学方法论的基本问题，如今科学哲学中也增加了科学的价值论问题。关于技术哲学的定义，可以参照陈昌曙先生的观点：技术哲学可以简单地定义为是对人类改造自然或对技术过程的总体性思考，是关于技术发展的根本观点和普遍规律的学问。[①]

政治哲学具有强价值取向性。在哲学的各个分支学科中，政治哲学与意识形态的关系最为密切。这是由于狭义意识形态直接左右政治思想，而政治哲学作为对政治思想的概括和总结，则不可避免地具有强烈的意识形态色彩，这样使得政治哲学观念与意识形态始终保持高度的一致性。因此我们说，意识形态对政治哲学的作用是一种直接的强作用模式，政治哲学也因此具有强价值取向性的特征，这一点在苏联政治哲学中表现得尤为突出。苏联时期，在众多哲学分支学科中，政治哲学最为发达、观念表述最具派别性，它对苏联哲学界的影响远远超过了哲学的其他分支学科。正是由于政治哲学具有较强的意识形态性，因此任何一个国家的意识形态发生改变，都会对政治思想和政治哲学具有直接的决定作用。也正因如此，苏联在解体前后，其政治思想和政治哲学理论最先发生变化。

科学哲学具有相对价值中立性。科学哲学是具体科学（特别是自然科学）与哲学相结合的产物，因此无论是自然科学的发展还是哲学的发展，都会对科学哲学的发展产生影响。意识形态对科学哲学的作用表现为：意识形态约束科学哲学的宏观发展方向，以保障科学哲学的发展不对现行政治体制构成威胁。在社会常规发展、意识形态相对稳定的时期，一旦现有意识形态确立下来，不再有其他意识形态与之相对抗，而且科学哲学研究对现有政治体制不构成威胁时，意识形态就成为一种潜在的力量而不直接插手自然科学哲学问题研究，此时科学哲学主要受科学理论自身逻辑的影响，是价值中立的；但是，一旦现有科学哲学理论对社会现行政治体制构成威胁时，意识形态就会加大控制力度，干扰、禁止，甚至取代科学哲学的研究（历史上哥白尼学说及相关理论遭到批判就属于此种情况），那么刚刚所提到的科学哲学的相对价值中立性就会被破坏，这种情况往往发生在社会非常规发展以及意识形态弱化、转型或动荡时期。也就是说，在新旧意识形态交替时，旧的意识形态会减弱对原有与其相对立的科学哲学理论的压制；而新的意识形态则会对原有科学哲学理论进行筛选，与自身相一致的理论获得支持，与自身相对立的理论被压制或被禁止，介于两者之间的，待观其变。由此可见，在社会常规发展时期，自然科学哲学在

① 陈昌曙. 技术哲学引论. 北京：科学出版社，1999：13.

由意识形态规定其宏观发展方向的同时，主要受科学理论自身发展的影响，因而从总体上表现出相对独立和价值中立的特点；而在社会转型时期，意识形态的影响作用被扩大，成为主导力量，使自然科学哲学明显具有了价值取向性。但随着意识形态和社会的发展趋于稳定，科学对科学哲学的决定作用又将占据上风，使科学哲学的发展又回到原来主要受科学理论自身发展决定的常规道路上来。从这个意义上讲，科学哲学是相对价值中立的。

（二）技术哲学的意识形态化特征

技术哲学与科学哲学在与意识形态的关系方面具有极大的相似性，但是由于科学属于理论形态的知识，而技术更注重应用，它与社会生活和社会生产的关系更为密切，因此意识形态与科学哲学和技术哲学的模式又有些许不同。一般说来，在社会大系统下，技术与社会需求、科学和生产的关系最为密切，它们之间的关系可以用图 5.1 简单表示。

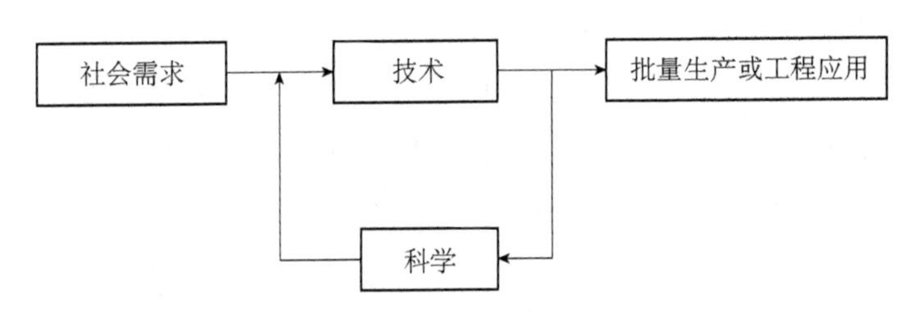

图 5.1 社会需求、科学、技术、生产的关系图

首先，技术研发的起点是社会需求，社会需求为技术研发提供课题。其次，技术研发过程又有简单和复杂的区分，简单的技术任务可以依靠先前积累的技术知识、技术理论自行解决，而复杂的技术任务则需要融入科学知识或科学理论协助其解决；而且，在技术课题解决过程中可能修正甚至生成新的科学知识或科学理论。最后，技术在适宜的条件下可以投入批量生产或工程应用中，在此工程应用含义较为广泛，它既可以指建筑工程、水利工程等传统意义上的工程，还可以指航天工程、遗传工程、曼哈顿工程等较为尖端的航天技术、生物技术、军事技术等前沿领域。通过对技术与社会需求、科学、生产的关系分析，我们可以得出结论：在社会大系统中，技术是一个与社会其他领域关系较为密切的特殊领域；也就是说相对于政治和科学等领域，技术领域的独

立性较弱，它的发展更容易受到其他社会因素的左右和影响。

技术的上述特点也直接影响到技术哲学的研究内容，使得技术相关领域与技术的关系问题被纳入技术哲学的研究范围，这在《陈昌曙技术哲学文集》中有重要体现。《陈昌曙技术哲学文集》总共分为六个部分：第一部分是关于科学与技术的关系，主要讨论技术与科学的区别。这是技术哲学得以成立的基本前提。第二部分是关于技术哲学的总论，包括技术哲学的研究对象、历史演进、学科性质、学科体系、基本内容等。第三部分是关于技术的本质和基本要素，包括讨论技术与生产、技术与工程的关系。第四部分是关于技术与社会的关系，这是研究技术哲学不能回避的问题，技术哲学与技术社会学难以清晰划界。第五部分是关于产业和产业技术的问题，这部分可以看作是技术哲学研究的具体化或技术哲学的应用研究。第六部分是关于可持续发展的思考，主要是提出可供探讨的问题。[①] 在此，我们能够看到技术与科学、社会、生产、产业、工程等因素有着重要的联系。值得一提的是，陈昌曙先生尤其重视技术的社会性，他指出：技术发展和技术应用的突出特点，是其对社会经济、政治、文化等有重要作用，并受到诸多社会因素的影响。技术哲学的研究不可能不把技术与社会的关系问题放在非常重要的地位。[②] 同样，我国学者高亮华也强调技术哲学研究内容的多角度性，并且这些内容大都与社会因素密切相关，他指出，一般认为，技术哲学研究主要涉及如下几个方面：技术观；技术与自然；技术与价值；技术与文化；技术与政治；技术的社会控制等。[③]

的确，技术哲学本身是一门具有交叉性质的学科，它是工程技术与哲学相结合的产物。因此，无论是工程技术的发展还是哲学自身的发展，都直接影响技术哲学的发展。也正是这个原因，现在技术哲学中最普遍的划分方式是将技术哲学分为工程学的技术哲学和人文主义的技术哲学[④]。工程学的技术哲学是从技术自身和技术应用的角度看技术；而人文主义的技术哲学是在技术之外，特别是从社会发展角度看技术。正是基于上述多种原因，我们可以得出结论：技术哲学研究比政治哲学和科学哲学研究更为复杂。

---

① 陈昌曙. 陈昌曙技术哲学文集. 沈阳：东北大学出版社，2002：前言 2.

② 陈昌曙. 陈昌曙技术哲学文集. 沈阳：东北大学出版社，2002：188.

③ 高亮华. “技术转向”与技术哲学. 哲学研究，2001（1）：26.

④ 米切姆. 技术哲学. 曲炜，王克迪译. 科学与哲学，1986（5）：63—146.

相对于政治哲学的强价值取向性和科学哲学的相对价值中立性而言，技术哲学具有部分价值取向性。意识形态对于技术哲学的影响并不像其对政治哲学的影响那样直接。在广义意识形态中，与技术哲学主要相关的是科学、技术、哲学、生产等因素，它们并不像政治法律思想一样居于核心位置。真正对技术哲学起作用的因素主要包括两大方面：一方面，意识形态通过一般意义上的哲学、政治因素从宏观方面控制技术哲学的发展，起着认识论指针的作用；另一方面，科学、技术、生产则从微观方面影响技术哲学，尤其是技术哲学中具体问题的研究。具体说来，可以从社会处于常规发展时期和社会处于转型时期两种情形来分析意识形态对技术哲学的影响。

一种情况是：在社会常规发展、意识形态相对稳定的时期，意识形态通过控制一般哲学、政治来约束技术哲学的宏观发展方向，以保障技术哲学的发展不对现行政治体制构成威胁，并且能够为现行技术政策辩护和服务。这样，一旦意识形态确立下来，不再有其他意识形态与之相对抗，并且技术哲学的研究对现有政治体制不构成威胁时，意识形态就成为一种潜在的决定力量，而不直接插手技术哲学具体问题的研究；此时，技术哲学主要受科学、技术、生产等因素的影响，是相对价值中立的。但是，一旦某些技术哲学理论对社会现行政治体制造成威胁时，社会意识形态就会加大控制力度，干扰、禁止甚至取代技术哲学的研究，那么刚刚所提到的技术哲学的相对价值中立性立即遭到破坏，此时的技术哲学表现出明显的价值取向性。

另一种情况是：在社会非常规发展、意识形态处于转型时期，这时新确立起来的意识形态会对现有的广义意识形态进行筛选，对于对自身的确立有帮助的事件和理论采取支持态度；对于对自身确立不利的事件和理论采取压制甚至制裁手段；而对于对其自身确立既不造成威胁，也不直接给予帮助的事件和理论则采取较为宽容的态度，允许其自由发展。技术哲学与意识形态之间也遵循这一规律，即意识形态要求任何技术哲学理论不能与其相对立，例如：在苏联时期，有利于巩固苏联公有制经济基础和社会主义政权的技术哲学理论获得充分发展（如科学技术革命和科学技术进步的社会主义优势理论）；而对苏联公有制经济基础和社会主义政权稳定造成威胁的技术哲学理论则被禁止（如恩格尔迈尔、别尔嘉耶夫、Вл. С. 索洛维约夫等人的理论）；还有一些技术哲学理论与意识形态关系较为疏远，它们获得正常的发展和较为客观的评价（如技术科学的方法论以及设计和工程技术活动的方法论等）。具体说来，意识形态与技术哲学的关系如图 5.2 所示。

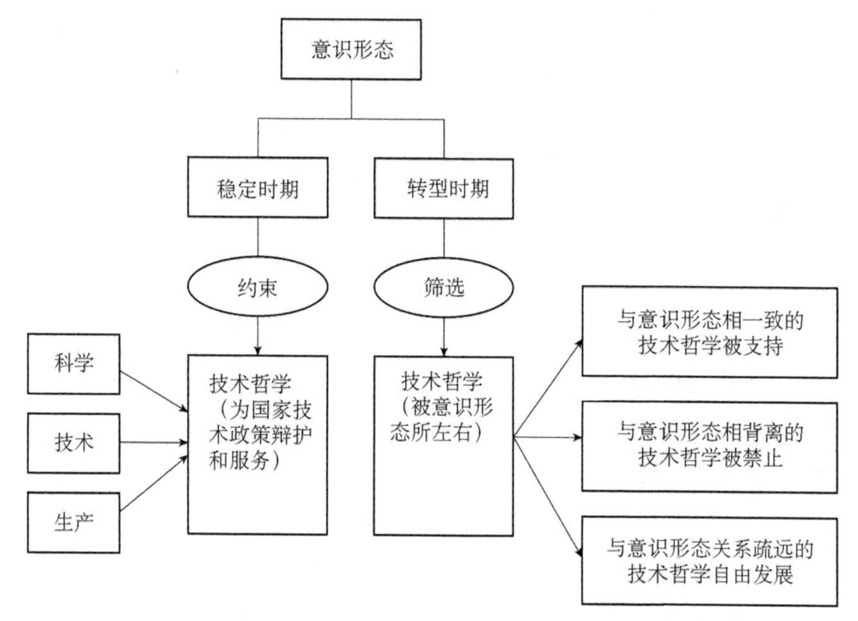

图 5.2　意识形态对技术哲学的约束筛选作用图

的确，无论是从沙皇俄国时期过渡到苏联时期，还是从苏联时期过渡到现今的俄罗斯时期，技术哲学的演变都与我们所阐述的上述规律相一致。从沙皇俄国时期到苏联时期再到现今的俄罗斯，意识形态经历了由稳定到动荡相互交替的五个阶段：经由第一个阶段的沙皇俄国意识形态稳定时期，到第二个阶段的苏联意识形态建立之初的动荡时期，到第三个阶段的苏联意识形态稳定时期，再到第四个阶段的苏联解体前后意识形态转型时期（即由苏联解体前原有意识形态被弱化，到苏联解体，再到俄罗斯初期的混乱时期），最后到第五个阶段的现今俄罗斯意识形态稳定时期。那么与上述意识形态发展阶段相对应，在意识形态稳定时期，技术哲学在意识形态的宏观控制下、在工程技术理论的具体影响下获得较为稳定的发展，并取得一定成绩；而在意识形态转型期，意识形态及其所决定的政治因素对技术哲学起决定性作用，致使技术哲学研究发生翻天覆地的变化。当然，这时并不排除一些远离意识形态的个别技术哲学理论所受影响仍然相对较小，事实本身也正是如此。俄罗斯技术哲学发展史证明了上述规律，其示意图如图 5.3 所示。

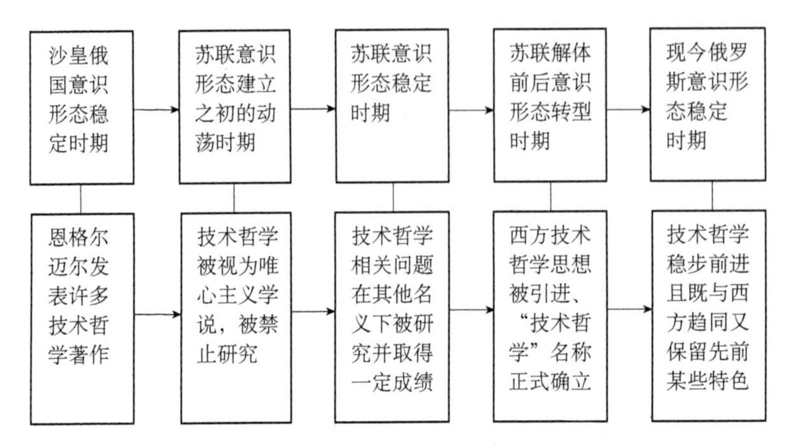

图 5.3　俄罗斯技术哲学随意识形态的变化图

在第一个阶段即沙皇俄国时期，意识形态处于相对稳定时期，这时候技术哲学发展在不违背当时意识形态的前提下，获得了自由发展。此时其工程技术哲学研究处于世界领先水平。特别是，作为工程学技术哲学创始人之一的恩格尔迈尔在国内外运用多种语言发表了许多技术哲学著作，也正是由于这个原因，国内外技术哲学界尤其重视俄罗斯技术哲学的发展历史。

在第二个阶段即苏联意识形态建立之初的动荡时期，为了巩固和强化新建立的意识形态和国家政权，苏联领导人采取极端形式对与社会主义意识形态相对立的人物、事件及理论进行全面封杀。正是在这种背景下，技术哲学被视为唯心主义学说，从而被禁止研究。可以说，这一时期苏联学术研究受到极大的干扰和破坏，技术哲学研究也因此受到极大阻挠，技术哲学相关问题的研究几乎停滞。

在第三个阶段即苏联意识形态稳定时期，当原有的对当时意识形态造成威胁的技术哲学理论及相关人物被驱逐甚至被迫害后，技术哲学的相关问题在其他名义下被研究，并取得一定成绩。值得注意的是，这一时期取得成绩的技术哲学领域几乎都是那些与纯科学和纯技术相关而与意识形态关系较为疏远的研究领域。

在第四个阶段即在苏联解体前后意识形态转型时期，原有对于技术哲学的压制逐渐被解除，此时技术哲学发生巨大变化：先是苏联后期西方技术哲学思想被引进（尽管此时引进的目的主要是批判）；然后 1990 年 9 月“技术哲学”名称在苏联正式确立；1991 年苏联解体后，西方著名技术哲学思想被大量引进，而且此时引进不再是对其不加分析地批判，而是以学习为主，其目的是填补俄罗斯国内技术哲学相关研究的空白。

在第五个阶段即俄罗斯意识形态稳定时期，俄罗斯技术哲学研究逐渐步入正轨：1996 年《科学技术哲学》出版；《技术哲学：历史与现实》是第一本全面介绍和研究本国技术哲学的学术专著。可以说，此时俄罗斯技术哲学研究主要以与西方趋同融合为主，但是它仍然保留先前时期的一些研究特色（如技术系统论、技术科学的方法论和认识论等问题）。如今俄罗斯技术哲学已褪去意识形态的外衣，逐渐走向成熟。

其实，上述意识形态与技术哲学之间的关系，可以形象地用自组织理论来描述：在社会常规发展、意识形态相对稳定时期，技术哲学主要受科学、技术、生产的影响，具有相对价值中立的特征。如果把科学、技术、生产影响下的技术哲学的发展状态看成是平衡态，那么意识形态对技术哲学的影响就是平衡态中的微扰，而由意识形态所决定的广义意识形态中个别方面的调整就是平衡态中微扰的涨落和起伏。正像自组织理论指出的那样，涨落和起伏可能会因周围条件的变化而发生非线性的变化，当它的变化超过一定临界点的时候，平衡态就会被破坏，那么系统便会进入非平衡状态。类似地，当由于广义意识形态中其他因素的作用（主要是政治因素的作用）而引发社会转型时，即原有主流意识形态被放弃，并被其他新的意识形态取代时，新的主流意识形态就会使技术哲学的发展偏离原来的方向，进入一个全新的、与以往有着重大差别的发展道路上来，此时技术哲学则具有了鲜明的价值取向性。

综上所述，在社会常规发展时期，技术哲学在由意识形态规定其宏观发展方向的同时主要受科学、技术和生产的影响，因而表现出相对独立和价值中立的特点；而在社会转型时期，意识形态影响作用被扩大，成为主导力量，使技术哲学明显具有了价值取向性；但是，随着意识形态和社会的发展趋于稳定，科学、技术和生产对技术哲学的决定作用又将占据上风，使技术哲学的发展又回到原来主要受科学、技术、生产决定的常规道路上来。因此我们说，技术哲学具有部分价值取向性的特征[①]。

---

① 白夜昕. 论技术哲学的意识形态特征——以苏联-俄罗斯技术哲学发展为个案. 自然辩证法研究，2009（1）：63—68.

二、俄罗斯当代技术哲学转向对我国的启示

站在今天的历史高度回顾俄罗斯技术哲学发展的历史，留给我们更多的是反思和启示。这些反思包括：对学术研究与政治的关系的反思，针对社会主义道路和马克思主义哲学的反思，针对技术哲学发展原则的反思，以及针对技术哲学研究方法的反思。

首先，对学术研究与政治的关系的反思。学术研究与政治是两回事，政治既不能取代学术研究，也不应干预学术研究。哲学本应是对自然知识、社会知识和思维知识的概括和总结，但是无论苏联时期还是当今的俄罗斯，哲学研究都被赋予了太多的政治功能，造成了学术研究常常偏离它正常的发展轨道，导致学术研究出现停滞甚至倒退。苏联解体初期，俄罗斯学者对马克思主义的研究中就出现了此种情况，由于不理性的批判，马克思主义哲学（包括技术哲学）在很长的时间内停滞不前。值得一提的是，苏联时期科学技术哲学发展过程中所出现的错误并不是意识形态本身的错误，而是意识形态扩大化和教条化所导致的错误，与此相联系的结论就是：学术研究和政治是两回事，我们不能将学术问题等同于政治问题。

其次，针对社会主义道路和马克思主义哲学的反思。俄罗斯哲学与苏联时期相比发生重要改变，但是这种变化并没有使俄罗斯摆脱当前社会面临的种种困境，这与俄罗斯当下缺少对苏联时期社会主义道路和马克思主义哲学的反思和清算有关。

苏联-俄罗斯的问题不在于选择了社会主义道路，而在于以什么样的方式走社会主义道路。我国学者安启念就曾指出：弗罗洛夫等苏联马克思主义哲学家以及戈尔巴乔夫的错误，在于他们无视客观条件的制约，使社会主义由科学变为空想。这样的思想不仅不符合马克思主义，而且无视苏联的社会实际，用它指导改革，不可能不出乱子。① 由此可见，苏联解体后哲学家把自己关在书房里，成果虽多，但是既不反思历史，也不关注现实——既没有反思苏联哲学和苏联改革在苏联解体过程中的作用，也不重视社会需求（没有关注俄罗斯社会

① 安启念. 从苏联解体看苏联马克思主义哲学发展中的一个重要教训. 理论视野，2010（7）：16.

当下的迫切问题，没有解决与全球化相关的各种现实问题），因此遭到冷落甚至是批评。可以说，苏联解体总的根源在于政治的失败，在苏联整个发展过程中，政治集团由于没有平衡好自己所处的经济、文化、科技、社会等大环境而做出误判，苏联解体主要源自苏联政治的“自不量力”，而不是科学、技术、哲学或者文化方面的问题。

苏联-俄罗斯的问题不在于选择了马克思主义哲学，而在于如何运用马克思主义哲学。苏联-俄罗斯对马克思主义哲学的运用有两个极端：一种是苏联时期，特别是苏联早期，马克思主义哲学成为一切工作的指导方针，一切与其相悖就会遭到批判；另一种是苏联解体之初，学者对马克思主义哲学“一边倒”式的批评。事实上，对待马克思主义不应一味批判，而应当客观评价和不断发展完善。当前俄罗斯在此方面做得最好的哲学家是奥伊则尔曼，他不但指出了马克思主义哲学存在的问题，而且还在不断丰富和完善马克思主义哲学——尽管马克思主义哲学在俄罗斯已经不是主流。此外，还应注意的是，马克思主义哲学毕竟属于外来文化，而且其产生的时代背景与今天相比差异巨大，因此在运用马克思主义哲学时，应当对其进行本土化的改造。在改造的过程中，尤其要兼顾本民族文化，适应本国的具体国情，这样改造的马克思主义道路才能走得长远且坚定。但是令人遗憾的是，如今俄罗斯马克思主义哲学的地位今非昔比，相对于苏联时期，俄罗斯马克思主义哲学已被边缘化。不仅如此，哲学的地位也不可同日而语。而事实上，哲学虽然不能立竿见影地解决社会现实问题，但它扮演的是更深层的指挥者的角色。它可以作为指导思想，为社会的发展提供精神引领，起认识论指针的作用。与此相联系，哲学家应在精神领域、意识形态领域中起引领作用，而不是完全让位给具体领域的专家。哲学的地位和哲学家的作用不应被忽视！

苏联-俄罗斯的问题不在于提出了人道主义，而在于怎样发展和完善人道主义。当今俄罗斯人在反思苏联解体时，常常会将解体原因归结为人道主义思想的提出及其在“新思维”中所起的重要作用。安启念指出：也有人认为，回避弗罗洛夫和全球性问题研究与给俄罗斯带来灾难的戈尔巴乔夫改革有关。弗罗洛夫的思想和全球性问题研究是戈尔巴乔夫改革的重要理论基础，在苏联解体后成为哲学界不愿触碰的伤疤。[①] 应当说，这一评价不无道理。弗罗洛夫人道

---

① 安启念. 俄罗斯哲学界关于苏联哲学的激烈争论. 哲学动态，2015（5）：49.

主义思想及其在苏联和俄罗斯所起的作用，确实值得人们认真研究和深刻反思。苏联时期和现在俄罗斯的主要问题不在于其过度发展科学技术，而在于在科学技术飞速发展过程中对人的问题估计不足，虽然以弗罗洛夫为首的学者一再倡导“人道主义”，但在具体落实时却往往落于空处或者太过重视抽象的口号宣传。事实上，人道主义首先应当是实践的哲学，反映在技术哲学中更是如此。“人们是在用自己的技术和客体自身的改变来改变自己，这些客体一方面是人制造的，另一方面作为客观现实，在人自身的世界中经常显现出来。在新的技术要求到来之前，更准确地说，是在新的工艺需求到来之前，恰恰要求哲学家在这个方向上，特别是在人道的名义下做相当多的工作……这意味着，人文的和人道的哲学应当成为实践的哲学。”①

再次，针对技术哲学发展原则的反思。俄罗斯当代技术哲学转向提示我们在技术哲学发展过程中要注意三个结合：技术哲学与社会现实相结合、科学主义与人道主义相结合、技术哲学发展民族化与国际化相结合。

一是技术哲学要与社会现实相结合。俄罗斯当代技术哲学的转向表明，技术哲学要回应现实问题，苏联时期包括解体后的俄罗斯都始终注重发展机器大工业，重视工业在航空、航天、军事及重工业领域的应用，这一方面使得其综合国力大大提高，提升其在国际上的地位；但另一方面忽视轻工业和农业的发展，也导致了苏联和俄罗斯社会经济增长缓慢，人民生活质量不高，人民对政府的满意率低等一系列问题，苏联解体与此不无关系。同时，俄罗斯当前面临的困境也与此密切相关。事实上在技术发展过程中，与技术关系最密切的应当是社会需求、科学、生产和人们的日常生活四方面要素，相应地，技术哲学的发展也应当将科学、技术、生产、经济、生态、社会生活这些要素作为自己关注的主要方面，如果偏离这一轨道，就应当及时调整和修正。此外，技术哲学对于上述因素也具有重要的反作用——技术哲学应当帮助国家解决政治、经济、文化和社会生活中面临的种种难题，而不应当成为政治斗争和阶级斗争的辩护工具。通过分析苏联及俄罗斯发展过程的功过得失，我们应当看到技术哲学应当对国家科学技术发展和社会经济发展起重要的指导作用，因而它的功能不仅是后验的解释功能，更应当是先验的引导和预见功能。

---

① Ленк Х. О значении философских идей В. С. Стёпина. Вопросы философии，2009（9）：11.

二是科学主义要与人道主义相结合。无论是苏联时期，还是当今俄罗斯，技术哲学都没有将科学主义与人道主义有机结合起来发挥作用。苏联早期的技术哲学侧重工程技术传统，对技术的社会后果和人文方面关注不足，安启念曾指出：马克思主义哲学内部的理论对立与队伍分裂对苏联哲学造成极大伤害。首先从理论上看，苏联的哲学家，尤其是官方哲学家，陶醉于虚假的统一与繁荣之中，没有为自己提出理论创新的任务，没有建立起把马克思恩格斯哲学思想中科学理性与人道主义这两个看似相互排斥的方面统一起来的新理论，使苏联的马克思主义哲学基本上停留在20世纪30年代的水平上，远远落在了现实生活的后面。其次，由于哲学理论脱离人们的实际需要，回避现实问题，所以苏联官方虽然竭尽全力宣传辩证唯物主义、历史唯物主义，但这一理论日益成为教条，失去感染力、号召力。[①] 而苏联后期，特别是苏联解体后俄罗斯技术哲学才更多关注人的问题，但是学者对技术哲学与社会生活和社会生产关系研究不足，使得技术哲学缺少对俄罗斯当下现实问题的关注，因而不能引领日常生活和经济社会的发展。可以说，科学主义与人道主义相结合，应当是俄罗斯当前技术哲学发展的首要原则。

三是技术哲学发展要注意民族化与国际化相结合。当前俄罗斯技术哲学发展呈现出民族化和国际化相结合的发展走向，这是其技术哲学转向过程中呈现出的进步倾向。一方面，技术哲学要有本国特色，要贴合本国的实际，不要完全同质化。俄罗斯哲学的民族化，不仅包括对传统俄罗斯思想（如俄罗斯东正教哲学）的继承，还包括对苏联时期马克思主义哲学的完善和改造，使其本土化、使其适应俄罗斯本国国情。苏联时期，马克思主义哲学没有依据苏联自己的国情创新发展马克思主义理论，这是一个重大过失，而中国特色的社会主义理论则是我国具体国情与马克思主义相结合的典范。另一方面，技术哲学还应当国际化，任何一个国家的技术哲学研究，都不应脱离和回避世界技术哲学的主流思潮，空谈自己的学术。技术哲学研究一方面要有自己本国的特色，另一方面也要参与世界范围内的交流与对话，这就是要将引进与创新结合起来，要尽可能在运用共同专业术语的基础上论述自己的特色理论。

最后，针对技术哲学研究方法的反思。在俄罗斯当代技术哲学转向过程

---

① 安启念. 从苏联解体看苏联马克思主义哲学发展中的一个重要教训. 理论视野，2010（7）：17.

中，学者在技术哲学研究方法方面留下了宝贵的经验与教训：一是要侧重整体性的研究，二是要加强不同领域专家的合作与联盟，三是要加强对马克思主义经典著作的研读，并结合本国实际情况进行理论创新。这些方法对于我国技术哲学研究具有重要启示。

其一，技术哲学应侧重整体性的研究。与西方技术哲学强调局部和个性不同，苏联-俄罗斯技术哲学一直侧重整体性的思维方式。在运用整体性思维的过程中，俄罗斯学者既关注内史也关注外史：他们一方面重视从科学技术自身发展的逻辑去研究科技发展规律，另一方面也重视在社会大系统下研究科学技术与政治、经济、文化和社会要素的关系。例如，俄罗斯学者认为技术科学的产生有外史和内史两方面因素。从外史方面看，人们的生活、生产（特别是机器生产）为技术科学的产生和发展提供研究课题，并决定技术科学的发展方向。从内史方面看，技术科学是技术知识的系统化、逻辑化的结果。因此技术哲学研究既不能仅关注内史，也不能仅关注外史，而应将两者结合起来。

整体性还意味着要将社会科学、自然科学和技术科学作为整体来研究，弗罗洛夫曾指出：这里我们应当指出的基本的和主要的东西是，保证能对当代科学的整体化过程，对社会科学、自然科学和技术科学的相互作用，作出分析。[①] 弗罗洛夫还指出：人的知识的整体化和系统化，是全俄跨部门人学中心和人研究所的主导方向，其目的是建立统一的人学和跨学科的人学研究组织。中心和研究所的科学纲领，集中于综合研究人的自然生物问题、社会文化问题和伦理人道主义问题及其相互联系和相互作用。[②] 著名学者斯焦宾也认为，马克思主义是从整体上研究世界的，不像西方只是从技术、宗教、文化等某个方面进行研究，缺乏整体性。整体性是马克思主义最突出的优点。当前俄罗斯技术哲学界仍关注的技术哲学难题就包括如何将技术哲学的成果整体化。其实，不仅仅技术哲学呈现出整体性的思维方式，在哲学和文化领域也是如此，俄罗斯哲学家叶尔米切夫（А. А. Ермичев）认为俄罗斯哲学是一个整体，不应夸大十月革命造成的裂隙，他指出："苏联时期和前苏联时期都属于俄罗斯历史，在这个意义上它们是同一个东西，存在于既不能混同又不能割裂的统一之中。俄罗斯哲

① 弗罗洛夫. 哲学和科学伦理学：结论与前景. 舒白译. 哲学译丛，1996（Z3）：32—33.
② 弗罗洛夫. 哲学和科学伦理学：结论与前景. 舒白译. 哲学译丛，1996（Z3）：33—34.

学和苏联哲学的关系也是如此……不论是国内战争，还是斯大林的极权主义，都不能妨碍我们承认这种社会文化的整体性。”① 这种观点表明，当今俄罗斯哲学、苏联时期的哲学和沙皇俄国时期的哲学三者是密不可分、一脉相承的统一整体。

其二，技术哲学要加强不同领域专家的合作与联盟。俄罗斯人的整体性的思维方式导致了在实际的研究中他们经常主张建立不同领域专家的联盟，以实现在科学技术哲学研究中的跨学科的合作，这对于我国技术哲学来说值得借鉴。如前所述，弗罗洛夫指出科学技术发展是整体化的过程，要对社会科学、自然科学和技术科学的相互作用作出分析，这就要求不同领域的专家学者进行合作，形成“联盟”。而且，这种联盟有时甚至是国际性的，因为“科学技术革命的一系列后果，远远超出了国家甚至陆地的范围，从而要求许多国家共同努力、进行国际协调，例如，同环境污染作斗争，利用宇宙通信卫星，开发世界海洋资源等等。”② 因而，技术哲学的发展不只是工程师的责任，它需要全社会的参与和合作。在此方面，我国技术哲学也有很长的路要走。

其三，技术哲学要加强对马克思主义经典著作的研读，并结合自己实际进行理论创新。苏联最终解体和当今俄罗斯未能重振雄风的重要原因就在于，没能从马克思、恩格斯的经典著作中将其中所蕴含的人道主义思想与辩证唯物主义、历史唯物主义加以整合，进行理论创新。正如我国学者安启念指出的：当现实生活发出呼吁人道主义的声音时，苏联哲学家有两件事情必须要做：第一是重新阅读、理解、整理马克思恩格斯的哲学著作，从中发掘和梳理出研究回答人道主义问题凸显这一社会生活新变化所必需的思想资源；第二是把这些资源与原有的辩证唯物主义、历史唯物主义加以整合，创建出新的能够适应当前现实生活需要的马克思主义哲学理论来。理论创新是生活实践向他们提出的任务，遗憾的是，苏联哲学家们没有完成，甚至都没有提出这一历史性任务。不能提出和完成这一任务，直接的后果是不能建立统一的马克思主义哲学并由此

① Конференция - “круглый стол” “Философия России первой половины XX века”. Вопросы философии，2014（7）：21.

② Гвишиани Д М, Микулинский С. Р. Научно-техническая революция. http: //cultinfo.ru/fulltext/1/001/008/080/448.html [2004-8-23].

导致苏联马克思主义哲学队伍的分裂。[①] 其实，这个任务对于当今俄罗斯哲学界来说仍然具有迫切性，当今俄罗斯哲学界仍需要将其传统哲学优势（包括马克思主义哲学曾经取得的成绩）与人道主义思想相结合，提升其哲学（也包括技术哲学）的指导能力，以解决俄罗斯社会当前面临的现实难题。

总之，俄罗斯当代技术哲学发生转向一方面为我国技术哲学研究提供了可供对比的典型样本；同时，在分析俄罗斯技术哲学发展道路的过程中，我们能够看到苏联解体后我国学者针对俄罗斯技术哲学研究的起伏变化，对这一现象的深刻反思，可以为我国学者从事技术哲学研究提供重要启示。

第一，对苏联-俄罗斯技术哲学的研究要有一贯性，学者要肯于和勇于坐“冷板凳”。我们学者对苏联哲学尤其是自然科学哲学问题的研究有着悠久的历史。早期可以上溯到贾泽林、龚育之等人的工作，到了20世纪80年代又出现新的一批研究苏联哲学问题的专家，如孙慕天、安启念、柳树滋等，他们在苏联科学哲学问题的研究中取得了丰硕的成果。但是随着苏联的解体，情形发生重要变化。苏联解体之初，我国学者对苏联-俄罗斯哲学的研究走向低谷，对科学哲学和技术哲学更是如此。直到后来随着俄罗斯政局的稳定，对苏联-俄罗斯问题的研究才逐渐“升温”，如今国内学者加大对俄罗斯哲学问题的研究，但是更多关注的是其传统的宗教哲学，对科学哲学和技术哲学的关注仍显不足。事实上，对于苏联-俄罗斯技术哲学研究，不应随着苏联解体而发生由“热”到“冷”的变化，学者从事学术研究不应跟风，而应当保持一贯性，要勇于和肯于坐“冷板凳”。特别是，苏联解体并不意味着苏联-俄罗斯历史的重要性也随之丧失，更不意味着俄罗斯哲学和俄罗斯技术哲学的终结。从苏联到俄罗斯，从社会主义到资本主义，从一元论到多元论，这种变化更有利于我们分析苏联-俄罗斯技术哲学的独特性，有利于我们揭示意识形态与技术哲学的关系，有利于我们把握苏联马克思主义技术哲学的发展走向和最终出路，为我国技术哲学的发展提供借鉴与启示。

第二，要拓宽我国技术哲学研究成果的输出渠道，向外推介具有中国特色的技术哲学研究成果。沙皇俄国时期，以恩格尔迈尔为首创立了工程技术传统的技术哲学；苏联时期，因意识形态扩大化，苏联技术哲学形成独具特色的研

① 安启念. 从苏联解体看苏联马克思主义哲学发展中的一个重要教训. 理论视野，2010（7）：16—17.

究纲领；如今，俄罗斯技术哲学相对于苏联时期发生重要转向，确立了自由开放的学术氛围，而且与世界技术哲学充分接轨，在人与自然关系、技术与文化关系、技术科学方法论和技术评估等方面取得了重要成绩。但是，苏联-俄罗斯技术哲学研究成果在对外传播方面较为滞后。原因正如高罗霍夫指出的：有些主导的俄语杂志固执地不肯进入世界索引目录和数据库系统，而且经常不能正确地用英语给出作者的姓名和摘要，或者在将作者名字译成英语时经常是不同的，这些都影响到苏联-俄罗斯技术哲学研究成果的对外交流和推广。这种情况对于我国技术哲学成果的对外传播也具有重要启示，我国学者在对外交流过程中只有充分推介我国最新技术哲学成果，才能在平等的基础上参与世界技术哲学界的交流和对话。为了实现这一目标，我们要改变过去被动引介和翻译国外学者论著的方式，由传统的引入为主，转向互动交流。在此过程中，我们可以尝试如下方式，例如，用外文发表论文，参加或组织召开世界性的学术会议（如国际哲学与技术学会大会[①]），努力促成我国技术哲学研究成果进入世界索引数据库，邀请外国学者来华访问，等等，以实现我国技术哲学研究成果的对外交流、输出和推广。

第三，对技术哲学研究应从引进转入原创。我国技术哲学研究早期以引进西方技术哲学为主，这主要体现在早期技术哲学专业硕士和博士学位论文上。当时学位论文的选题，主要以研究外国哲学家的技术哲学思想居多，之后出版了大量学术专著。早期之所以会出现以翻译为主的现象，原因主要在于技术哲学最早发端于德国，1877 年卡普出版《技术哲学纲要》标志着技术哲学的诞生，之后又出现了俄国技术哲学家恩格尔迈尔、美国哲学家米切姆、德国技术哲学家拉普等人。正是由于技术哲学发端兴起于外国，而我国技术哲学研究起步较晚，因此在早期翻译和研究外国技术哲学家的论著既是必要的，也是必需的。

如今，我国技术哲学应当从引入转向原创。一方面，我国改革开放四十余年，建国七十余年，建党一百余年，在我国社会主义现代化建设过程中，我们积累了丰富而又宝贵的成功经验，已经到了可以进行哲学反思的重要阶段。不

① 2015 年，“第 19 届国际技术哲学会议”在中国沈阳东北大学举行，此次会议的主题是“技术与创新”，反映了国际技术哲学新近的研究成果。

仅如此，技术哲学本身具有方法论功能，对技术所进行的正确的哲学反思不仅可以指导我国新时代社会主义实践，也能为世界社会主义的发展探索新道路。特别是，苏联解体后中国技术哲学成为世界范围内为数不多的以马克思主义理论为指导，并且具有鲜明中国特色的技术哲学派别。正如黄欣荣指出的，我国著名技术哲学家陈昌曙不但初步构建了中国技术哲学的研究纲领，而且还建立了独具特色的中国技术哲学的东北学派。1982 年，陈昌曙在东北工学院（现东北大学）成立了全国第一个以技术哲学为研究方向的技术与社会研究所，这个研究所的成立标志着中国技术哲学开始走向建制化。[①] 在此应当强调的是，与中国改革开放和现代化建设紧密联系，是中国技术哲学原创研究的总特征。因此，我们既要坚守马克思主义技术哲学的研究方向，又要结合中国特色社会主义现代化建设的实际，来丰富发展我国的技术哲学，努力形成在世界上具有重要影响力的马克思主义技术哲学流派，为世界技术哲学的发展贡献中国力量！

① 黄欣荣，王英. 陈昌曙与中国技术哲学. 东北大学学报（社会科学版），2004（6）：400.

参考文献

安启念. 东方国家的社会跳跃与文化滞后：俄罗斯文化与列宁主义问题. 北京：中国人民大学出版社，1994.

安启念. 从苏联解体看苏联马克思主义哲学发展中的一个重要教训. 理论视野，2010（7）：14—17.

安启念. 当代学者视野中的马克思主义哲学：俄罗斯学者卷. 2版. 北京：北京师范大学出版社，2012.

安启念. 从奥伊泽尔曼看后苏联时期俄罗斯哲学. 俄罗斯研究，2013（6）：130—146.

安启念. 俄罗斯哲学界关于苏联哲学的激烈争论. 哲学动态，2015（5）：43—49.

白夜昕. 论技术哲学的意识形态特征——以苏联-俄罗斯技术哲学发展为个案. 自然辩证法研究，2009（1）：63—68.

白夜昕. 苏联技术哲学研究纲领探究. 沈阳：东北大学出版社，2009.

白夜昕. 前苏联技术哲学初探. 自然辩证法研究，2005（4）：91—94.

白夜昕. 前苏联科学技术哲学中的人道主义问题研究. 自然辩证法研究，2010（2）：89—93.

白夜昕. 俄罗斯技术哲学的民族化与国际化趋向及启示. 学习与探索，2020（3）：16—22.

白夜昕，陈凡. 苏联-俄罗斯科技哲学价值论思潮研究. 科学技术与辩证法，2005（6）：81—83.

白夜昕，姜立红. 前苏联技术科学哲学问题研究. 东北大学学报（社会科学版），2008（1）：7—10.

白夜昕，李金辉. 俄罗斯新自然哲学的兴起. 自然辩证法通讯，2004（1）：95—98，112.

白夜昕，李艳梅. 苏联时期的技术统治论与反技术统治论批判. 自然辩证法研究，2008（11）：42—46.

别尔嘉耶夫. 俄罗斯思想：十九世纪末至二十世纪初俄罗斯思想的主要问题. 雷永生，邱守娟译. 北京：生活·读书·新知三联书店，1995.

别尔嘉耶夫. 别尔嘉耶夫集. 汪建钊编选，上海：上海远东出版社，1999.

别尔嘉耶夫. 末世论形而上学：创造与客体化. 张百春译. 北京：中国城市出版社，2003.

陈昌曙. 陈昌曙技术哲学文集. 沈阳：东北大学出版社，2002.

陈昌曙. 技术哲学引论. 北京：科学出版社，1999.
陈凡. 技术社会化引论：一种对技术的社会学研究. 北京：中国人民大学出版社，1995.
陈凡，张明国. 解析技术："技术—社会—文化"的互动. 福州：福建出版社，2002.
弗罗洛夫. 辩证世界观和现代自然科学方法论. 孙慕天，李成果，张景环，等译. 哈尔滨：黑龙江人民出版社，1990.
弗罗洛夫. 人的前景. 王思斌，潘信之译. 北京：中国社会科学出版社，1989.
弗罗洛夫. 哲学导论. 贾泽林，等译，北京：北京师范大学出版社，2011.
龚育之，柳树滋. 历史的足迹：苏联自然科学领域哲学争论的历史资料. 哈尔滨：黑龙江人民出版社，1990.
韩全会. 浅谈俄苏时期的政教关系. 俄罗斯研究，2004（3）：56—59.
霍克海默. 批判理论. 李小兵，等译，重庆：重庆出版社，1989.
贾泽林，等. 二十世纪九十年代的俄罗斯哲学. 北京：商务印书馆，2008.
贾泽林，周国平，王克千，等. 苏联当代哲学（1945—1982）. 北京：人民出版社，1986.
拉普. 技术哲学导论. 刘武，康荣平，吴明泰译. 沈阳：辽宁科学技术出版社，1986.
雷日科夫. 大国悲剧：苏联解体的前因后果. 徐昌翰，等译. 北京：新华出版社，2010.
洛斯基. 俄国哲学史. 贾泽林，等译，杭州：浙江人民出版社，1999.
米切姆. 技术哲学概论. 殷登祥，曹南燕，等译，天津：天津科学技术出版社，1999.
普鲁日宁，谢德琳娜. 认识论与俄罗斯哲学. 张百春译. 合肥：安徽大学出版社，2017.
舍梅涅夫. 哲学和技术科学. 张斌译. 北京：中国人民大学出版社，1989.
孙慕天. 跋涉的理性. 北京：科学出版社，2006.
孙慕天. 边缘上的求索. 哈尔滨：黑龙江人民出版社，2009.
孙慕天. 面向科技革命的超级大国——苏联//黄顺基，李庆臻. 大杠杆：震撼社会的新技术革命. 济南：山东大学出版社，1985.
索洛维约夫，等. 俄罗斯思想. 贾泽林，李树柏译. 杭州：浙江人民出版社，2000.
万长松. 从工具主义到人本主义——俄罗斯技术哲学 100 年发展轨迹回溯. 自然辩证法研究，2016（5）：89—94.
万长松. 俄罗斯技术哲学研究. 沈阳：东北大学出版社，2004.
万长松. 俄罗斯科学技术哲学的范式转换研究. 自然辩证法研究，2015（8）：90—95.
万长松. 歧路中的探求：当代俄罗斯科学技术哲学研究. 北京：科学出版社，2017.
徐凤林. 俄国哲学. 北京：商务印书馆，2013.
徐凤林. 俄罗斯宗教哲学. 北京：北京大学出版社，2006.
张明雯. 俄罗斯和苏联科学哲学与科学史研究. 哈尔滨：黑龙江人民出版社，2009.
Алексеева И Ю, Аршинов В И, Чеклецов В В. "Технолюди" против "постлюдей": НБИКС-революция и будущее человека. Вопросы философии，2013（3）：12—21.
Асеева И А, Пирожкова С В. Прогностические подходы и этические основания

техносоциальной экспертизы. Вопросы философии，2015（12）：65—76.

Ащеулова Н А, Ломовицкая В М. Двадцать лет Международной школе социологии науки и техники. Вопросы истории естествознания и техники，2012（2）：187—192.

Бердяев Н А. Человек и машина (Проблема социологии и метафизики техники). Вопросы философии，1989（2）：147—162.

Бехманн Г, Горохов В Г. Социально-философские и методологические проблемы обращения с технологическими рисками в современном обществе. Вопросы философии，2012（7）：120—132.

Бехманн Г, Горохов В Г. Социально-философские и методологические проблемы обращения с технологическими рисками в современном обществе. Вопросы философии，2012（8）：127—136.

Блюменберг Х. Жизненный мир и технизация с точки зрения феноменологии. Вопросы философии，1993（10）：69—92.

Боголюбов А Н. Математика и технические науки. Вопросы философии，1980（10）：81—91.

Борисов В П, Илизаров С С. Отечественная историография истории науки и техники. Вопросы истории естествознания и техники，2013（4）：148—151.

Войскунский А Е, Селисская М А. Система реальностей: психология и технология. Вопросы философии，2005（11）：119—130.

Воронин А А. Техника как коммуникационная стратегия. Вопросы философии，1997（5）：96—105.

Воронин А А. Периодизация истории и проблема определения техники. Вопросы философии，2001（8）：17—28.

Воронин А А. Социальные последствия техники. Философские исследования，2003（2）：186—196.

Воронин А А. Техника и мораль. Вопросы философии，2004（10）：93—101.

Гезалов А А. Глобализация и мировоззрение. Вопросы философии，2012（7）：167—169.

Гивишвили Г В. Принцип дополнительности и эволюция природы. Вопросы философии，1997（4）：72—85.

Гирусов Э В. Глобальные проблемы современности в их системном единстве и развитии. Философские науки，2012（12）：18—24.

Горохов В Г. Структура и функционирование теории в технической науке. Вопросы философии，1979（6）：90—101.

Горохов В Г. Знать, чтобы делать: История инженерной профессии и её роль в современной культуре. М.: Знание，1987.

Горохов В Г. Междисциплинарные исследования научно-технического развития и инновационная политика. Вопросы философии，2006（4）：80—96.

Горохов В Г. Наноэтика: значение научной, технической и хозяйственной этики в современном обществе. Вопросы философии，2008（10）：33—49.

Горохов В Г. Трансформация понятия “машина” в нанотехнологии. Вопросы философии，2009（9）：97—115.

Горохов В Г. Как возможны наука и научное образование в эпоху “академического капитализма”. Вопросы философии，2010（12）：3—14.

Горохов В Г. Жизнь в условиях технологических рисков. Философские науки，2012（2）：82—86.

Горохов В Г. Новый тренд в философии техники. Вопросы философии，2014（1）：178—183.

Горохов В Г. Историческая эпистемология науки и техники (По материалам некоторых зарубежных изданий). Вопросы философии，2014（11）：63—68.

Горохов В Г, Розин В М. К вопросу о специфике технических наук в системе научного знания. Вопросы философии，1978（9）：72—82.

Горохов В Г, Розин В М. Философско-методологические исследования технических наук. Вопросы философии，1981（10）：172—179.

Горохов В Г, Сидоренко А С. Роль фундаментальных исследований в развитии новейших технологий. Вопросы философии，2009（3）：67—76.

Грехнев В С. Научно-технический прогресс и человеческий фактор. Вестник Московского университета. Серия 7, философия，1986（4）：41—48.

Гриффен Л А. Возможна ли объективная периодизация истории техники: попытка критического анализа. Вопросы истории естествознания и техники，2013（2）：15—33.

Гусейнов О М. Научно-технический прогресс и моральные отношения людей в быту. Философские науки，1985（4）：136—139.

Деменчонок Э В. Современная Технократическая Идеология в США. М.：Наука，1984.

Деменчонок Э В. «Новый» технократизм: теория и метод. Философские науки，1987（6）：84—93.

Домбинская М Г. Высшее техничесое образование: история, тенденции развития. Философские исследования，2000（2）：142—148.

Дряхлов Н И. К вопросу об определении техники и о некоторых закономерностях её развития. Вестник Московского университета. Серия 7, философия，1966（4）：51—62.

Дудкина И А. Инженерная этика. Рж. Общественные науки в СССР，1983（1）：86—88.

Емелин В А, Тхостов А Ш. Технологические соблазны информационного общества: предел внешних расширений человека. Вопросы философии，2010（5）：84—90.

Иванов Б И, Кугель С А, Мишин М И. Актуальные проблемы науки и техники. Вопросы философии，1978（10）：153—157.

Калинин В П, Фомичев А Н. Диалектика интеграции общественных естественных и технических наук. Вопросы философии，1982（1）：150—152.

Касавин И Т. Мегапроекты и глобальные проекты: наука между утопией и технократией. Вопросы философии，2015（9）：40—56.

Кассирер Э. Техника современных политических мифов. Вестник Московского университета. Серия 7, философия，1990（2）：58—69.

Кедров Б М. Научно-техническая революция и проблемы гуманизма. Природа，1982（3）：2—5.

Кестлер А. Дух в машине. Вопросы философии，1993（10）：93—122.

Клебанов Л Р. Памятники науки и техники как вид культурных ценностей: взгляд юриста. Вопросы истории естествознания и техники，2014（1）：15—27.

Ковальчук М В, Нарайкин О С, Яцишина Е Б. Конвергенция наук и технологий - новый этап научно-технического развития. Вопросы философии，2013（3）：3—11.

Корсаков С. Судьба гуманистических идеалов. Свободная мысль，2000（11）：79—88.

Корсунцев И Г. Глобальные процессы и технологии. Философские исследования，2001（1）：204—210.

Котомина А А. Круглый стол “Культурная история техники”. Вопросы истории естествознания и техники，2013（2）：185—186.

Краг Х. Конструирование вселенной: техника и космология. Вопросы истории естествознания и техники，2008（2）：78—90.

Левикова С И. Место техники в системе ценностей молодежной культуры. Общественные науки и современность，2001（4）：178—188.

Лекторский В А. Идеалы и реальность гуманизма. Вопросы философии，1994（6）：22—28.

Ленк Х. О значении философских идей В. С. Стёпина. Вопросы философии，2009（9）：9—11.

Летов О В. Социальные исследования науки и техники. Вопросы философии，2010（8）：115—124.

Летов О В. Проблема научной объективности: от постпозитивизма к социальным исследованиям науки и техники. Вестник Московского университета. Серия 7，философия，2012（4）：47—59.

Лукашевич В К. Проблемы взаимосвязи общественных，естественных и технических наук. Вопросы философии，1981（11）：162—163.

Мамчур Е А. Фундаментальная наука и современные технологии. Вопросы философии，2011（3）：80—89.

Мамчур Е А, Горохов В Г. Философия науки и техники на XIV Международном конгрессе по логике, методологии и философии науки. Вопросы философии，2012（6）：173—179.

Маслин М А. Русская философия как диалог мировоззрений. Вопросы философии，2013（1）：43—48.

Мелещенко Ю С. Техника и закономерности её развития. Вопросы философии，1965（10）：3—13.

Минина Е В. Научная конференция "История науки и техники в свидетельствах и памятниках". Вопросы истории естествознания и техники，2014（3）：182—187.

Моисеев Н Н. Человек во Вселенной и на Земле (по поводу книги И. Т. Фролова «О человеке и гуманизме»). Вопросы философии，1990（6）：32—45.

Никитаев В В. От философии техники - к философии инженерии. Вопросы философии，2013（3）：68—79.

Никитаев В В. Рождение философии техники из духа магии. Философские науки，2014（7）：66—82.

Ортега-и-гассет Х. Размышления о технике. Вопросы философии，1993（10）：32—68.

Осипов Ю С. Вступительное слово Президента Российской академии наук академика Ю. С. Осипова. Вопросы философии，1995（7）：28—31.

Осипов Н Е. Содержание и методологическая роль категории "социальная технология" в осмыслении целостности общества. Вопросы философии，2011（6）：16—22.

Павленко А Н. Эсхатологический исток современной техники. Человек，2009（6）：31—38.

Павленко А Н. Эсхатологический исток современной техники. Человек，2010（1）：49—57.

Пигров К С. Школа по источникам и движущим силам научно-технического прогресса. Философские науки，1974（6）：151—152.

Пирожков В В. Конвергенция биологических, информационных, нано- и когнитивных технологий: вызов философии (материалы "круглого стола"). Вопросы философии，2012（12）：3—23.

Порус В Н. "Философия техники": обзор проблематики. –Методология и социология техники. Новосибирск：Наука，1990.

Ракитов А И. Пролегомены к идее технологии. Вопросы философии，2011（1）：3—14.

Розин В М. Традиционная современная технология. М.: ИФ РАН，1999.

Розин В М. Техника и социальность. Вопросы философии，2005（5）：95—107.

Розин В М. Понятие и современные концепции техники. М.: ИФ РАН，2006.

Розин В М. Диалог культур в глобализирующемся мире. Вопросы философии，2007（6）：172—175.

Самарская Е М. Социальные ценности и технический прогресс (Историко-философский экскурс). Философские науки，2014（7）：52—65.

Самохвалова В И. Человек и мир: проблема антрапоцентризма. Философские науки，1992（3）：161—167.

Сачков Ю В. Полифункциональность науки. Вопросы философии，1995（11）：47—57.

Смирнов С Н. Некоторые тенденции развития междисциплинарных процессов в современной науке. Вопросы философии，1985（3）：74—84.

Смирнов Э М. Анализ системы «Субъект—техническое средство—объект». Философские науки，1983（1）：24—30.

Смирнова Г Е. Критика буржуазной философии техники. Л.: Лениздат，1976.

Соловьев О Б. Институты знания и технологии власти в современной модели экономического управления. Вопросы философии，2009（8）：17—27.

Стёпин В С. Философия и образы будущего. Вопросы философии，1994（6）：10—21.

Стёпин В С. Российская философия сегодня: проблемы настоящего и оценки прошлого. Вопросы философии，1997（5）：3—14.

Стёпин В С. Философия и эпоха цивилизационных перемен. Вопросы философии，2006（2）：16—26.

Стёпин В С. Приветствие. Вопросы философии，2007（5）：4.

Стёпин В С. Наука и философия. Вопросы философии，2010（8）：58—75.

Стёпин В С. Научная рациональность в техногенной культуре: типы и историческая эволюция. Вопросы философии，2012（5）：18—25.

Тавризян Г М. Буржуазная философия техники и социальные теории. Вопросы философии，1978（6）：147—159.

Тавризян Г М. Проблема преемственности гуманистического идеала человека в условиях современной культуры. Вопросы философии，1983（1）：73—82.

Тавризян Г М. Техника, культура, человек. Критический анализ концепций технического прогресса в буржуазной философии ⅩⅩ века. М.: Наука，1986.

Тессман К. Проблемы научно-технической революции. М.: ИЛ，1963.

Трубицын Д В. Индустриализм как технолого-экономический детерминизм в концепции модернизации: критический анализ. Вопросы философии，2012（3）：59—71.

Федосеев П Н. Социалистический гуманизи: актуальные проблемы теории и практики. Вопросы философии，1988（3）：3—23.

Фролов И Т. Актуальные философские и социальные проблемы науки и техники. Вопросы философии，1983（6）：16—26.

Фролов И Т. Философия и этика науки: итоги и перспективы. Вопросы философии，1995（7）：32—37.

Фролов И Т. Вступительное слово Президента Российского философского общества академика РАН И. Т. Фролова. Вопросы философии，1997（11）：41—45.

Хайдеггер М. Семинар в Ле Торе，1969. Вопросы философии，1993（10）：123—151.

Храпов С А. Техногенный человек: проблемы социокультурной онтологизации. Вопросы философии，2014（9）：66—75.

Черникова И В. Трансдисциплинарные методологии и технологии современной науки. Вопросы философии，2015（4）：26—35.

Чумаков А Н, Королёв А Д, Дахин А В. Философия в современном мире: диалог мировоззрений. Вопросы философии，2013（1）：3—21.

Шеменев Г И. Философия и технические науки. М.：Высшая школа，1979.

俄汉术语对照表

А

антропологизм	人本主义
антропология техники	技术人类学
антропоцентризм	人类中心主义

Г

гуманизм	人道主义

К

конструктивно-техническое знание	设计技术知识
коэволюция	协同进化
культура	文化
культурных универсалий	文化共相
культурология техники	技术文化学

М

методология технических наук	技术科学方法论

Н

натуралистическая онтодогия техники	自然主义技术本体论
натур-философия	自然哲学
Новая идея инженерии	新的工程理念
новая философия природы	新自然哲学

О

онтодогия техники	技术本体论
оценка техники	技术评估

П

постсекуляризм	后世俗主义
практико-методическое знание	实践方法论知识
природа	本性

С

социально-гуманитарные познания	社会人文知识
социально-политический аспект технологий	技术社会-政治学方向
Союз советских социалистических республик，СССР	苏维埃社会主义共和国联盟
сущность	本质

Т

техницизм	技术主义
техническая наука	技术科学
техногенная цивилизация	技术文明
технократизм	技术统治论
технологическое знание	工艺学知识

Ф

философия техники	技术哲学

Ц

цивилизация	文明

Ч

человековедение	人学

俄汉人名对照表

А

Александров И. Г.	阿列克桑德洛夫
Алексеева И. Ю.	阿列克谢耶娃
Алферов Ж. И.	阿尔费罗夫
Аронсон О. В.	阿兰索
Архагельский О. И.	阿尔哈盖里斯基

Б

Банзе Г.	班泽
Басанев В. Л.	巴萨涅夫
Бахтин М. М.	巴赫金
Безродный Л. К.	别兹罗德内
Бердяев Н. А.	别尔嘉耶夫
Берия Л. П.	贝利亚
Богданов А. А.	波格丹诺夫
Боголюбов А. Н.	鲍戈柳波夫
Брежнев Л. И.	勃列日涅夫
Булгаков С. Н.	布尔加科夫
Бухарин Н. И.	布哈林

В

Волков Г. Н.	瓦尔科夫

Вольгаст З. 沃尔加斯特
Вяккерев Ф. Ф. 瓦凯列夫

Г

Гвишиани Д. М. 格维希阿尼
Глазычев В. В. 格拉济切夫
Горбачёв М. С. 戈尔巴乔夫
Горохов В. Г. 高罗霍夫
Гусейнов О. М. 古谢伊诺夫

Д

Достоевский Ф. М. 陀思妥耶夫斯基
Дряхлов Н. И. 德尔雅赫洛夫
Дудкина И. А. 杜德金娜

Е

Ермичев А. А. 叶尔米切夫

З

Зворыкин А. А. 兹沃雷金

И

Иванов Б. И. 伊万诺夫
Ильенков Э. В. 伊里因科夫

К

Кантор К. М. 康托尔
Карпиская Р. С. 卡尔宾斯卡娅
Касавин Л. П. 卡尔萨文
Кедров Б. М. 凯德洛夫
Копнин П. В. 科普宁

Корнилов И.	科尔尼罗夫
Кудрин Б. И.	库德林

Л

Лекторский В. А.	列克托尔斯基
Лисеев И. К.	利谢耶夫
Лосев А. Ф.	洛谢夫
Лосский Вл. Н.	洛斯基
Лосский Н. О.	洛斯基

М

Мамардашвиль М. К.	马马尔达什维里
Марахов В. Г.	马拉霍夫
Марков Б.	马尔科夫
Межуев В. М.	梅茹耶夫
Мелещенко Ю. С.	梅列先科
Микулинский С. Р.	米库林斯基
Митин М. Б.	米丁
Московеченко А. Д.	莫斯科夫钦科

Н

Новик И. Б.	诺维克

О

Огурцов А. П.	奥古尔佐夫
Ойзерман Т. И.	奥伊则尔曼
Осипов Г. В.	奥西波夫

П

Пигров К. С.	比格洛夫
Порус В. Н.	波鲁斯

Прохоров А. М.	普罗霍罗夫

Р

Рожин В. П.	罗任
Розин В. М.	罗津
Розов М. А.	罗佐夫

С

Садовничий В. А.	萨多夫尼奇
Самохвалова В. И.	萨马赫瓦洛夫
Свенцицкий В. П.	斯温兹茨基
Смирнов С. Н.	斯米尔诺夫
Смирнов Э. М.	斯米尔诺夫
Смирнова Г. Е.	斯米尔诺娃
Соловьев Вл. С.	索洛维约夫
Соловьев Э. Ю.	索洛维约夫
Стёпин В. С.	斯焦宾
Струве П. Б.	司徒卢威
Суслов В. Я.	苏斯洛夫

Т

Тавризян Г. М.	塔夫里江
Тессман К.	捷斯曼

Ф

Федосеев П. Н.	费多谢耶夫
Флоренский П. А.	弗洛连斯基
Флоровский Г. В.	弗洛罗夫斯基
Фрак С. Л.	弗兰克
Фролов И. Т.	弗罗洛夫

Х

Хоружий С. С.	霍鲁日

Ч

Черняев А. В.	切尔尼亚耶夫
Чешев В. В.	切舍夫
Чудников М. А.	丘德尼科夫

Ш

Шеменев Г. И.	舍梅涅夫
Шпет Г. Г.	施佩特
Штрёкер Э.	施特列凯尔
Шухардин С. В.	舒哈尔金
Шухова Е.	舒霍娃
Щедровицкий Г. П.	谢德罗维茨基

Э

Энгельмейер П. К.	恩格尔迈尔
Эрн В. Ф.	埃恩

Ю

Юдин Б. Г.	尤金

后　记

本书是我的第二部学术专著，也是我主持的第二个国家社科基金一般项目“俄罗斯当代技术哲学转向问题研究”（12BZX022）的最终研究成果。

从本科生到硕士生再到博士生，经历了由物理学到科学哲学，再到技术哲学的转变。早在1992年在哈尔滨师范大学物理系物理教育专业学习时我就对科学技术史产生好奇心，后来在大学期间上孙玉忠老师的“自然辩证法”必选课开始对科学技术的哲学问题产生浓厚兴趣。1996年大学毕业是我人生的第一次转折，在就业和继续学习这两条路中，我最终选择了后者，跨专业报考了哈尔滨师范大学科学技术哲学专业的硕士研究生，师从我国俄苏科学哲学领域著名专家孙慕天先生。原本以为物理学哲学会成为我硕士期间的研究方向，但因我从初中就开始学习俄语，先生就结合我自然科学出身而又熟悉俄语的特点，建议我研究苏联-俄罗斯自然科学哲学问题，1999年我撰写硕士学位论文《论苏联解体后俄罗斯自然科学哲学的转向》并通过答辩，从此与苏联-俄罗斯科学技术哲学结下了不解之缘。

我人生的第二次转折发生在2003年，在工作的第四个年头，我报考了我国技术哲学研究基地——东北大学科学技术哲学博士点，师从我国技术哲学领域带头人陈凡教授，攻读博士学位期间老师为我选定了苏联技术哲学的研究方向，我的研究方向从硕士期间的俄苏自然科学哲学转向了博士阶段的俄苏技术哲学，从此开启了一片崭新的学术天地，特别是苏联技术哲学经历了极其独特的发展道路，令人为之震撼。2006年我以《前苏联技术哲学研究纲领探究》通过博士学位论文答辩，并从此以俄苏技术哲学作为自己的主要研究方向，延续至今。2008年在我35岁时首次申报国家社科基金一般项目“苏联社会转型背景下技术哲学研究纲领的变化及其意识形态特征研究”并成功获批，课题主要研究苏联时期技术哲学研究纲领的主要内容及特色，并以苏联解体为个案分析意识形态对技术哲学的影响和作用模式。2012 年我再次申报国家社科基金一般项目“俄罗斯当代技术哲学转向问题研究”并成功立项，研究方向由之前的苏联技术哲学开始转向为俄罗斯当代技术哲学，该课题分析了俄罗斯当代技术哲学在指导思想、研究主题、研究视角和价值取向方面发生的重要转向；并进一步分析与此相联系的马克思主义技术哲学的变化，总结转向背后的深层社会原因，揭示俄罗斯当代技术哲学与苏联时期技术哲学的批判继承关系，以及俄罗斯技术哲学与西方技术哲学的对立趋同关系，并在此基础上反思俄罗斯当代技术哲学转向为中国技术哲学发展提供的教训与启示。2019 年在第二个国家社科基金项目结项后，我立即申报了 2019 年国家社科基金年度项目，课题名称为“中俄技术哲学比较及其当代价值研究”，最终获批为 2019 年国家社科基金一般项目，从而使我在俄罗斯技术哲学研究方向形成了“三部曲”：从研究苏联技术哲学到研究俄罗斯当代技术哲学转向，再到对中俄技术哲学进行比较研究。

俄苏科学技术哲学是学术圈内独特的研究领域，是“冷”学问。正是由于身处边疆省份，且研究的又是“冷”学问，因此一路走来极其不易。在此，要感谢太多太多的人。

首先要感谢我的硕士导师孙慕天先生。此刻随着手指轻敲键盘，泪水不断滑落模糊了双眼。2019年4月5日清明凌晨，先生因突发心脏病仙逝。先生走得突然，至今我仍难以接受他离开的事实。先生于20世纪70年代末在哈尔滨师范大学创立全国第一个研究苏联自然科学哲学问题的学术机构，并在1984年开始招收硕士研究生，目前国内俄苏科技哲学很多专业研究人员出自先生门下。先生不但是我国俄苏科技哲学研究的奠基人和领路人，同时也是我国比较科学哲学研究的开创者。感谢先生二十多年前将我引入科学技术哲学的大门，并选定俄苏科技哲学作为我的研究方向……先生恩情永生难忘！我所能做的就是在先生投入毕生心血的俄苏科技哲学领域不断耕耘，努力完成先生未竟的事业。

感谢我的博士导师东北大学的陈凡教授。感谢老师在我 30 岁的时候接收我为他的弟子，并在我试图研究苏联技术发展模式时，帮我确定了更富挑战性的论文选题。求学期间，作为在职博士的我，却享受到了应届学生的“待遇”——

老师对我学习、工作、生活中的各个方面给予极大的关心和支持。老师是我国技术哲学领域的带头人，他思维开阔、站位高远，从老师身上我学会了如何做人、做学问，以及对工作和事业应有的责任与担当。

感谢我学习并一直工作至今的母校——哈尔滨师范大学，近十年来哈尔滨师范大学实施“哈尔滨师范大学哲学社会科学繁荣计划”和“26111”人才工程等，正是这些举措促成我今天的成绩：工作至今我共主持3项国家社科基金项目，出版著作3部，发表论文30余篇，获得黑龙江省社会科学优秀科研成果一等奖2项，同时也从青年学者成长为中青年学者。感谢我所在的马克思主义学院，其一直以来有着良好的科研与教学并重的文化氛围，历任的张明雯主任、李庆霞院长和段虹院长都在科研和教学方面作出杰出表率，使得年轻教师紧随其后不敢怠惰。如今学院后劲十足、成绩斐然，为青年教师成长创造了广阔的发展空间。

还要特别感谢我的师长前辈和朋友们，李庆霞老师与我共事二十年，亦师亦友，是她手把手教会我从事科研、教学和行政工作，信任我、给我更多学习锻炼的机会，在我遇到困难时给予我无私的支持和帮助；她在担任马克思主义学院院长、教务处处长以及校领导过程中所做出的业绩，更为身边人树立了学习的榜样。感谢孙玉忠老师，她是我自然辩证法课的启蒙老师，我在二十多年的工作和学习中感受到了孙老师对工作的敬畏和对学问的坚守，在完成本次课题过程中多次寻求孙老师的指点，才使得课题最终顺利结项。感谢与我同样博士毕业于东北大学的前辈师长吴永忠老师和张明国老师，他们博学、睿智、富有才华，多年来通过与他们的接触，我受益良多。感谢我的同门师兄江南大学的万长松博士和师妹浙江大学的王彦君博士，在俄苏科技哲学的道路上我们共同前进和成长，一路携手同行，我们并不孤单！

感谢本书的编辑刘溪老师和邹聪老师，2016年底的杭州会议与刘溪老师初识，刘老师工作严谨、专业而又充满人文关怀，书稿完成过程中每每有困惑和难题，都能从他那里获得令人满意的解答和为作者着想的宝贵建议。感谢邹聪老师，虽未谋面，但每次通话都能够感受到电话的另一端是一个聪慧、温柔、知性、美丽的女孩，和邹聪老师的沟通轻松而又愉快，我想这是专著出版过程中对于作者的最佳奖励。

感谢我的父母家人，父亲白翰华在我25岁攻读硕士期间因心脏病离世。父亲电工学专业毕业，工科出身，思维严谨而又健谈。从小父亲给了我最宽松的教育，使我对于学习、工作、生活充满自信、乐此不疲，虽然相伴时间不长，但他对我的一生影响至深。母亲韩再琴六年前去世，她一生勤劳、善良、对工作敬业负责，对亲友、子女无私奉献，都深深地影响了我。感谢我的奶奶米淑清，从小在奶奶身边长大，感受到她简朴而又乐观的生活态度和为人处世的善良与包容。感谢我的哥哥白丹宁和两位姐姐白夜波、白夜辉，在父母离世后，每年的四家小聚成为我们交流亲情、休息“充电”的温馨港湾，在那里体会到了父母依然健在的、有“家”的幸福感。

最后感谢我的公公韩在德和婆婆白凤琴，在婚后生活的二十年中他们给了我亲生父母般的关爱，在我攻读博士期间和工作繁忙时给我们三口之家细致入微的关心和照顾，他们健康、积极、阳光的生活态度，成为我学习的榜样。感谢我的爱人韩海东，他善良、沉稳、有责任、有担当，包容我的小个性，对我的工作给予更多的理解和支持。感谢儿子韩谨谦，他生性调皮幽默、思维跳脱，陪伴他成长的过程让我们充分感受为人父母的责任与乐趣；如今他即将年满18岁，面临高考这个人生中的第一次选择，希望他在未来的人生道路上健康成长，做一个思想深邃而又阳光快乐的人。

如果说人生由若干个“十年”组成，那么于我而言，第一个是快乐懵懂的十年，第二个是求学感知的十年，第三个是拼搏积累的十年，第四个是而立奋进的十年，如今正展开的第五个则是静心感恩的十年……希望在未来的时光里，潜心做好每一件自己喜欢做的事，把生活过得像诗一样！

感谢所有爱我的人！感谢命运！感谢生活！

白夜昕

2019年7月25日夏夜，于武汉